Farming

GAOZHI GAOZHUAN
XUMU SHOUYI LEI ZHUANYE
XILIE JIAOCAI

高职高专
畜牧兽医类专业
系列教材

兽医生物制品技术

SHOUYI SHENGWU ZHIPIN JISHU

主 编 王永娟 陆 辉
副主编 刘玉华 朱孟玲

重庆大学出版社

内 容 提 要

本书系统介绍了兽医生物制品的相关原理、生产方法、质量管理及应用等方面内容,共有 11 个章节,主要包括概述、基础知识、生产设备、基本生产技术、疫苗生产技术、质量管理、保藏与应用及实训部分,在照顾系统性的同时,兼备科学性、先进性和实用性。本书既可供高职高专动物医学、动物科学、畜牧兽医、动物防疫与检疫、动物药品生产与检验、兽药生产营销、动物养殖与疾病防治和生物技术相关专业学生使用,也可作为从事兽医生物制品生产、研究与应用工作者的参考用书。

图书在版编目(CIP)数据

兽医生物制品技术/王永娟,陆辉主编. —重庆:重庆
大学出版社,2014.1(2022.8 重印)
高职高专畜牧兽医类专业系列教材
ISBN 978-7-5624-7953-6

Ⅰ.①兽…　Ⅱ.①王…②陆…　Ⅲ.①兽医学—生物制品—高
等职业教育—教材　Ⅳ.①S859.79

中国版本图书馆 CIP 数据核字(2014)第 001466 号

高职高专畜牧兽医类专业系列教材
兽医生物制品技术
主编　王永娟　陆　辉
副主编　刘玉华　朱孟玲
策划编辑:袁文华
责任编辑:杨　敬　版式设计:袁文华
责任校对:刘　真　责任印制:张　策

*

重庆大学出版社出版发行
出版人:饶帮华
社址:重庆市沙坪坝区大学城西路 21 号
邮编:401331
电话:(023) 88617190　88617185(中小学)
传真:(023) 88617186　88617166
网址:http://www.cqup.com.cn
邮箱:fxk@ cqup.com.cn (营销中心)
全国新华书店经销
重庆升光电力印务有限公司印刷

*

开本:787mm×1092mm　1/16　印张:16.75　字数:418 千
2014 年 2 月第 1 版　　2022 年 8 月第 4 次印刷
印数:6 501—8 500
ISBN 978-7-5624-7953-6　定价:39.00 元

GAOZHI GAOZHUAN
XUMU SHOUYILEI ZHUANYE XILIE JIAOCAI
高职高专畜牧兽医类专业系列教材

Farming
编委会

GAOZHI GAOZHUAN
XUMU SHOUYILEI ZHUANYE XILIE JIAOCAI
高职高专畜牧兽医类专业系列教材

Preface
序

　　高等职业教育是我国近年高等教育发展的重点。随着我国经济建设的快速发展，对技能型人才的需求日益增大。社会主义新农村建设为农村高等职业教育开辟了新的发展阶段。培养新型的高质量的应用型技能人才，也是高等教育的重要任务。

　　畜牧兽医不仅在农村经济发展中具有重要地位，而且畜禽疾病与人类安全也有密切关系。因此，对新型畜牧兽医人才的培养已迫在眉睫。高等职业教育的目标是培养应用型技能人才。本套教材是根据这一特定目标，坚持理论与实践结合，突出实用性的原则，组织了一批有实践经验的中青年学者编写。我相信，这套教材对推动畜牧兽医高等职业教育的发展，推动我国现代化养殖业的发展将起到很好的作用，特为之序。

中国工程院院士

2007 年 1 月于重庆

随着我国畜牧兽医职业教育的迅速发展,有关院校对具有畜牧兽医职业教育特色教材的需求也日益迫切,根据国发〔2005〕35号《国务院关于大力发展职业教育的决定》和教育部《普通高等学校高职高专教育指导性专业目录专业简介》,重庆大学出版社针对畜牧兽医类专业的发展与相关教材的现状,在2006年3月召集了全国开设畜牧兽医类专业精品专业的高职院校教师以及行业专家,组成这套"高职高专畜牧兽医类专业系列教材"编委会,经各方努力,这套"以人才市场需求为导向,以技能培养为核心,以职业教育人才培养必需知识体系为要素,统一规范并符合我国畜牧兽医行业发展需要"的高职高专畜牧兽医类专业系列教材得以顺利出版。

几年的使用已充分证实了它的必要性和社会效益。2010年4月重庆大学出版社再次组织教材编委会,增加了参编单位及人员,使教材编委会的组成更加全面和具有新气息,参编院校的教师以及行业专家针对这套"高职高专畜牧兽医类专业系列教材"在使用中存在的问题以及近几年我国畜牧兽医业快速发展的需要进行了充分的研讨,并对教材编写的架构设计进行统一,明确了统稿、总纂及审阅。通过这次研讨与交流,教材编写的教师将这几年的一些好的经验以及最新的技术融入到了这套再版教材中。可以说,本套教材内容新颖,思路创新,实用性强,是目前国内畜牧兽医领域不可多得的实用性实训教材。本套教材既可作为高职高专院校畜牧兽医类专业的综合实训教材,也可作为相关企事业单位人员的实务操作培训教材和参考书、工具书。本套再版教材的主要特点有:

第一,结构清晰,内容充实。本教材在内容体系上较以往同类教材有所调整,在学习内容的设置、选择上力求内容丰富、技术新颖。同时,能够充分激发学生的学习兴趣,加深他们的理解力,强调对学生动手能力的培养。

第二,案例选择与实训引导并用。本书尽可能地采用最新的案例,同时针对目前我国畜牧兽医业存在的实际问题,使学生对畜牧兽医业生产中的实际问题有明确和深刻的理解和认识。

第三,实训内容规范,注重其实践操作性。本套教材主要在模板和样例的选择中,注意集系统性、工具性于一体,具有"拿来即用""改了能用""易于套用"等特点,大大提高了实训的可操作性,使读者耳目一新,同时也能给业界人士一些启迪。

值这套教材的再版之际,感谢本套教材全体编写老师的辛勤劳作,同时,也感谢重庆大学出版社的专家、编辑及工作人员为本书的顺利出版所付出的努力!

高职高专畜牧兽医类专业系列教材编委会
2010年10月

GAOZHI GAOZHUAN
XUMU SHOUYILEI ZHUANYE XILIE JIAOCAI
高职高专畜牧兽医类专业系列教材

Preface
第1版编者序

我国作为一个农业大国,农业、农村和农民问题是关系到改革开放和现代化建设全局的重大问题,因此,党中央提出了建设社会主义新农村的世纪目标。如何增加经济收入,对于农村稳定乃至全国稳定至关重要,而发展畜牧业是最佳的途径之一。目前,我国畜牧业发展迅速,畜牧业产值占农业总产值的32%,从事畜牧业生产的劳动力就达1亿多人,已逐步发展成为最具活力的国家支柱产业之一。然而,在我国广大地区,从事畜牧业生产的专业技术人员严重缺乏,这与我国畜牧兽医职业技术教育的滞后有关。

随着职业教育的发展,特别是在周济部长于2004年四川泸州发表"倡导发展职业教育"的讲话以后,各院校畜牧兽医专业的招生规模不断扩大,截至2006年底,已有100多所院校开设了该专业,年招生规模近两万人。然而,在兼顾各地院校办学特色的基础上,明显地反映出了职业技术教育在规范课程设置和专业教材建设中一系列亟待解决的问题。

虽然自2000年以来,国内几家出版社已经相继出版了一些畜牧兽医专业的单本或系列教材,但由于教学大纲不统一,编者视角各异,许多高职院校在畜牧兽医类教材选用中颇感困惑,有些职业院校的老师仍然找不到适合的教材,有的只能选用本科教材,由于理论深奥,艰涩难懂,导致教学效果不甚令人满意,这严重制约了畜牧兽医类高职高专的专业教学发展。

2004年底教育部出台了《普通高等学校高职高专教育指导性专业目录专业简介》,其中明确提出了高职高专层次的教材宜坚持"理论够用为度,突出实用性"的原则,鼓励各大出版社多出有特色的、专业性的、实用性较强的教材,以繁荣高职高专层次的教材市场,促进我国职业教育的发展。

2004年以来,重庆大学出版社的编辑同志们,针对畜牧兽医类专业的发展与相关教材市场的现状,咨询专家,进行了多次调研论证,于2006年3月召集了全国以开设畜牧兽医专业为精品专业的高职院校,邀请众多长期在教学第一线的资深教师和行业专家组成编委会,召开了"高职高专畜牧兽医类专业系列教材"建设研讨会,多方讨论,群策群力,推出了本套高职高专畜牧兽医类专业系列教材。

本系列教材的指导思想是适应我国市场经济、农村经济及产业结构的变化、现代化养殖业的出现以及畜禽饲养方式等引起疾病发生的改变的实践需要,为培养适应我国现代化养殖业发展的新型畜牧兽医专业技术人才。

本系列教材的编写原则是力求新颖、简练,结合相关科研成果和生产实践,注重对学生的启发性教育和培养解决问题的能力,使之能具备相应的理论基础和较强的实践动手能力。在本系列教材的编写过程中,我们特别强调了以下几个方面:

第一,考虑高职高专培养应用型人才的目标,坚持以"理论够用为度,突出实用性"的原则。

第二,遵循市场的认知规律,在广泛征询和了解学生和生产单位的共同需要,吸收众多学者和院校意见的基础之上,组织专家对教学大纲进行了充分的研讨,使系列教材具有较强的系统性和针对性。

第三,考虑高等职业教学计划和课时安排,结合各地高等院校该专业的开设情况和差异性,将基本理论讲解与实例分析相结合,突出实用性,并在每章中安排了导读、学习要点、复习思考题、实训和案例等,编写的难度适宜、结构合理、实用性强。

第四,按主编负责制进行编写、审核,再经过专家审稿、修改,经过一系列较为严格的过程,保证了整套书的严谨和规范。

本套系列教材的出版希望能给开办畜牧兽医类专业的广大高职院校提供尽可能适宜的教学用书,但需要不断地进行修改和逐步完善,使其为我国社会主义建设培养更多更好的有用人才服务。

高职高专畜牧兽医类专业系列教材编委会

2006 年 12 月

Preface
前言

21世纪是生命科学的世纪,生物技术产业是21世纪发达国家的支柱产业之一。兽医生物制品技术则是依托现代生物技术发展起来的孕育着巨大生命力的一门新兴技术。伴随着第一代生物技术到第二代生物技术乃至到第三代生物技术的发展过程,再配合以生物化学、分子生物学和免疫学的发展,各种兽医生物技术的概念、理论、技术与应用均在悄然发生着巨大变化:生产技术水平越来越高,生物制品种类越来越多,生物学功能越来越强大,各类兽医生物制品对动物疫病的免疫预防、诊断和治疗具有极其重要的作用。

近年来,为了适应畜牧业集约化、规模化发展的需要,许多高等职业院校的动物医学、动物科学、畜牧兽医、动物防疫与检疫、动物药品生产与检验、兽药生产营销、动物养殖与疾病防治和生物技术等专业相继开设了兽医生物制品相关的课程。另外,为适应我国兽医生物制品行业的快速发展,满足行业岗位需求变化和实现生物制品行业高素质技能人才培养目标的需要,做到企业岗位对接,特编写此教材。本书理论与实践并重,既可作为高等农牧职业院校相关专业学生的教材,也可作为从事兽医生物制品生产、研究与应用领域的工作者的参考资料。

本书编写内容以“基本”和“新”为原则,注重专业基础知识和基本技术的介绍,在保证专业知识体系完整的基础上,把培养学生能力、拓宽专业知识、增强适用性放在重要位置,以达到让学生了解目前兽医生物制品发展状况的目的。在教学中,教师可根据实际需要和教学时数,有针对性地选择讲授。

本书由江苏农牧科技职业学院的王永娟、陆辉担任主编,江苏农牧科技职业学院的刘玉华和江苏农林职业技术学院朱孟玲担任副主编。参与编写的人员分工如下:第1章由刘玉华编写;第2章由刘莉编写;第3章由徐孝宙编写;第4章由王健编写;第5章由金彩莲编写;第6章由张晋川编写;第7章由吴双编写;第8,9章由丁小丽编写;第10章及附录由郭方超编写;第11章由戴建华编写。

本书承蒙江苏省兽用生物制药高技术研究重点实验室左伟勇教授审阅,在此深表感谢!本书在编写过程中,学习和引用了同行和相关专业书籍的部分资料,在这里向支持本书编写工作的所有单位及参考文献的作者一并表示谢意。

由于编者水平有限,经验不足,书中错误、缺点和不足之处,敬请专家、读者赐教和指正。

编　者
2013年12月

Directory
目录

第1章
兽医生物制品概述

知识目标
◇掌握兽医生物制品的概念、分类。
◇了解兽医生物制品的命名原则。
◇了解兽医生物制品的发展历史。
◇了解兽医生物制品的发展趋势。
技能目标
◇能识别常见的兽医生物制品。
◇能解释活疫苗与灭活疫苗的区别。

1.1 兽医生物制品的概念、分类与命名

1.1.1 兽医生物制品学的概念

世界卫生组织(WHO)给生物制品下的定义是:效价或安全性检定仅凭物理化学的方法或技术不足以解决问题而必须采用生物学方法检定的制品。即不采用动物实验、胚胎或动物细胞实验以及微生物学检验就不能确定其安全性及有效性是否存在及其程度的制品。根据这一观点,对抗生素、维生素及激素等将不再作为生物制品看待。

兽医生物制品(veterinary biologics)是根据免疫学原理,利用微生物、寄生虫及组分或代谢产物或免疫应答产物以及动物或人的血液、组织等生物材料为原料,通过生物学、生物化学以及生物工程学的方法加工制成的,用于动物传染病或其他有关疾病的预防、诊断和治疗的生物制剂。狭义上讲,生物制品主要指疫苗、免疫抗血清及诊断制剂;广义上讲,生物制品还应包括各种血液制剂、肿瘤免疫、移植免疫及自身免疫病等非传染性疾病的免疫诊断、治疗及预防制剂,提高动物机体非特特异性抵抗力的免疫增强剂等生物制品。由此可见,兽医生物制品的含义和内容也将随着科学技术的发展,从而成为兽医保健制品。

兽医生物制品学是生物制品学科中的重要组成部分。是在微生物学、免疫学和传染病学的基础上,采用生物学、生物化学及生物工程学等技术和方法,研究和制备生物制品,用以解决畜禽疫病防治的一门新兴应用科学。主要包括两个方面:一是生物制品的生物学,即主要讨论如何根据动物疫病病原理化特性、培养特点、致病机理及免疫机理,获得合乎生

物制品质量要求,适于防制动物疫病的疫苗、诊断液和生物治疗制剂。二是生物制品的工艺学,主要研究生物制品的生产制造工艺、保藏条件和使用方法等,并保证生产优良制品,不断提高制品质量,促进养殖业的发展。

1.1.2 兽医生物制品的分类

兽医生物制品由于微生物种类、动物种类、制备方法、菌毒株性状、应用对象等不同而品种繁多,其分类迄今尚无统一的规定,因此只能按生物制品性质、用途和制法等进行粗略的归类。

1)按生物制品性质分类

(1)疫苗(vaccine)

凡是由病原微生物、寄生虫以及其组分或代谢产物所制成的,用于人工自动免疫的一类生物制剂均称为疫苗,包括常规疫苗与新型疫苗。

①常规疫苗(conventional vaccine)。由细菌、病毒、立克次氏体、螺旋体、支原体等完整微生物制成的疫苗。

a. 灭活苗(inactived vaccine):又称死苗(killed vaccine)。一般灭活苗菌、毒种应是标准强毒株或免疫原性优良的弱毒株,经人工大量培养后,用理化方法将其杀死(灭活)后制成灭活苗。灭活苗一般要加佐剂以提高其免疫力。

自家灭活苗:是指从患病动物自身病灶中分离出来的病原体经培养、灭活后制成的疫苗,再用于该动物本身,故称为自家疫苗(autogenous vaccine)。此种疫苗可用以治疗慢性的,反复发作而用抗生素治疗无效的细菌性感染或病毒性感染,如顽固性葡萄球菌感染症。

脏器灭活苗(组织灭活苗):利用病、死动物的含病原微生物脏器制成乳剂,加甲醛等物质灭活脱毒所制成的疫苗。如兔病毒性出血症的肝脏中含毒量较高,因而可以制成肝组织甲醛灭活苗;再如水貂病毒性肠炎,可取病、死动物的肝、脾、十二指肠及肠系膜淋巴结等组织制成乳剂,加甲醛溶液灭活,制成组织苗。这些疫苗制法简单,成本低廉,在没有特效疫苗的情况下,将其作为一种应急措施,能在疫病流行地区控制疫病的发展中起到很大作用。

b. 活苗(live vaccine):又称弱毒苗(attenuated vaccine)。过去,活疫苗可分为强毒活苗和弱毒活苗。强毒活苗曾在早年应用并发挥过一定作用,但因存在散播病原的危险性,故已不用。现今活疫苗主要指弱毒活疫苗,是通过人工诱变获得的弱毒株,或者是筛选的自然减弱的天然弱毒株,或者是用失去毒力的无毒株所制成的疫苗。

活疫苗又可分为同源疫苗和异源疫苗。用所要预防的病原体本身或其弱毒或无毒变种所制成的疫苗称为同源疫苗(homologous vaccine)或同种疫苗。利用具有类属保护性抗原的非同种微生物所制成的疫苗称为异源疫苗(hetrogenous vaccine),如火鸡疱疹病毒疫苗用于预防鸡马立克氏病,鸽痘病毒疫苗用于预防鸡痘,麻疹疫苗用于预防犬和野生动物的犬瘟热等,均属异源疫苗。异源疫苗仅占活疫苗的极少部分。

c. 类毒素(toxoid):将有关细菌产生的外毒素,用适当浓度(0.3%～0.4%)的甲醛溶液使之脱毒而制成的生物制品,称为类毒素。细菌外毒素为蛋白质,兼有毒性及抗原性,能刺激机体产生特异性的中和其本身的抗体——抗毒素。外毒素经甲醛溶液脱毒后失去毒性,但保留较强的免疫原性,称为类毒素,类毒素比毒素更稳定。类毒素经过盐析并加入适量的磷酸铝或氢氧化铝胶等,成为吸附精制毒素,注入机体后吸收较慢,可较久地刺激机体产生高滴度抗体以增强免疫效果。

d. 寄生虫疫苗:由于寄生虫大多有复杂的生活史,同时虫体抗原又极其复杂,且有高度多变性,迄今仍无理想的寄生虫疫苗。多数研究者认为,只有活的虫体才能诱使机体产生保护性免疫,而死虫体则无免疫保护作用。国际市场上有抗球虫活苗出售,商品名为"Coc-ci-vac",这种疫苗是依靠所有致病种的低剂量的活球虫,使鸡产生较好的免疫力。其缺点是可能将场地中不曾有过的球虫引进鸡舍。球虫的基因工程苗也正在研制之中。近年报道的寄生虫疫苗还有旋毛虫虫体组织佐剂苗、猪全囊虫匀浆苗、弓形虫佐剂苗和伊氏锥虫致弱苗等。

②新型疫苗

a. 亚单位苗(subunit vaccine):利用微生物的一种或几种亚单位或亚结构制成的疫苗称为微生物亚单位苗或亚结构苗。由微生物的某些化学成分制成的疫苗又称为化学苗。此类疫苗没有病原微生物的遗传信息,但用之免疫动物能产生对感染微生物的免疫抵抗作用。亚单位苗可免除全微生物苗的一些副作用,保证了疫苗的安全性。

b. 生物技术疫苗(bioteehnologieal vaccine):主要有基因工程苗、基因工程亚单位生物苗、合成肽苗和抗独特型菌等。

生物制品中的疫苗,除上述分类方法之外,还可根据组织来源及制造方法分类,如动物培养疫苗(组织苗)、鸡胚培养疫苗(鸡胚苗)和细胞堵乔疫苗(细胞苗)。也可根据微生物是否完整分为全微生物苗和亚单位苗。还可以按照投予途径分为注射用疫苗、口服苗、气雾苗和皮肤划痕苗等。按佐剂的有无分为佐剂疫苗和无佐剂疫苗等。按疫苗的物理性状又可分为液体疫苗和冻干疫苗等。

(2)诊断制品(diagnostic preparations)

利用微生物、寄生虫及其代谢产物,或动物血液、组织或含有特异性抗体的血清,根据免疫学和分子生物学原理制成的可用于诊断疾病、群体检疫、免疫监测和病原鉴定等的一类生物制品,称为诊断液或诊断制剂。

诊断液包括诊断抗原和诊断抗体两大类,主要分为下列几类:①凝集试验用抗原与阴阳性血清。②补体结合试验用抗原与阴阳性血清。③沉淀试验用抗原与阴阳性血清。④琼脂扩散试验用抗原与阴阳性血清。⑤标记抗原与标记抗体,如荧光素标记、酶标记、同位素标记等及相应试剂盒。⑥定型血清及因子血清。⑦溶血素及补体、致敏血细胞。⑧分子诊断试剂盒。

(3)抗病血清(antiserum)

又称高免血清。为含有高效价特异性抗体的动物血清制剂,能用于治疗或紧急预防相应病原体所致的疾病。所以,又称为被动免疫制品。通常通过给适当动物以反复多次注射特定的病原微生物或其代谢产物,促使动物不断产生免疫应答,在血清中含有大量对应的特异性抗体来制成,如抗猪瘟血清、破伤风抗毒素血清和IBD卵黄抗体等。在生产上,有同源动物抗病血清和异源动物抗病血清之别,但为了增加产量、降低成本,多选择马属动物以生产各种抗病血清。用类毒素和毒素为抗原制备的血清称为抗毒素。

（4）微生态制剂（probiotics）

又称益生素、活菌制剂或生菌剂。是用非病原性微生物，如乳杆菌、蜡样芽孢杆菌、地衣芽孢杆菌、双歧杆菌等活菌制剂，口服治疗畜禽因正常菌群失调引起的下痢。目前微生态制剂已在临床上应用并用作饲料添加剂。

（5）副免疫制品（paraimmunity preparations）

该类制剂是通过刺激动物机体，提高特异性和非特异性免疫力，从而使动物机体对其他抗原物质的特异性免疫力更强、更持久的免疫制品。如脂多糖、多糖、免疫刺激复合物、缓释微球、细胞因子、重组细菌毒素（包括霍乱菌毒素和大肠杆菌 LT 毒素等）及 CpG 寡核苷酸等。

2）按生物制品制造方法和物理性状分类

（1）普通制品

这指一般生产方法制备的、未经浓缩或纯化处理，或者仅按毒（效）价标准稀释的制品。如无毒炭疽芽孢苗、猪瘟兔化弱毒细胞培养冻干疫苗、普通结核菌素等。

（2）精制生物制品

它是将普通制品（原制品）经物理或化学方法除去无效成分，进行浓缩、提纯处理制成的制品。其毒（效）价均高于普通制品，因而其效力更好。如精制破伤风类毒素、精制结核菌素等。

（3）液状制品

液状制品是与干燥制品相对而言的湿性生物制品。多数灭活疫苗（猪肺疫氢氧化铝菌苗、猪瘟兔化弱毒组织湿苗等）、诊断制品（抗原、血清、溶血素、豚鼠血清补体等）为液状制品。液状制品多数既不耐高温、阳光，又不宜低温冻结或反复冻融，否则均能影响效价，故只能在低温阴暗处保存。

（4）干燥制品

生物制品经冷冻真空干燥后，能长时间保护活性和抗原效价，活疫苗、抗原、血清、补体、酶制剂和激素制剂均如此。将液状制品根据其性质加入适当冻干保护剂或稳定剂，经冷冻真空干燥处理，将96%以上的水分除去后剩留疏松、多孔呈海绵状的物质，即为干燥制品。冻干品应在 8 ℃下运输，在 0～5 ℃保存，如猪瘟兔化弱毒冻干苗、鸡马立克氏病火鸡疱疹病毒冻干苗等。有些菌体生物制品经干燥处理后可制成粉状物，成为干粉制剂，十分有利于运输保存，且可根据具体情况配制成混合制剂，如羊梭菌干粉疫苗。

（5）佐剂制品

为了增强疫苗制剂注入动物机体后的免疫应答反应，以提高免疫效果，往往在疫苗制备过程中加入适量的佐剂（免疫增强剂或免疫佐剂），制成的生物制剂即为佐剂制品。若加入的佐剂是氢氧化铝胶，即制成氢氧化铝疫苗，如猪丹毒氢氧化铝菌苗等；若于疫苗中加入的是油佐剂，则称为油乳佐剂苗，如鸡新城疫油乳剂疫苗等。

1.1.3　兽医生物制品的命名

目前，兽医生物制品命名主要遵循以下 10 项原则。

①命名以明确、简练、科学为基本原则。

②名称不采用商品名或代号。

③名称一般采用"动物种名＋病名＋制品种类"的形式。诊断制剂则在制品种类前加诊断方法名称,如牛巴氏分枝杆菌病灭活苗、马传染性贫血活疫苗、猪支原体肺炎微量间接血凝抗原等。特殊的制品可参照此法。病名应为国际公认、普遍的称呼,译音汉字采用国内公认的习惯写法。

④共患病一般可不列动物名,如气肿疽灭活疫苗、狂犬病灭活疫苗、炭疽芽孢苗等。

⑤由特定细菌、病毒、立克次氏体、螺旋体、支原体等微生物以及寄生虫等制成的主动免疫制品,一律称为疫苗。例如仔猪副伤寒活疫苗、牛瘟活疫苗、牛环行泰勒氏梨浆虫疫苗等。

⑥凡将特定细菌、病毒等微生物及寄生虫毒力致弱或采用异源毒制成的疫苗,称活疫苗;用物理方法或化学方法将其灭活后制成的疫苗,称灭活疫苗。

⑦同一种类而不同毒(菌、虫)株(系)制成的疫苗,可在全称后加括号注明毒(菌、虫)株(系)。例如猪丹毒活疫苗(GC42 株)、猪丹毒活疫苗(G4T10 株)等。

⑧由两种以上的病原体制成的多联疫苗,命名采用"动物＋若干病名＋X 联疫苗"的形式。例如羊黑疫、快疫二联灭活疫苗,猪瘟、猪丹毒、猪肺疫三联活疫苗。

⑨由两种以上血清型制成的多价疫苗,命名采用"动物种名＋病名＋若干型名＋X 价疫苗"的形式。例如口蹄疫 O 型、A 型双价活疫苗,仔猪大肠埃氏菌病三价苗。

⑩制品的制造方法、剂型、灭活剂、佐剂一般不标明。但有时为了区别已有的制品,也可以标明。

1.2 兽医生物制品的历史及发展趋势

1.2.1 兽医生物制品的历史

兽医生物制品学形成独立的学科虽然为时不久,但有关生物制品知识的萌芽却可以追溯到很久以前。我国早在宋真宗时代就有峨眉山人用天花病人的痂皮接种儿童鼻内或皮肤划痕以预防天花的记载,创立了种痘技术,被视为创制生物制品的雏形。明朝隆庆年间(1567—1572)种痘法有了重大改进。当时俄国等国曾多次派人来学习种痘技术,此后很快传入俄国、朝鲜及日本等国,并经俄国传入土耳其。英国驻土耳其大使蒙塔古(Montague)夫人于 1721 年将我国的种痘技术传入英国,为以后英国医生爱德华·詹纳(Edward Jenner)发明牛痘苗提供了宝贵的经验。詹纳根据种痘技术的启示,于 1796 年 5 月 14 日做了一次具有历史意义的尝试,即从一位患牛痘的挤奶女工手上出现的痘疱中采取痘浆接种于一名 8 岁儿童费浦斯(Phipps)的胳膊上,两个月后再检查接种人的天花脓疱浆,不见发病,证明这名儿童获得了免疫。詹纳于 1798 年就此发表了论文,发明了牛痘苗。中国的种痘技术是人工免疫的先驱,而詹纳的牛痘苗是最早的生物制品——疫苗,而且是用异源疫

苗进行人工免疫的首创。其后,法国学者、免疫学的创始人之一路易·巴斯德(Louis Pasteur)又相继发明了禽霍乱菌苗(1879)、炭疽芽孢苗(1881)和狂犬病疫苗(1885)等,使疫苗的研制工作进入了新的阶段。詹纳和巴斯德二人可以说是生物制品及免疫学的开山鼻祖。自此以后,各国学者还试制了其他活菌苗,如霍乱减毒活菌苗,动物用牛流产布氏菌苗等。

灭活苗应用较晚,制苗方法起初应用肉汤培养法,稍后改为琼脂培养法。杀菌采用加热法,菌量按湿重计算。对灭活苗最早的研究是所罗门(Salmon)和史密斯(Smith)于1884—1886年首次用加热杀死的猪霍乱杆菌免疫鸽子,被免疫鸽子可因获得免疫而抵抗活菌的攻击。从此,灭活苗得到了迅速发展。

在免疫血清方面,1890年德国学者冯·贝林(Von Behring)和日本学者北里(Kitasato)发现用白喉和破伤风毒素免疫动物后,动物血清有中和毒素的作用,可以保护动物抗致死量毒素的攻击。这一血清学的发现为以后制备各种被动免疫血清提供了科学依据。

在诊断制品方面,1891年R.科奇(R. Koch)首次自结核杆菌菌体中提取到一种特异性过敏素物质,后来被奥朱德(Aujuid)命名为结核菌素,注入皮内,观察皮肤反应,用于判断是否感染结核。这给生物制品的研究和应用开辟了一个新的领域——诊断制剂。

以上这一阶段可谓生物制品的初创阶段。此阶段中,疫苗的生产方法是原始的,产量小,质量也不高。初期多为肉汤全培养物,用于人畜体内常有较明显的副作用,而且此阶段主要是活苗的研制。

进入20世纪,生物制品得到了快速的发展,可以说跨进了生物制品研究的第二阶段。1927年,卡默特(A. Calmette)等研制出卡介苗,1923年魏尔塔特(Willstatter)发明了铝佐剂,拉蒙(Gaston Ramon)于1923年证明利用甲醛溶液可以使毒素脱毒成为类毒素,用以免疫动物可以使其获得保护。继后,拉蒙(Gaston Ramon,1925)、弗罗德(J. Freund,1935)及施密德(Sven Schmidt,1936)又先后使用明矾、氢氧化铝和矿物油作为佐剂的研究,对兽医生物制品的发展起到重要的促进作用。1931年,伍德拉夫(A. U. Woodruif)和古德帕斯特(E. W. Goodpasture)二人用鸡胚繁殖鸡痘病毒获得成功,1949年恩德尔斯(Enders)用非神经组织增殖脊髓灰质炎病毒成功,为利用鸡胚和组织细胞培养技术研制生物制品开辟了一个新途径。这一阶段尽管仍然属于手工业生产,但产量逐步增大,质量也不断改进和提高。肉汤培养物已逐渐为菌体悬液所取代,半合成及全合成培养基甚至综合培养基开始被采用,选种工作受到重视,动物效力试验趋于完善,其他鉴定方法也开始建立和走向统一。比浊管的应用使菌苗计数方法得到了简化,代替了原来的称重法。对生产菌株在平板培养基上的性状进行了选择。在此期间,疫苗的免疫方法也得到了改进。

从20世纪50年代开始,疫苗生产发生了根本变化,进入了革新阶段。1975年,英国人科荷尔(Kohler)和米德斯坦(Midstean)又创建了淋巴细胞杂交瘤技术,从而使单克隆抗体的研制得到了蓬勃发展。近20年来,分子生物学技术的发展,开创了研制重组疫苗的新方法。兽医生物制品生产得到迅速发展,并逐渐形成规模化生产。

促成这种变化的原因:①近几十年来,尤其20世纪60年代以后,基础科学的飞跃发展,推动了微生物学和免疫学的研究,也促进了生物制品学的发展。②发酵工业的兴起带动了菌苗生产,使之走向工业化的规模生产。③抗药菌株的发现,使已不被重视的菌苗重新受到重视。

这一时期的重大成就:①生产方法的变革,从手工操作变为机械化、自动化和连续化,菌苗生产大多改为深层培养。②培养基组成方面改进为半综合或综合培养基。③筛选出新的免疫增强效应更好的佐剂。④联苗和多价苗的出现。⑤冻干制品的普遍应用。⑥新型疫苗的探索。⑦国际标准及国家标准的建立及检定工作的加强。

尽管近百年来,疫苗的生产方法有了不断的改进和创新,但就其性质来说,仍然属于第一代疫苗。20 世纪 80 年代,基因工程技术迅速发展,而自从基因工程引入疫苗研究领域后,疫苗的生产就发生了根本的变化,出现了第二代疫苗——基因工程疫苗。例如近年来公布的大肠杆菌 K88. K99 工程疫苗,乙肝疫苗,把生物制品的研制推向了现代高科技领域。合成肽疫苗为第三代疫苗,免疫原用分子生物学和生物化学方法人工合成,并连接于蛋白载体上,使疫苗由基因工程进入分子工程时代,生物制品的研制又上了一个新的台阶。当然,这些新型疫苗大多数仍处在研究阶段,在免疫原性等方面尚存在不少缺点,离实际应用还有较大的距离。

1.2.2 兽医生物制品发展趋势

1) 兽医生物制品研制和生产必须合法化

新的兽用生物制品的研制应当按《兽药管理条例》规定,在临床试验前向国务院兽医行政管理部门提出申请,需要使用一类病原微生物的,还应当具备国务院兽医行政管理部门规定的条件,如 P3 实验室等。临床前研究应当执行《兽药非临床研究质量管理规范》(GLP)和《兽药临床试验质量管理规范》(GCP)的有关管理规定,并参照国务院兽医行政主管部门发布的有关技术指导原则进行。

兽医生物制品的生产实行双重许可,即生产许可制度和产品批准文号制度。新制品的检验样品生产过程必须符合《兽药生产质量管理规范》的要求。国务院兽医行政管理部门对所报资料进行全面评审,符合规定的,发给"新兽药证书",已取得"兽药生产许可证"和"GMP 合格证"的,同时发给兽药批准文号。国务院兽医行政管理部门在批准新兽药申请的同时,发布该兽药的注册标准、标签和说明书,并设立新兽药的监测期。所有兽医生物制品不得在非 GMP 条件下生产,未取得批准文号的产品也不得生产,否则将受到严肃处理。

2) 不断开发新品种,满足市场需要

随着兽医生物制品业的迅速发展,品种和产量也不断增加。但产品结构不够合理,缺乏质量和品种优势。在我国畜禽传染病流行情况非常复杂的情况下,快速、特异、敏感、简便的诊断试剂,尤其是针对新的畜禽传染病的疫苗和诊断制品是研发的重点。宠物疫苗、细菌疫苗、寄生虫疫苗、重大疫病疫苗、多联苗、抗超强毒或变异株疫苗等方面的研究亟待加强。

(1) 改进传统疫病疫苗的品种和结构

针对传统疫病的毒力增强和抗原变异,导致超强毒和变异毒株的出现,用目前的疫苗预防接种难以起到很好的免疫保护作用,常常造成免疫失败的现状,应根据疾病流行特点,研制新一代更有效的不同血清型或亚型的疫苗,如抗 MD 和 IBD 超强毒攻击的疫苗。但由于畜禽疫病复杂,为达一针防多病的目的,迫切需要研究开发多联(价)疫苗,如 ND-IBD-IB-EDS 多联苗。另外,针对国内在宠物疫苗研究方面比较滞后,已批准的宠物疫苗极少,

宠物饲养量越来越大的现状,开发犬猫单联苗或多联苗具有重要意义,如犬瘟热-犬肝炎-犬副流感-犬腺病毒等。

(2)加紧研制新疫病的疫苗或诊断制品

近些年来,一些严重危害养殖业的新的传染病,如鸡传染性贫血、高致病性禽流感、猪繁殖与呼吸障碍综合征(蓝耳病)以及断奶仔猪多系统衰竭综合征(圆环病毒感染)等一些新病在我国发生和流行,已给我国养殖业造成了巨大的经济损失。应根据各种疾病的流行特点和免疫机理研制出安全、有效的疫苗,以有效地预防和控制这些疾病和更多的新病。此外,像网状内皮组织增生病、禽淋巴细胞白血病(特别是以侵害肉鸡为主的 J 型白血病)等应尽快研制相应诊断试剂(制品)。

(3)以分子生物学技术为基础的兽医新型疫苗的研制

过去,直接从病原提取纯化的亚单位疫苗的制作成本较高,生产的抗原有限。随着科学技术的不断进步,分子生物学、分子免疫学、分子遗传学的研究不断取得进展,利用基因工程技术开发研制的新一代兽用疫苗将不断投放市场。将具有免疫原性的抗原决定簇的基因编码片段插入到合适的表达质粒中,并在病毒、细菌、酵母、昆虫细胞等表达系统中高效、稳定表达,生产大量抗原,可制备成亚单位疫苗。该类疫苗由于不含致病因子的核酸成分,因此安全可靠。应用当今飞速发展的计算机软件分析和生物信息技术,从蛋白的一级结构中分析、推导出蛋白的主要表位,并用化学方法合成多肽作为抗原,即为合成肽疫苗。其特点是纯度高、稳定,缺点是由于它只能线性表达,不能折叠,免疫原性较差,必须寻找能刺激 T 细胞免疫的多肽结构。近年来,基因缺失疫苗的研究十分活跃,该领域具有广阔的发展前景,缺失与毒力相关的基因是开发活疫苗的理想途径之一。其突出的优点是疫苗毒力不会返强且免疫原性不发生变化。重组活载体疫苗是在病毒或细菌载体中插入外来病原的保护性抗原基因而形成的重组载体,它可以同时表达多种抗原,制成多价或多联疫苗,可同时启动机体细胞免疫和体液免疫,克服了亚单位疫苗和灭活疫苗的不足,同时不存在毒力返强的问题。核酸疫苗,也称基因疫苗或 DNA 疫苗,是随着基因治疗而发展起来的第三代疫苗。核酸疫苗制造简便、生产速度快、成本低、质量易于控制、免疫期长、热稳定性好、便于贮藏和运输,能同时刺激 B 细胞产生体液免疫和 T 细胞产生细胞免疫,无感染因子等。

(4)新型佐剂、免疫增强剂、活疫苗耐热保护剂等的研究

新型佐剂主要有脂质体、MF59 佐剂、免疫刺激复合物佐剂和油佐剂,其中油佐剂被广泛地用于畜禽灭活疫苗的制备。开发优良的免疫佐剂和免疫增强剂是提高传统疫苗和基因工程疫苗免疫效力必不可少的步骤,特别是基因工程疫苗,因其免疫原性相对较弱,更需要辅以佐剂。免疫增强剂能增强免疫效果,在疫病病原不断变异、免疫保护率低下的今天,开发有效的免疫增强剂则能在一定程度上提升免疫效果。活疫苗耐热保护剂的研发则有助于实现 2 ~ 8 ℃冷藏条件下疫苗的保存与运输,便于疫苗的贮藏和运输。

(5)诊断制品的研制

随着新技术、新材料、新方法的出现,诊断制品的研制将进入异常活跃的时代,特别是快速、敏感、特异的诊断试剂盒的研制已成为当务之急。以分子生物学为基础的诊断方法包括 DNA 探针、聚合酶链反应(PCR)等,这些诊断方法快速、简便、敏感、特异,是疫病诊

断的发展方向。以这些方法为基础的诊断试剂盒其敏感性、特异性与鸡胚分离病毒方法相近,但快速、省时,能在几个小时内作出诊断,为疫病的扑灭和减少疫病的传播赢得宝贵的时间。

3) 提高生产检验水平,提升市场竞争力

(1) 注重质量管理,强化安全意识

质量是生存的根本,生物制品原材料的质量直接影响到相应生物制品的质量,所以应加强原材料从供应商的审计到采购、检验、保管和使用的管理。同时,加强兽医生物制品的研制和生产管理。兽医生物制品的生物安全直接或间接影响动物和人类的健康,因此,关注与重视兽医生物制品的生物安全问题,提高生物安全意识,不仅是提高和保障动物健康的问题,更重要的是保障人类的生命健康、食品安全及社会稳定的问题。

(2) 增加科研投入,提高生产水平

现在,西方发达国家的生产企业十分重视兽医生物制品在养殖业中的地位和作用。为跟上国际经济发展步伐,我们要发挥企业优势,增加研发力量和经费投入,走科研生产相结合的道路,加强科技创新步伐,研制新产品,开发和研制具有完全自主知识产权的、能预防或诊断重大畜禽传染病或抗不同流行毒株或能预防多种疫病的产品,并开展高科技前沿的研究,如基因工程疫苗的研究等。提高工艺水平,如灭活疫苗的浓缩纯化工艺的提高、乳化工艺的改进,以降低疫苗的黏度和负反应;加强活疫苗滴度的提高及耐热保护剂的研究,以更好地保证疫苗的质量。

(3) 提高检验水平,保证产品质量

从近几年的产品质量统计看,我国兽用疫苗的质量在不断提高,各兽用生物制品企业产品的成品合格率均达 99% 以上,抽检合格率达 95% 以上。随着检验水平的不断提高,《兽用生物制品质量标准》中规定的大部分检验项目能够实施。但从各兽用生物制品企业的检验情况看,对疫苗的检测技术仍欠成熟,检验项目仍然不全,新增的检验项目或检验技术、检验条件要求较高的项目仍然未做;灭活疫苗中灭活剂、防腐剂含量的测定寥寥无几;一些重要的蛋传性免疫抑制性疾病检测尚无国家标准。此外,检验用原材料不符合标准,检验用鸡、鸡胚达不到 SPF 级,外源病原的检验无法进行。因此,很难保证疫苗的质量,我国的疫苗很难与国际发达国家的同类产品抗衡,这就是为什么一些大型、集约化养殖场、种畜(禽)场宁愿出高价购买进口疫苗,也不敢使用国产疫苗的原因。因此,除了要提高检测水平外,还要不断地研究新的检测方法,保证疫苗质量,确保免疫效力。

(4) 发挥规模效益,提升市场竞争力

我国的兽医生物制品经过数十年的发展已经取得了惊人的进步,最先进的生物技术在兽用生物制品的研究与生产中得到了广泛和充分的应用,无论是数量上还是质量上的发展速度之快都是令人难以想象的。同时,我们也应看到,长期以来,我国大多数兽医生物制品生产企业为重复生产的劳动密集型中、小企业,生产水平低,技术落后,绝大多数靠手工操作,生产规模小、批量小,企业无法形成规模效益。这样,一方面造成国内厂家自相竞争,产品滞销;另一方面造成国外产品大量涌入。尤其是 20 世纪 80 年代中后期以来,几乎全世界各大兽医生物制品公司竞相打入中国市场;特别是随着加入 WTO,国外各大兽医生物制品企业纷纷抢占中国的兽药市场,市场竞争的激烈程度前所未有,我国的大部分兽医生物

制品生产企业将会受到较大的冲击。因此,必须走联合重组之路,通过企业的合作、合并、重组,扩大生产规模,提高综合实力,发挥规模效益,提升市场竞争能力。

随着生物技术的不断进步,新型兽医生物制品的开发速度必然越来越快,产品质量也会逐步提高;同时,在国家改革和完善兽医管理体制、加大行政管理力度的情况下,我们相信,我国的兽医生物制品事业在不远的将来一定会取得辉煌的成就!

小　结

兽医生物制品是指根据免疫学原理,利用微生物寄生虫及组分或代谢产物以及动物或人的血液、组织等生物材料为原料,通过生物学、生物化学以及生物工程学的方法加工制成的,用于动物传染病或其他有关疾病预防、诊断和治疗的生物制剂。

生物制品的种类很多,按照生物制品性质可分为疫苗、诊断制品、抗病血清、微生态制剂、副免疫制品5类。按照生物制品制造方法和物理性状可分为普通制品、精制生物制品、液状制品、干燥制品、佐剂制品5类。按照相关规定,兽医生物制品命名应遵循的主要原则有10项,其中以明确、简练、科学为基本原则。兽医生物制品学形成独立的学科虽然为时不久,但有关生物制品知识的萌芽可以追溯到很久以前。我国早在宋真宗时代就有峨眉山人用天花病人的痂皮接种儿童鼻内或皮肤划痕以预防天花的记载,创立了种痘技术,被视为创制生物制品的雏形。兽医生物制品对于动物疫病具有免疫预防、诊断、治疗等作用,因此是动物防病、治病、灭病的重要手段之一,在畜牧业生产中发挥着重要作用。

复习思考题)))

1.试对下列词语进行解释。

兽医生物制品　兽医生物制品学　疫苗　诊断制品　抗病血清　弱毒疫苗　灭活疫苗　亚单位疫苗　同源疫苗　异源疫苗　类毒素　微生态制剂

2.兽医生物制品是如何进行分类的?

3.兽医生物制品是根据哪些原则进行命名的?

4.结合身边的实际情况,分析一下目前兽医生物制品生产实践中存在的问题以及解决方法。

5.根据自己掌握的情况,说说我国兽医生物制品的发展方向。

第2章
兽医生物制品基础知识

知识目标

◇掌握兽医生物制品技术的相关免疫学知识。

◇掌握灭活、灭活剂的概念,了解几种常用灭活剂的应用及影响灭活作用的因素。

◇掌握佐剂的概念,了解佐剂标准及其作用机理,了解常用免疫佐剂的应用。

◇掌握保护剂的概念及作用,了解常用保护剂的应用。

◇掌握冷冻真空干燥的原理与特点,了解冷冻真空干燥技术的应用,了解冻干机组与冻干的基本程序。

技能目标

◇能根据实际情况计算甲醛的用量并用甲醛对微生物进行灭活。

◇能制备油相和水相。

◇能进行疫苗的乳化。

◇能配制常用的保护剂。

◇能正确地使用冻干机。

2.1 兽医生物制品的免疫学基础

兽医生物制品,是指采用现代生物技术手段,利用免疫学方法获得的动物免疫学制品,是对动物传染病的特异性免疫预防、免疫诊断和免疫治疗制剂。可以说,免疫学是生物制品的理论基础。因此,要了解、掌握生物制品的研究与使用方法,必须了解免疫学的一般知识。

2.1.1 免疫应答

免疫应答是动物机体免疫系统识别各类异物,并将其杀死、降解和排除的过程。其中包括体液免疫应答和细胞免疫应答两方面。

1)体液免疫应答

负责体液免疫的是 B 淋巴细胞。体液免疫的过程分为感应阶段、反应阶段和效应阶

段,也就是抗原识别,B 淋巴细胞活化、增殖与分化,合成分泌抗体并发挥效应 3 个阶段。

首先是感应阶段。体液免疫的抗原多为相对分子质量在 10 000 以上的蛋白质和多糖大分子,病毒颗粒和细菌表面都带有不同的抗原,所以可以引起体液免疫。这些病原体的表面都会有抗原决定簇(进入到体液中的抗原需要吞噬细胞的吞噬作用才会暴露出抗原决定簇),B 淋巴细胞表面的 BCR 可以以特异性识别这种抗原决定簇。这就是抗原识别阶段。

其次是反应阶段。光是抗原还不能达到让 B 淋巴细胞活化的目的,这里还有一个过程,就是处于这个阶段的抗原虽然已经暴露出抗原决定簇,但是还不能达到刺激 B 淋巴细胞使其活化的目的,而是先刺激 T 淋巴细胞产生淋巴因子,作为激活 B 淋巴细胞的信号之一。这个淋巴因子再与抗原一起,作为共同激活 B 淋巴细胞的两个信号。B 淋巴细胞被激活后,会增殖与分化,首先会分化成浆母细胞,浆母细胞再进一步分化成浆细胞。浆细胞能分泌多种抗体,能够与抗原发生特异性结合的免疫反应。

最后是效应阶段。抗体作用于抗原后,可以令抗原失去活性,最后由吞噬细胞吞噬。

2)细胞免疫应答

T 淋巴细胞受到抗原刺激后,增殖、分化,转化为效应 T 细胞。效应 T 细胞对抗原的直接杀伤作用及效应 T 细胞所释放的细胞因子的协同杀伤作用,统称为细胞免疫。

细胞免疫的作用机制主要有以下两个方面。

(1)效应 T 细胞的直接杀伤作用

当效应 T 细胞与带有相应抗原的靶细胞(被抗原入侵的宿主细胞)再次接触时,两者发生特异性结合,产生刺激作用,使靶细胞膜通透性发生改变,引起靶细胞内渗透压改变,使靶细胞肿胀、溶解以致死亡。效应 T 细胞在杀伤靶细胞的过程中,本身未受伤害,可重新攻击其他靶细胞。参与这种作用的效应 T 细胞,称为杀伤 T 细胞。

(2)通过淋巴因子相互配合、协同杀伤靶细胞

如皮肤反应因子可使血管通透性增高,使吞噬细胞易于从血管内游出;巨噬细胞(吞噬细胞的一种)趋化因子可招引相应的免疫细胞向抗原所在部位集中,以利于对抗原进行吞噬、杀伤、清除等。由于各种淋巴因子的协同作用,扩大了免疫效果,从而达到清除抗原异物的目的。细胞免疫也分为感应阶段、反应阶段和效应阶段 3 个阶段。

3)免疫耐受

免疫耐受是指对抗原特异性应答的 T 细胞与 B 细胞,在抗原刺激下,不能被激活,不能产生特异性免疫效应细胞及特异性抗体,从而不能执行正常免疫应答的现象。引起免疫耐受的抗原称为耐受原,如自身组织抗原,引起天然免疫耐受;非自身抗原(包括病原微生物和异种组织抗原等),在一定条件下可以是免疫原,也可以是耐受原。

早在 20 世纪中叶,科学家们就发现,在胚胎时期或新生儿期,引入外源抗原,很容易诱导个体发生对该抗原的耐受。在正常情况下,胎儿与外部抗原刺激是隔离开的,它的淋巴系统只会遇到自身抗原,从而导致了自身免疫反应的消除。免疫系统在发育过程中学会了耐受,它的任务是通过 T 细胞和 B 细胞抗原受体基因的重排下产生随机的结构多样性,识别不期而遇的分子并作出反应,因而是一种获得性现象,需要抗原诱导才能产生,即便是对自身抗原的耐受,也是如此。

4) 免疫应答的机制

可以将动物机体的免疫系统比作一个集权的国家,在这个国家里,对入侵者加以消灭,对自己的合法公民包容,而"越轨"者则被消除。当然这种比拟是有限的,但显然这种社会制度有许多独特之处,是可以与一个动物体的免疫系统相对比的。

同样,当抗原性物质入侵机体之后,首先被识别为外源性的并被捕获。然后,这种信息被传递到抗体生成系统或细胞免疫系统。随后,这些系统开始发生反应,产生特异性抗体或致敏性淋巴细胞去消灭侵入的抗原。免疫系统还可以将这种信息"记忆"储存起来,以便以后再遇到同一抗原时作出更有效的反应。所以,可认为免疫系统包括以下的基本构成:捕捉与处理抗原系统;与抗原发生特异性反应的机构——抗原敏感细胞;产生抗体及参与细胞免疫的细胞;保持对信息的"记忆"并在将来的遭遇中与抗原发生特异性反应的细胞;最终消灭抗原的细胞。捕捉、处理与最终消灭抗原的细胞是巨噬细胞;无论是初次应答开始时的抗原敏感细胞,还是发动再次应答的记忆细胞之类的抗原敏感细胞,以及细胞免疫应答的效应细胞,都是小淋巴细胞;而抗体生成细胞是浆细胞。

5) 动物早期(胚胎)免疫应答

胚胎对抗原的应答能力在淋巴样器官出现以后很快就形成了。但各种抗原刺激胎儿淋巴样组织的能力有所不同,并不是对所有抗原都能产生应答。已证明,随着胎儿的发育,能引起形成的抗体也逐渐增多。发动细胞免疫应答的能力大约在抗体生成的同时形成。

新生动物基本上是在无菌的子宫环境中发育的,当降生到存在很多抗原的环境时,新生动物能充分地产生免疫应答能力。但是新生动物产生的任何一种免疫应答毕竟仍是一级应答,其延续期长,所产生的抗体也是低浓度的。所以,如果不为其提供"免疫学的帮助",新生动物就容易死于微生物感染,而这些微生物对成年动物却危害不大。这种"免疫学的帮助"就是通过初乳或卵黄从母体获得抗体,建立起被动性免疫。已知母体的淋巴样细胞也可以通过胎盘转移到胎儿的淋巴样组织或通过初乳经肠的移行而输送给新生动物,但这种转移的生物学意义尚不明确。

母体抗体到达胎儿的途径取决于胎盘屏障的性质。人和其他灵长类动物的胎盘是血绒毛膜性的,也就是母体血液直接和滋养层相接触。这种类型的胎盘允许 IgG 通过,而不允许 IgM、IgA 和 IgE 转移到胎儿。母体的 IgG 可以经胎盘进入胎儿的血液循环,所以只能从母乳获得少量 IgG(5% ~ 10%),但大部分是从母体中获取的。

反刍动物的胎盘是结缔绒毛膜性的,即绒毛膜上皮直接与子宫组织相接触。而马与猫的胎盘是上皮绒毛膜性的,胎儿绒毛膜上皮和完整的子宫上皮相接触。具有这两种胎盘的动物,免疫球蛋白分子通过胎盘的通路全被阻断,这些动物的新生幼仔所需的抗体完全是通过初乳而获得的,未吃奶新生动物其正常血清中只含极低水平的免疫球蛋白。成功地吸收了初乳免疫球蛋白的动物,能立即得到免疫球蛋白供应,尤其是 IgG,使其接近于正常成年动物的水平。在生后的 12 ~ 24 h,血清中免疫球蛋白的水平达到高峰。在吸收终止后,这种被动获得的抗体水平,通过正常的降解作用开始下降,而下降的速度取决于免疫球蛋白的种类,降到无保护力的水平所需的时间,也依赖于原有的浓度,浓度不同而有所不同。

从初乳中最早获得的 IgG 是幼畜抵抗败血性疾病所必需的。继续摄取 IgA 到肠管中

则可以保护幼畜免于发生肠道疾病。以上任何一种免疫球蛋白吸收量小或吸收失败都会导致幼畜发生感染。

新生动物血清中免疫球蛋白的水平,可以应用测定血清中免疫球蛋白试验,如硫酸锌浊度试验或辐射状态免疫扩散试验等来检查。对缺乏免疫球蛋白的新生动物可以进行人工补给,如补给冷冻贮存的初乳、成年动物的正常血清以及粗制的免疫球蛋白制剂等。

虽然初乳转移的免疫对幼龄动物的防病与保健是重要的,但也会发生问题。如母畜被其胎儿的红细胞免疫,产生了抗红细胞抗体,而初乳中的抗体可以引起胎儿红细胞的大量破坏,造成新生动物的溶血性贫血等。

2.1.2　免疫血清学技术

利用抗原与抗体在体内或体外均能发生特异性结合的特性设计的检测抗原或抗体的一系列检测技术,称为免疫血清学检测技术。

抗原与抗体的反应根据抗原与抗体性质、反应条件和参与反应的物质不同,表现为各种可见或不可见的反应,主要有凝聚性反应(凝集反应、沉淀反应)、标记抗体技术(荧光抗体、酶标记抗体、放射免疫)、有补体参与的反应(溶菌反应、溶血反应、补体结合反应、免疫黏附血凝、团集反应)和中和试验(病毒中和试验、毒素中和试验)等。

免疫血清学检测技术具有特异性强、敏感性高、适应面广、方法简便、快速、制样简单等特点。各种血清学检测技术几乎均可用于动物传染病的诊断,但以凝集性反应和标记抗体技术应用为最广。下面主要介绍一些常用的动物传染病血清学诊断技术。

1)血球凝集(HA)与血球凝集抑制(HI)试验

有很多禽类病毒如鸡新城疫病毒、流感病毒、传染性喉气管炎病毒、产蛋下降综合征病毒(EDS-76)及用酶处理后的传染性支气管炎病毒等,能使鸡或(和)其他动物的红细胞发生凝集反应,且这种凝集反应可被其特异性抗体所抑制。因此,可采用 HA 和 HI 试验检测具血凝性的病毒及其特异性抗体。

(1)血球凝集(HA)试验

HA 试验主要用于新分离的具有血凝特性的病毒的常规检测(确定血凝、测定血凝效价)和确定 HI 试验时病毒的血凝单位。

在 HA 试验中,应根据所检病毒确定红细胞的种属。红细胞的浓度是影响 HA 试验结果的一个因素。一般来说,红细胞浓度越高,其血凝效价越低;反之则高。但浓度若低于0.5%,凝集时间延长,结果不易观察。另外,稀释液、反应的温度及判定结果的标准也均会影响 HA 试验结果,因而应根据具体情况选定一个适合于自身实验室条件的试验标准。

病毒的血凝特性缘于病毒结构上的血球凝集素抗原,因而是非特异性的,HA 反应阳性的材料应进一步利用已知的特异性抗体做血凝抑制试验。

(2)血凝抑制(HI)试验

HI 试验除可用特异性抗体鉴定新分离的具血凝特性的病毒外,还可应用标准病毒抗原测定血清中的相应抗体。HI 试验操作简便,无需特殊的仪器设备,也无须活的试验宿主系统,因而是诊断和鉴定某些禽病病毒及进行免疫监测和抗体流行病学调查的常用方法。

其中以 NDV 和 EDS-76 的 HI 试验应用最为普遍。

HI 试验中所用抗原的浓度会影响其结果,一般来说,提高抗原的浓度会降低试验的敏感性。但是血凝病毒抗原血凝单位的微小变化(2～8 个血凝单位)对被检血清的 HI 效价影响不是很大。此外,红细胞的浓度、加抗原与加红细胞之间的时间间隔、反应的温度、判定结果的标准等均可影响 HI 试验的结果,因而需根据具体情况来确定试验条件与判定标准。

2)琼脂免疫扩散试验

琼脂在高温时能溶于水中,1% 的琼脂凝胶冷却后的孔径约 85 nm,因此,能允许各种抗原与抗体在琼脂凝胶中自由扩散。抗原与抗体在琼脂凝胶中扩散,当二者在比例适当处相遇,即会发生沉淀反应,而形成肉眼可见的沉淀线。此种反应称为琼脂免疫扩散,而免疫扩散的方法有单向单扩散、单向双扩散、双向单扩散、双向双扩散 4 种。该项技术具有准确、经济、简便等优点,因而经常用于禽病病毒抗原和抗体的检测与诊断,如马立克氏病、传染性法氏囊病、传染性支气管炎、病毒性关节炎、新城疫、禽痘、支原体病等。

3)直接凝集试验

细菌菌体与全血或血清中的特异性抗体反应,会发生凝集或形成聚团块。凝集试验是广泛应用于禽细菌性传染病的血清学诊断方法之一。常用凝集试验进行诊断的鸡病有传染性鼻炎、沙门氏菌病(鸡白痢、鸡伤寒)、鸡支原体病。试验操作有平板法(在载玻片、塑料板或瓷板上进行)、试管法(在试管中进行)或微量法(在微量反应板上进行),其中微量法可减少血清用量,降低费用和时间。

4)间接血球凝集试验

将可溶性抗原(如细菌裂解物、浸出液、病毒抗原)或抗体吸附(称为致敏)于比其体积大千万倍的红细胞表面,此致敏的红细胞与相应的抗体或抗原结合,即可产生肉眼可见的凝集现象。若用抗原致敏红细胞,用以检测抗体,称为间接血凝(IHA 或 PHA);而用抗体吸附于红细胞表面用以检测抗原者则称为反向间接血凝(RIHA 或 RPHA)。这种血清学技术具有快速、简便、灵敏、特异等优点,已广泛应用于鸡病的诊断与监测,如检测传染性支气管炎抗体、霉形体抗体的间接血凝试验,检测传染性法氏囊病病毒的反向间接血凝试验等。

5)补体结合试验

补体参与的试验大致可分为两类:一类是补体与细胞的免疫复合物结合后,直接引起溶细胞的可见反应,如溶血反应、溶菌反应、杀菌反应、免疫黏附反应、团集反应等;另一类是补体与抗原抗体复合物结合后不引起可见反应(可溶性抗原与抗体),但可用指示系统如溶血反应来测定补体是否已被结合,从而间接地检测反应系统是否存在抗原抗体复合物,如补体结合试验、团集性补体吸收试验等。其中,补体结合试验最为常用。该试验以溶血反应作为指示系统,检测抗原抗体反应系统中是否存在相应的抗原和抗体。参与补体结合反应的抗体称为补体结合抗体。补体结合抗体主要为 IgG 和 IgM。通常是利用已知抗原检测未知抗体。

补体结合试验已有一些改进的方法,如微量补体结合试验、间接补体结合试验和改良补体结合试验等。

6）病毒中和（NV）试验

根据抗体能否中和病毒的感染性而建立的免疫学试验称为中和试验。中和试验极为特异和敏感，主要用于病毒感染的血清学诊断、病毒分离株的鉴定、不同病毒株的抗原关系研究、疫苗免疫原性的评价、免疫血清的质量评价和检测动物血清中的抗体等。

7）其他检测技术

（1）免疫荧光抗体（IF）技术

IF 技术是利用抗原抗体反应的特异性与荧光显微技术的精确性、敏感性，将二者相结合的免疫学标记技术。其基本原理是，荧光色素（常用异硫氰酸荧光素）与抗体分子结合后，并不影响抗体蛋白分子的免疫活性，当标本涂片（或切片）中有特异性抗原存在时，荧光素标记的抗体可与之特异性结合，且这种结合较为牢固，用缓冲液浸洗时不会洗脱，在荧光显微镜下检查时，可见到荧光，从而判断抗原或抗体的存在、定位和分布情况。IF 技术已用于多种禽病抗原或抗体的检测，成为禽病诊断的常用血清学手段。

（2）酶联免疫吸附试验（ELISA）

ELISA 是将抗原或抗体反应的特异性与酶促反应的敏感性相结合，从而建立起来的免疫学标记技术。其基本原理是，酶分子（常用辣根过氧化物酶，HRP）与抗体或抗抗体分子可共价结合，这种结合既不改变抗体的免疫反应活性，也不影响酶的生物化学活性。这种酶标记抗体可与标本中的抗原或抗体特异性结合后，在底物溶液的参与下，产生肉眼可见的颜色反应，颜色反应的深浅与标本中抗原或抗体的量成正比。

免疫酶标记技术有免疫酶组化染色法（主要用于抗原或抗体的定位）、固相免疫测定技术（抗原或抗体的定量测定）等多种类型。在禽病的血清学诊断中应用最广的是固相法中的酶联免疫吸附试验（ELISA）。ELISA 法具有简便、敏感、快速、特异等优点，已被广泛应用于禽病诊断与监测。

（3）单克隆抗体技术

传统的血清学诊断技术中使用的含抗体血清均为多克隆抗血清，即是由多个淋巴细胞克隆产生的，具有高度的异质性，因而影响了血清学诊断方法的特异性和敏感性。1975年，英国学者首次提出了单克隆抗体杂交瘤技术，它是将产生特异性抗体（针对单个抗原决定簇）的 B 淋巴细胞与能无限增殖的骨髓瘤细胞融合，形成 B 淋巴细胞杂交瘤，由该杂交瘤细胞所分泌的抗体即是单克隆抗体，简称"单抗"。由于单抗在分子结构、氨基酸排列顺序等方面都是一致的，因而其纯度高、特异性强、重复性好，并可以大量、快速、连续地在动物体内或体外产生同质性单抗。正由于此，使用单克隆抗体替代多克隆抗血清进行疫病的检测将更有利于各种血清学诊断方法的标准化和规范化，因而单抗已被广泛地用于疫病的诊断、毒（菌）株鉴定、检疫、治疗及预防等各个方面。

十几年来，我国在动物用单抗研究方面发展迅速，其中包括国内流行较广、危害较严重的大多数鸡病毒性和细菌性疫病病原的单抗，如抗鸡马立克氏病病毒、新城疫病毒、传染性法氏囊病病毒、传染性支气管炎病毒、传染性喉气管炎病毒、禽痘病毒、产蛋下降综合征病毒及沙门氏菌 O.H 抗原的单抗等，这些单抗多能替代多克隆抗血清用于有关疫病的诊断和检疫。抗鸡 IgMμ 链（重链）单抗的成功研制，为鸡疫病的早期诊断提供了快速、特异、灵敏的方法。

(4)核酸探针技术

核酸探针技术是20世纪80年代中期才异军突起的一种新的诊断技术。其基本原理是将某种微生物特异的核苷酸序列与样品的核苷酸序列互补时,则发生杂交,形成双股核酸;不发生杂交的单股核酸被去除。杂交的探针可用放射自显影(放射性分子标记)检测或比色(非放射性分子标记)测定。

核酸探针是以病原体的核酸为检测目标,其诊断原理与以抗原—抗体特异性反应为基础的血清学诊断原理有着明显的区别。与各种血清学诊断方法相比,核酸探针可以检出样品中极微量的病原体,极其敏感(结合PCR技术),并具有特异、快速、结果可靠、核酸探针便于大批量生产等优点。它在畜禽疫病诊断上已显示了极大的优越性,既可检测临床或病理标本中的病原,也能用于特定病原的鉴定,还能区分疫苗株和野毒株。

在禽病诊断方面,国外已报道了应用核酸探针检测新城疫、马立克氏病、传染性支气管炎、传染性喉气管炎、传染性法氏囊病、鸡痘、鸡霉形体病、鸡传染性鼻炎、大肠杆菌、多杀性巴氏杆菌等病原的消息。国内研制且已见报道的有大肠杆菌、沙门氏菌和巴氏杆菌及马立克氏病病毒、传染性支气管炎病毒核酸探针等。

(5)多聚酶链式反应(PCR)

PCR也是20世纪80年代中后期兴起的一项新技术。聚合酶链反应模拟体内DNA复制过程,它利用两个引物,经过高温(模板DNA)变性、低温(模板DNA—引物)退火和适温(在DNA聚合酶催化下发生引物链)延伸反应,形成一个周期,进行模板DNA的合成。新合成的产物再经高温变性后,又可作为与引物退火的模板,并再发生引物链延伸反应。如此循环数次,可使靶DNA序列成几何数量级倍增。PCR技术具有操作简便、快速、高度特异性、选择性和敏感性等特点,且对样品要求不高,无论新鲜组织或陈旧组织、细胞或体液、粗提或纯化RNA和DNA均可,加之TaqDNA聚合酶的使用促进了PCR技术自动化,因而PCR非常适合于感染性疫病的监测和诊断。PCR已成功地用于传染性支气管炎病毒、传染性喉气管炎病毒、传染性法氏囊病病毒、马立克氏病病毒、鸡败血霉形体、贫血病毒和禽流感病毒等的诊断和研究。

2.2 兽医生物制品的灭活剂、保护剂及佐剂

2.2.1 灭活剂

为了提高兽医生物制品的安全性,防止散毒,许多疫苗通常通过灭活后制成无毒力和无感染性的制品。因此,灭活乃是兽医生物制品中的一项基本技术。

1)灭活及灭活剂的概念

灭活是指用理化方法杀死或破坏病原微生物或其毒素的生物学活性(包括繁殖能力和致病性),但仍保留其免疫原性(抗原性)。破坏血清中的补体也称为血清的灭活。经灭活

后的微生物或其毒素物质可用来制备疫苗、类毒素和诊断用制品。用于灭活微生物制剂活性的化学试剂或药物称为灭活剂。

2) 灭活的类型

按照灭活作用的性质,可将灭活分为物理灭活和化学灭活两类,尤以化学灭活法效果确切、方法简便而最为常用。面对不同的微生物、活性物质,所采用的灭活方法、灭活剂也不尽相同。因此,选择合适的灭活剂和灭活方法对研制灭活兽医生物制品十分重要。

(1)物理灭活

一般常用热灭活、超声波灭活、紫外线灭活和 γ 射线灭活等物理方法杀死微生物或消除其毒性。

热灭活最早由施密斯等研制猪霍乱灭活菌苗时提出,后来发现热灭活容易发生菌体蛋白变性。在过去,用加热灭活方法者较多。该法简单易行,但杀死微生物的方法比较粗糙,容易造成菌体蛋白质变性,因而使免疫原性受到明显影响。超声波裂解细胞灭活应放在冰浴中间断进行。紫外线灭活效果不够确切,曾发生过经紫外线灭活的强毒重新活化的例子。γ 射线灭活应根据被照射物的容量大小来选择照射距离和照射强度。

目前,除诊断抗原尚采用物理灭活(主要是热灭活)外,一般很少用。

(2)化学灭活

化学灭活法是利用化学药品或酶,使微生物、活性物质的一些结构发生改变,从而丧失生命力、感染性、毒性或活性。化学灭活法是目前采用最多的灭活法,但其效能常受灭活剂种类、剂量和作用温度、pH 值、时间等因素影响,因此必须进行筛选,找出最佳的灭活条件。

在特定条件下,物理灭活与化学灭活也可联合用于某些生物制品的灭活。

3) 常用灭活剂

(1) 甲醛

甲醛是最古典的灭活剂,也是使用最广泛的灭活剂。甲醛为无色有刺激性的气体,易溶于水和乙醇,其36% ~40%的水溶液俗称福尔马林,为无色透明液体,呈弱酸性,性质不稳定,长期或低温保存易聚合成多聚甲醛而呈白色絮状沉淀。在甲醛溶液中加入少量甲醇,可以防止甲醛聚合沉淀。甲醛能使微生物蛋白质和核酸变性,从而使微生物丧失毒性和繁殖力,达到灭活的作用。

用于制造各类疫苗和类毒素的甲醛灭活浓度为0.05% ~0.5%。针对不同的病原微生物,甲醛的灭活浓度不同:需氧细菌一般为0.1% ~0.2%,厌氧细菌一般为0.4% ~0.5%,病毒的灭活浓度常为0.05% ~0.4%(多数为0.1% ~0.3%)。

甲醛灭活的原则:低浓度、短时间达到彻底灭活。疫苗灭活结束时应加入过量的焦亚硫酸钠(硫代硫酸钠)中止反应。

(2)烷化剂

烷化剂含有活泼的烷基基团,能改变 DNA 的结构,从而破坏其功能;或者妨碍 RNA 的合成,从而抑制细胞的有丝分裂;也可与酶系统和核蛋白起作用,从而干扰核酸的代谢。因此,烷化剂能破坏病毒的核酸芯髓,使病毒完全丧失感染力,而又不损害其蛋白衣壳,得以保护其保护性抗原的免疫原性不受损坏。常用的烷化剂有如下几种。

①N-乙酰乙烯亚胺(即乙酰基乙烯亚胺)。主要用于口蹄疫病毒的灭活。在口蹄疫病毒培养液中加入最终浓度为0.05%的该制剂,30 ℃灭活8 h。灭活终需加入过量的硫代硫酸钠,并使其最终含量为2%。

②二乙烯亚胺(BEI)。主要用于口蹄疫病毒的灭活,在口蹄疫病毒培养液中加入最终浓度为0.02%的该制剂,灭活终需加入过量的硫代硫酸钠,并使其最终含量为2%。

③2-乙基乙烯亚胺(EEI)。主要用于口蹄疫病毒的灭活。

④缩水甘油醛。用于口蹄疫病毒的灭活,对新城疫病毒、大肠杆菌噬菌体的灭活效果优于甲醛。

(3)结晶紫

结晶紫是一种碱性染料,为甲基紫的结晶,又称甲基青莲或甲紫,化学名为六甲基思波副品红,为绿色带有金属光泽结晶或深绿色结晶粉末,易溶于水和乙醇,溶液呈紫色。

其灭活作用机制是通过它的阳离子与微生物蛋白质带阴电的羧基形成弱电离化合物,破坏了微生物的正常代谢,扰乱微生物的氧化还原,从而起灭活作用。作为灭活剂使用时,本品一般与甘油配成0.25%的溶液。用本品制造的灭活疫苗有猪瘟结晶紫疫苗、猪水疱病细胞毒结晶紫疫苗等;用本品制造的诊断试剂有鸡白痢抗原等。

(4)苯酚

苯酚又称石炭酸。其灭活机制是使蛋白质变性或抑制菌体特异性蛋白质酶系统(如脱氢酶和氧化酶等),从而使微生物失活;或者是通过它在细胞膜上的表面活性作用而损害细菌细胞膜,使胞浆漏出,菌体溶解。苯酚在0.2%浓度时,抑制一般细菌的生长;1%以上时杀菌。芽孢和病毒对苯酚耐受力则很强。

(5)β-丙酰内酯

β-丙酰内酯即羟基丙酰-β-内酯,是一种良好的病毒化学灭活剂。本品为无色有刺激气味的液体,对皮肤、黏膜和眼睛有强烈的刺激性,对动物有致癌性,遇水在数小时就分解完毕,必须于玻璃瓶内5 ℃密封保存。β-丙酰内酯灭活病毒后,不破坏其免疫原性,主要用于狂犬病灭活疫苗的制备和生产。

近年来,非离子去污剂也用作病毒化学灭活剂,其灭活机制是使用非离子去污剂直接裂解病毒,从而达到灭活的目的。为进一步提高生物制品的安全性和质量,研究和开发更为优良的灭活剂也是生物制品研究者的一项重要的工作。

4)影响灭活效果的因素

所谓灭活效果,一是指灭活的完全性,即被灭活物的活性(毒性)是否能完全丧失或破坏;二是指灭活后是否保留良好的抗原性,即灭活物是否仍有抗原高效价和坚强的免疫力。灭活效应,尤其是化学灭活的效应,常受剂量、温度、时间、pH值、灭活物种类和浓度等因素制约。因此,在生物制品制造中,除应筛选出良好的灭活剂外,还要选定最佳的灭活剂量、温度、时间和pH值等条件。

(1)微生物的种类及特性

不同种类的微生物对各类灭活剂的敏感性是不完全一样的。多数病毒对甲醛灭活敏感,并且甲醛的使用浓度低、灭活时间短,一般在合适的温度下灭活时间不超过48 h;而对细菌的灭活,甲醛的使用浓度较高、灭活时间较长,一般在合适的温度下灭活需要几天的时

间。细菌的繁殖体及其芽孢对化学灭活剂的敏感程度也有很大的差别;生长期和静止期的细菌对灭活剂的敏感程度也有差别;另外,细菌的浓度也会影响灭活的效果。

（2）灭活剂的种类和特性

不同种类的化学灭活剂适用的灭活范围不同,因为一种灭活剂只对一部分微生物有较明显的灭活作用,但对另一些微生物灭活效力则很差。如酚类对大多数细菌的繁殖体有很好的灭活作用,但对病毒和真菌就不太敏感。再如甲醛适用于多种细菌、病毒和毒素的灭活,但对口蹄疫病毒的灭活效果就不理想,而乙烯亚胺对口蹄疫病毒的灭活效果就优于甲醛。同时,缩水甘油醛对新城疫病毒、大肠杆菌噬菌体的灭活效果也优于甲醛。阳离子表面活性剂作为化学灭活剂,其灭活和抗菌谱广,效力快,对组织无刺激性,能杀死多种革兰氏阳性菌和阴性菌,但对绿脓杆菌和细菌芽孢作用较弱,并且其水溶液不能杀死结核杆菌。

（3）灭活剂的浓度

在其他影响因素和条件相同的情况下,灭活剂对微生物的灭活速度和效果,在一定范围内与化学灭活剂的浓度成正比,浓度和剂量越大,则灭活效果越确实,灭活时间也越短。但多数化学灭活剂都不同程度地有一定的毒害作用,浓度过高、剂量过大会破坏蛋白质抗原性,抗原损失就大;而且易引起疫苗接种部位组织的损伤,甚至坏死,对动物有较大的毒害作用。

（4）温度

在其他影响因素和条件相同的情况下,化学灭活剂对微生物的灭活速度和效果,在一定范围内与化学灭活剂的温度成正比,温度越高,则灭活效果越确实,灭活时间也越短。每升高10 ℃,金属盐类灭活剂的杀菌作用就增加2～5倍,苯酚的灭活作用增加5～8倍。但是如果温度超过40 ℃或更高,对抗原的免疫原性则有不利影响,因而灭活温度一般选择为37 ℃。

（5）pH 值

一般来说,微酸性时灭活速度较慢,抗原性保持较好;碱性时灭活速度较快,但抗原性易遭受破坏,尤其使用高浓度甲醛时,在碱性溶液中抗原的免疫原性损失就很大。pH 值对细菌的灭活作用也有较大影响,pH 值改变时,细菌表面的电荷也发生改变。在碱性溶液中,细菌带阴电荷较多,所以,阳离子表面活性剂的杀菌灭活作用较大;而在酸性溶液中,则阴离子表面活性剂的杀菌灭活作用较强。

（6）时间

在其他影响因素和条件相同的情况下,化学灭活剂对微生物的灭活速度和效果,在一定范围内与化学灭活剂的灭活时间成正比,时间越长,则灭活效果越确实。但并不是时间越长越好,时间过长会大大损失抗原的免疫原性,导致抗原的损失过大,如甲醛和乙酰亚胺类烷基化灭活剂等在对微生物灭活后就对抗原呈现破坏作用。所以,在达到灭活时间后,应及时终止灭活。

（7）有机物质

这里主要是指杂质蛋白质等有机物会消耗部分化学灭活剂,它们吸附于灭活剂的表面或者和灭活剂的化学基团相结合,使灭活剂失活或者不利于灭活剂对抗原的灭活。这些杂质蛋白在一定程度上对细菌、病毒以及毒素呈现保护作用,受这种因素影响最大的是苯胺类染料、汞离子和阳离子去污剂。

2.2.2 保护剂

保护剂(protector)又称稳定剂(stabilizer)。冻干保护剂是指在生物制品中或者在冻干生物制品的过程中,为了达到保持生物制品的生物活性或延长保存期、提高保存温度等目的,加入到生物制品中使其生物活性免受破坏的一类物质。

1)保护剂的组成与作用

保护剂的组分是一种混合物,因此保护作用机制比较复杂,不同保护剂作用也不同。主要作用是防止活性物质失去结构水及阻止结构水形成结晶,而导致生物活性物质的损伤;降低细胞内外的渗透压差、防止细胞内结构水结晶,以保持细胞的活力;保护或提供细胞复苏所需的营养物质,有利于活力的复苏和自身修复。

(1)冻干保护剂的组成

①低分子物质。又称为营养液,包括糖类和氨基酸类,如葡萄糖、蔗糖、乳糖、山梨醇、木糖醇、苏氨酸、谷氨酸钠、乳糖酸、天冬氨酸、精氨酸、赖氨酸等中性或酸性小分子物质。低分子物质可产生均匀的混悬液,使微生物保持稳定的存活状态以及对水分子起缓解作用;能使冻干生物制品仍然含有一定量的水分;还可促进高分子物质形成稳定骨架,使冻干制品呈多孔的海绵状,从而增加了溶解度。

②高分子物质。又称为赋形剂,包括血清、脱脂乳、脱纤血、羊水、白蛋白、明胶、各种蛋白胨肉膏、酵母浸膏、糊精、阿拉伯胶、葡萄糖酊、琼脂、藻胶钠以及聚乙烯吡咯烷酮等高分子物质及其分解物。高分子物质在冻干生物制品中主要起骨架作用,即赋形剂的作用,防止低分子物质的碳化和氧化;保护活性物质不受加热的影响;使冻干制品形成多孔、疏松的海绵状物,从而增加溶解度。

③抗氧化剂。包括一些有机和无机物质,如抗坏血酸钠、硫脲半胱氨酸、亚硫酸钠、碘化钾和钼酸铵等。抗氧化剂具有抗氧化作用,能抑制冻干制品中的酶的活性,从而促进、保持微生物等活性物质的稳定性。

(2)冻干保护剂的作用机理与效应

冻干保护剂在冻干制品中的作用机理尚未完全清楚,目前认为主要从生物学方面和物理学方面来发挥作用。

①保护微生物和活性物质在冻干过程所受到的物理、化学因素的影响或损伤,以维持较高的存活率和活性,例如菌苗的活菌数、疫苗的病毒滴度、酶的活性等。

②使微生物的活动、活性物质处于半静止或静止状态,以延长生命、活性期。

③高分子物质在冻干过程中保持原有的构架,使制品形成海绵状结构且具有一定的含水量。

④抗氧化剂能抑制制品中的酶比作用,从而维持微生物、活性物质的稳定和静止状态。

2)保护剂种类

(1)按化学成分分类

按化学成分分类,保护剂可分为复合物类保护剂、糖类、盐类、醇类、酸类以及聚合物类保护剂等。

复合物类保护剂如脱脂乳、明胶、血清、糊精和甲基纤维素等;糖类保护剂如蔗糖、葡萄糖、麦芽糖、乳糖和果糖等;盐类保护剂如氯化钠、氯化钾、谷氨酸钠和硫代硫酸钠等;醇类保护剂如甘油、山梨醇、甘露醇、肌醇和木糖醇等;酸类保护剂如柠檬酸、酒石酸和氨基酸等;聚合物类保护剂如葡聚糖、聚乙二醇、聚乙烯吡咯烷酮等。

(2)按分子量及作用分类

①高分子化合物。如脱脂乳、明胶、血清、脱纤血液、羊水、蜂蜜、酵母浸汁、肉汤、蛋白胨、淀粉、糊精、果胶、阿拉伯胶、右旋糖酐、聚乙烯吡咯烷酮、葡聚糖、羧甲基纤维素等。

②低分子化合物。如谷氨酸、天门冬氨酸、精氨酸、赖氨酸、苹果酸、乳糖酸、葡萄糖、乳糖、蔗糖、棉子糖、山梨醇等。

③抗氧化剂。如维生素 C 和维生素 E、硫脲、碘化钾、钼酸铵等。

3)影响冻干保护剂效能的因素

冻干保护剂的效能主要表现在生物活性物质在冻干过程中的存活率和冻干制品在保存过程中的存活率与保存期。一般来说,每种微生物或生物制品均有其最佳的冻干保护剂组合,从而获得在冻干过程中失活率最低、制品的保存期最长的效果。冻干保护剂的种类、组合、配制以及组分的浓度对其效能的影响十分明显,而影响保护剂效能的因素有下列几方面。

(1)保护剂种类

对于同一种生物制品,在使用不同的保护剂进行冻干保存时,其保护效果差异很大。例如分别用 7.5% 的葡萄糖肉汤和 7.5% 的乳糖肉汤作为冻干的沙门氏菌保护剂,在室温下保存 7 个月后的细菌的存活率分别是 35% 和 21% 。

(2)保护剂组分浓度

保护剂组分浓度可直接影响冻干制品的生物活性物质的存活率。如不同浓度的葡萄糖做副大肠杆菌的保护剂时,只有用 5% ~10% 的葡萄糖时所得的活菌数最高,而且保存时间长;用其他浓度则存活率低,保护效果较差。

(3)保护剂配制方法

配制方法的不同往往能影响保护剂的效果,例如含糖保护剂灭菌温度不宜过高,否则由于糖的碳化而影响冻干制品的物理性状和保存效果。所以,均以 114 ℃的温度在 30 min 灭菌或间歇灭菌;又如血清保护剂就不能用热灭菌法,必须以滤过法除菌。

(4)保护剂的 pH 值

保护剂的 pH 值对保护剂效果也有重大影响,应将保护剂调至适宜微生物需要的 pH 值,以免造成微生物因 pH 值不适宜而大量死亡。

由此可见,每种新的需要冻干的生物制品,生产前都应筛选出合适的保护剂,以确保对冻干的保护效果。

4)常用的冻干保护剂

各种微生物的特性不同,加之各种微生物适用的冻干保护剂也很多,所以即使同一种生物制品在冻干时所使用的保护剂也不尽一致,并且各国都有自己的保护剂标准,例如,鸡新城疫弱毒疫苗,中国选用 5% 蔗糖脱脂乳做冻干保护剂,而日本则用 5% 乳糖、0.15% 聚乙烯吡咯烷酮、1%马血清或0.4%蔗糖脱脂乳、0.2%聚乙烯吡咯烷酮做保护剂。

（1）不同微生物的保护剂

①一般病原性细菌。适用的冻干保护剂有10%蔗糖、5%蔗糖脱脂乳、5%蔗糖、1.5%明胶；10%～20%脱脂乳、含1%谷氨酸钠的10%脱脂乳；5%牛血清白蛋白的蔗糖；灭活马血清等。

②厌氧细菌。含0.1%谷氨酸钠的10%乳糖，10%脱脂乳，7.5%葡萄糖血清等。

③病毒。适用的保护剂由以下物质的不同比例组成：明胶、血清、蛋白胨、脱脂乳、谷氨酸钠、乳糖、葡萄糖、蔗糖、聚乙烯吡咯烷酮等。这些物质以不同浓度单独或混合使用。

④支原体。可采用50%马血清，1%牛血浆清蛋白，5%脱脂乳，7.5%葡萄糖加马血清等。

⑤立克氏体。常用10%脱脂乳作为冻干保护剂。

⑥酵母菌。适用的保护剂有马血清，7.5%葡萄糖如马血清，含1%谷氨酸钠的10%脱脂乳等。

（2）兽医生物制品常用的保护剂

①5%蔗糖（乳糖）脱脂乳。蔗糖（乳糖）5 g，加脱脂乳至100 mL；充分溶解，100 ℃蒸汽间歇灭菌5次，每次30 min；或110～116 ℃高压灭菌30～40 min；无菌检验呈阴性后，4 ℃保存备用。用于羊痘鸡胚化弱毒羊体反应冻干苗，鸡新城疫Ⅰ系冻干苗和Ⅱ系冻干苗，鸡痘鹌鹑化弱毒冻干苗，鸭瘟鸡胚化弱毒冻干苗等。

②明胶蔗糖保护剂。配制方法：明胶2%～3%（g/mL）、蔗糖5%（g/mL）、硫脲1%～2%（g/mL）。先将12%～18%明胶液、30%蔗糖液和6%～12%硫脲液加热溶解，116 ℃高压灭菌30～40 min，然后按组成比例进行配苗。主要适用于做猪肺疫弱毒冻于活疫苗、猪丹毒弱毒冻干活疫苗等细菌性活疫苗的保护剂。

③聚乙烯吡咯烷酮乳糖。聚乙烯吡咯烷酮K30～35 g、乳糖10 g，加蒸馏水至100 mL；混合溶解，120 ℃高压灭菌20 min；无菌检验呈阴性后，4 ℃保存备用。用于水貂犬瘟热细胞冻干苗等的保护。

④SPGA。配制方法：蔗糖76.62 g，磷酸二氢钾0.52 g，磷酸氢二钾1.64 g，谷氨酸钠0.83 g，牛血清白蛋白10 g，加去离子水至1 000 mL，混合溶解后滤过除菌，经无菌检验呈阴性后，4 ℃保存备用。主要用于鸡马立克氏病、火鸡疱疹病毒疫苗等病毒性疫苗的稀释液。

2.2.3　免疫佐剂

1）佐剂的概念

传统的佐剂概念是指自身没有抗原性的物质，当其与抗原混合或同时注射使用或先于抗原注射到动物体内后，能够非特异性地改变或增强动物机体对抗原的免疫应答，发挥辅佐作用，这种物质称为佐剂，也称免疫佐剂或抗原佐剂。而现在一般认为，凡是可以增强抗原免疫应答的物质均称为佐剂。

2）佐剂选择标准

佐剂的种类繁多，作用机理复杂，衡量一种物质是否是良好的佐剂，必须具备以下基本

条件。

①佐剂物质应安全、无毒、无致癌性,也不应是辅助致癌物,不能诱导、促进肿瘤形成。通过肌肉、皮下、静脉、腹腔、滴鼻、口服等各种途径进入动物体后无任何副作用。

②佐剂物质应有较高的纯度,有一定的吸附力,最好吸附力强。

③佐剂物质应具有在动物体内降解吸收的性质,不宜长时期留存而诱发组织损伤。

④佐剂物质不应诱发动物自身超敏性,不含有与动物有交叉反应的抗原物质。

⑤佐剂应易于保存并且稳定,当与疫苗共同保存时不应发生变质,并且不出现可引起不良反应的物质。

3) 佐剂的作用机理

(1) 对抗原的作用

①增加抗原分子的表面积。某些佐剂颗粒表面可以吸附许多抗原,使抗原表面积明显增加。特别是可溶性抗原或半抗原,经胶体颗粒吸附后,表面积增大,并能改变抗原的活性基团构型,从而增强抗原的免疫原性,所产生的抗体滴度明显提高。

②增强 T 细胞和 B 细胞的协同作用。佐剂和抗原被巨噬细胞吞噬,对抗原加工处理,赋予较强的免疫原性,促进 T 细胞免疫力,并加强 T 细胞与 B 细胞的协同作用。如甲状腺球蛋白与弗氏完全佐剂(FCA)结合后,可以中断 T 细胞的耐受性,从而恢复 T 细胞与 B 细胞相互作用而产生抗甲状腺球蛋白抗体。电镜观察证明,有弗氏佐剂的巨噬细胞与淋巴细胞和正在产生抗体的浆细胞之间有密切的接触。

③延长抗原在组织内的贮存时间。抗原与某些佐剂混合后形成凝胶状,延长抗原在体内的贮存时间,增加抗原与机体免疫系统接触的广泛程度,减缓抗原的降解速度,使其徐徐释放,从而明显提高抗原物质的免疫原性。

此外,佐剂还可保护抗原物质不受酶系统的降解。

(2) 对抗体的作用

①引起细胞浸润。佐剂能引起细胞浸润,出现巨噬细胞、淋巴细胞及浆细胞聚集,促进这些细胞增殖,发挥产生抗体的作用。例如,注射 FCA 后,从组织切片可见注射局部有巨噬细胞、上皮样细胞以及淋巴细胞和浆细胞聚集成团。

②加速淋巴细胞的转化。佐剂能加速淋巴细胞转化成为效应细胞,生成更多的致敏淋巴细胞并转变为浆细胞。

③膜和胞浆的变化。淋巴细胞膜上的磷脂被酶激活,使膜上或邻近的部位发生膜运动及合成新的膜。巨噬细胞经佐剂作用后,也出现类似的改变,主要表现为膜活性增加和分泌辅助性因子。

④细胞功能的改变。巨噬细胞被佐剂刺激和激活后出现的主要变化包括数量增多、膜表面积增大、产生大量辅助因子和前列腺素等调节因子。T 细胞和 B 细胞受佐剂作用后,最大的改变是细胞数目增多,进入细胞增殖周期,膜表面成分发生改变,产生大量辅助因子(LK)。B 细胞则分化为浆细胞,并分泌大量的抗体。

佐剂能改变抗体类型,使用佐剂诱导优先合成一种或多种抗体,这取决于刺激初次效应的佐剂类型。使用不同的佐剂苗免疫接种不同的动物,产生的抗体种类和量也有所不同。这是使用佐剂应该注意和研究的问题。

近年来的研究还证明,有些起佐剂作用的物质,对正常状态的免疫功能并无影响,只增强已经低下的免疫功能。增强免疫功能的物质称为免疫增强剂,不同制剂的增强作用也不一样。但多数是增强巨噬细胞活性,促进 T 细胞或 B 细胞的反应。这些对于肿瘤的免疫治疗具有重要意义。

4) 常用的兽医免疫佐剂

常规佐剂有如下几种。

①氢氧化铝胶佐剂。氢氧化铝胶又称铝胶,其佐剂活性与质量密切相关。质优的铝胶分子细腻,胶体状态良好、稳定,吸附力强,含 $Al(OH)_3$ 约2%(AlO_3 为1.3%),保存2年以上吸附力不变。

铝胶制造法甚多,如铝粉加烧碱合成法、明矾加碳酸钠合成法、明矾加氨水合成法、三氯化铝与氢氧化钠合成法等。

②明矾佐剂。明矾有钾明矾[$KAl(SO_4)_2 \cdot 12H_2O$]和铵明矾[$AlNH_2(SO_4)_2 \cdot 12H_2O$]之分,是一种无色结晶状物,溶于水,不溶于酒精。兽医生物制品常用钾明矾作为佐剂,如破伤风明矾沉降类毒素、气肿疽明矾菌苗等。制造时取精制钾明矾配成10%溶液,高压灭菌后冷却至25 ℃以下,按1%~2%加入 pH 值为 8.0 ± 0.2 的灭活菌液中,充分振摇即为明矾佐剂苗。

③弗氏佐剂。即矿物油乳剂。传统的弗氏佐剂是由液态石蜡和羊毛脂加热混溶而成,称为不完全弗氏佐剂(IFA)。当不完全弗氏佐剂与等量抗原液体充分混匀后,形成较稳定的油包水型不完全弗氏佐剂型乳剂。若在不完全弗氏佐剂中再加入死结核分枝杆菌或卡介苗以增强炎性反应,称为完全弗氏佐剂(CFA)。这类佐剂在提高抗体的幅度和免疫持久性方面,远高于铝盐类佐剂,是迄今为止作用最强的佐剂。但由于弗氏佐剂副反应严重,注射后多引起无菌化脓,且有长期的油潴留于组织中不能代谢,也容易引起过敏反应,因此不允许用于人类的免疫。使用弗氏佐剂的具体方法如下:在免疫动物时,将弗氏佐剂与抗原(蛋白质浓度为1~100 mg/mL,全血清应做1:2~4稀释,用生理盐水或缓冲液溶解稀释),按体积比1:1混合乳化后注射动物。

油包水弗氏佐剂是目前动物实验中最常用的佐剂,常用于实验室用动物制备高价抗体或制备兽用生物制品中。油包水乳剂可以再分散于生理盐水中,使用适于油水乳化的吐温-80做乳化剂,制成水包油包水乳剂,可改进质量,便于注射,并保持抗原的均匀性。

不完全弗氏佐剂系油剂是由液状石蜡或植物油(一般用液状石蜡)和羊毛脂混合而成,组分比可以是2:1.3:1或5:1,根据需要而定,通常为2:1。不完全佐剂中加活卡介苗(最终浓度为2~3 mg/mL)或死的结核分枝杆菌,即为完全佐剂。上述佐剂经高压灭菌后低温保存备用。

④油乳佐剂。油乳佐剂是以矿物油、水溶液加乳化剂制成的一种储存型免疫佐剂,分单相乳化佐剂和双相乳化佐剂两种。前者为水包油(O/W)或油包水(W/O)型乳化佐剂,通常 W/O 型佐剂较黏稠,在机体内不易分散,佐剂活性优良,是兽医生物制品所采用的主要剂型;O/W 型乳化佐剂较稀薄,在机体内易于分散,但佐剂活性很低,在兽医生物制品中很少采用。后者是水包油包水(W/O/W)或油包水包油(O/W/O)型乳化佐剂。油乳佐剂的佐剂活性、安全性与油、乳化剂质量及乳化方法和技术密切相关。免疫学上广泛应用的弗氏佐剂是著名的油乳佐剂。

a. 油乳剂。简称乳剂（emulsion），是指一种液体或粉末微粒（分散相或内相）借助乳化剂、机械力作用，分散悬浮于另一种相溶的液体（连续相或外相）中形成的分散体系。

b. 乳化剂（emulsifier）。指油乳剂中分散相与连续相两相间的界面活性物质，具有促进和稳定两种互不相溶物形成乳剂的作用。如弗氏佐剂中的羊毛脂，油乳佐剂中的 Span 80、Arlacel 80、Tween 80、Atlac G-1471 等。乳化剂又称表面活性剂，具有降低分散物的表面张力，在微滴（粒）表面上形成薄膜或双片层，以阻止微滴（粒）的相互凝结。

c. 乳化剂的种类。乳化剂可分为天然乳化剂和合成乳化剂两类。天然乳化剂多来源于植物、动物，如阿拉伯胶、海藻酸钠、卵黄、炼乳等。合成乳化剂又可分为阴离子型（如碱肥皂、月桂酸钠、十二烷基磺酸钠、硬脂酸等）、阳离子型（如氯化苯甲烃铵、溴化十六烷三甲基铵、氯化十六烷铵代吡啶等）、非离子型（多元醇或聚合多元醇的脂肪酸酯类、醚类物，如月桂酸聚甘油酯、山梨醇酯、单油酸酯等）3 类。

d. 乳化剂的选择。商品乳化剂的种类很多，通常可根据用途和依据乳化剂的 HLB 值（亲水亲油平衡值）进行选择。乳化剂在水中的溶解度与它的 HLB 值有密切关系。亲水强的乳化剂，在水中溶解度大，HLB 值高，容易形成水包油（O/W）型乳剂。亲油性强的乳化剂，在水中溶解度小，HLB 值也相应较低，容易形成油包水（W/O）型的乳剂。当 HLB 值为 4～6 时，适于制备 W/O 乳剂，HLB 值为 8～18 的乳化剂宜于制备 O/W 乳剂。因而，为调整 HLB 值以达到制取稳定乳剂的目的，以用混合乳化剂为好。

e. 白油佐剂。白油系一种矿物油，国外用于制苗的商品为 Drakocel-6VR、Marcol-52 及 Lipolul-4，国产白油的型号分 5、7、10、15 号等。其标准与性状如下：无色无味；50 ℃ 运动黏度 $7 m^2/s$ 左右；紫外吸收值（250 nm～350 nm）<0.1%，紫外消光系数 $<1.2 \times 10^9$；单环芳烃与双环芳烃含量低于 0.5%；无多环芳烃；小鼠腹腔注射 0.5 mL 观察 160 d 或家兔皮下注射 2.0 mL 观察 60 d 正常。

⑤蜂胶佐剂。蜂胶是一种蜂产品，含有多种氨基酸、酶、多糖、脂肪酸、维生素及化学元素，是一种优良的天然药物。外观为褐色或深褐色或灰褐色带青绿色的固态且有黏性的物质，具有芳香气味，品有苦味。20～40 ℃ 时有黏滞性，15 ℃ 时即硬又脆，60～70 ℃ 时开始熔化。

目前已知蜂胶含树脂、蜂蜡、芳香油、花粉、20 余种黄酮类化合物，多种酸类、醇类、酚类、酮类、脂类、烯烃和萜类等化合物，还有多种氨基酸、酶和多糖、脂肪酸、维生素以及 30 余种化学元素。

蜂胶佐剂疫苗的制备方法：首先是蜂胶的处理，市售蜂胶用前于 4 ℃ 储藏，用时取出粉碎、过筛，按 1∶4（w/v）加入 95% 的乙醇，室温浸泡 1～2 d，然后冷却过滤，所得栗色溶液于 4 ℃ 储藏备用。制备方法（以禽霍乱蜂胶疫苗为例）：将甲醛灭活的菌液加入蜂胶乙醇浸液，使每毫升菌液中含蜂胶 10 mg，边加边振荡，迅即成为乳状剂，即为蜂胶佐剂疫苗。

沈志强等将纯净培养的鸡多杀性巴氏杆菌液（含菌 200 亿/mL），经甲醛（0.3%）灭活后，加入蜂胶乙醇浸液，使每毫升菌液中含蜂胶 10 mg，边加边摇荡，迅即成为乳浊状，即为禽霍乱蜂胶佐剂疫苗。以其 1 mL 接种鸡、鸭、鹅、鸽、乌鸡、珍珠鸡等均未见不良反应；试验室攻毒试验，保护力在 75% 以上，免疫期 6 个月。用蜂胶佐剂制备其他疫苗，如猪细小病毒疫苗、鸡大肠杆菌苗等，均初步证明安全有效。

⑥左旋咪唑、葡聚糖佐剂。左旋咪唑驱虫药物是噻唑苯咪唑的派生物，白色、无定形或

结晶形粉末,易溶于水。本剂具有恢复 T 细胞和吞噬细胞功能以及使胸腺细胞具有丝分裂功能的作用,还能调节免疫系统的细胞免疫机能。葡聚糖可作为载体,两相结合后有明显的免疫佐剂效能。制备方法(以鸡新城疫Ⅱ系疫苗为例):于 5% 左旋咪唑液中加入葡聚糖微粒混匀,4 ℃浸泡 24 h 后低温干燥制成佐剂载体。在鸡新城疫Ⅱ系毒液中加入 0.8% 左旋咪唑、葡聚糖佐剂混匀,置 4 ℃ 2 h,即为鸡新城疫Ⅱ系佐剂疫苗。或在液体苗液中加入保护剂后分装、冻干,制成冻干疫苗。

5)新型免疫佐剂

(1)细胞因子类佐剂

①利用细胞因子的免疫调节作用,将其用作免疫增强剂,可明显提高免疫效果。但是细胞因子的使用剂量难以掌握。

②细胞因子用作免疫治疗剂,用于预防和治疗某些病原感染,尤其是病毒病的感染。用细胞因子接种尚未感染的动物,可以起到预防作用。如 IL-1、IL-2、IL-6、IL-8 和 TNF 等,尽管剂量不易掌握,但在临床上具有诱人的潜在应用价值。

③基因重组细胞因子,构建新型基因工程疫苗。将有效表达的细胞因子表达盒插入基因缺失疫苗或活载体疫苗,不仅可以增强免疫应答,还可以解决活载体疫苗的安全问题。如将包含小鼠或人 IL-2 cDNA 的表达盒和表达禽流感 HA 基因的表达盒同时插入痘病毒基因组,最终获得表达 IL-2 和禽流感 HA 基因的重组痘病毒。裸鼠动物实验表明,IL-2 和禽流感 HA 基因均能得到有效表达并且互不干扰,免疫过的裸鼠可以抵抗禽流感强毒的攻击而不致死;同时,IL-2 的表达,大大提高了活病毒载体的安全性。

目前研究较多的细胞因子是 IL-1、IL-2、IL-4、IL-6、IL-8、IL-10、IL-12 和 γ-IF。

(2)免疫刺激复合物(Immunostimulating Complex,ISCOM)佐剂

ISCOM 是由抗原与皂树皮提取的一种糖苷 Quil A 和胆固醇按 1∶1∶1 的分子混匀共价结合而成的一种较高免疫活性的脂质小泡。ISCOM 直径 40 nm,每个 ISCOM 含 10~12 分子的蛋白质,是一种具有较高免疫学价值的新的抗原递呈系统,最初由瑞典莫瑞诺(Moreino)报道。ISCOM 现已广泛应用于多种细菌、病毒和寄生虫病的疫苗。ISCOM 可长期增强特异性抗体应答,甚至在存在被动转移抗体时也如此。又由于 ISCOM 能有效地通过黏膜给药,从而提高了用于抗呼吸道感染疫苗的可能性,具有产生"全面"免疫应答的效力。

现已有 20 多种病毒的亲水脂蛋白,如外壳蛋白;若干种细菌和原生动物的膜蛋白被用来制备 ISCOM。以 ISCOM 制备的病毒亚单位疫苗,在使用中既可增强体液免疫,也可增强细胞免疫,从而延长了免疫保护期。特别是 ISCOM 可导致细胞毒记忆 T 细胞的增加,这在灭活苗或组分苗中是独一无二的。同时,ISCOM 又可使半抗原、化学合成小分子符合基因工程产品要求,成为理想的免疫原。兽用 ISCOM 疫苗已在国外投放市场,这种技术的应用也将更为广泛。

(3)脂质体(liposome,LIP)佐剂

LIP 系人工合成,具有单层或多层单位膜样结构的脂质小囊,由 1 个或多个类似细胞单位膜的类脂双分子层包裹水相介质所组成。LIP 可分为复层脂质体(MLV)、大单层脂质体(LUV)和小单层脂质体(SUV)3 类,其中 LUV 直径较大(≥200 nm),适合包裹抗原,应用较多。

脂质体具有佐剂兼载体效应,能明显地诱导抗体形成细胞,提高抗体滴度;增高记忆免疫能力;增加细胞免疫应答。可作为半抗原载体以诱发特异性免疫应答,对多肽等亚单位抗原的佐剂作用更明显,还可提高抗原的稳定性,从而延长保存期。

(4)CpG DNA

CpG DNA 又称免疫刺激序列,可同时诱导非特异性免疫及特异性免疫的反应,因此若结合抗原同时使用,便可诱导其佐剂的效用。值得注意的是,CpG DNA 在 Th1 细胞方面诱发比弗氏完全佐剂更强烈的免疫反应。和其他的佐剂相比,CpG 可诱导更快速的抗体分泌,并诱出毒杀性 T 细胞更强烈的活性。CpG DNA 目前可应用于疫苗佐剂、过敏疾病的免疫治疗剂、抗肿瘤效用剂和基因治疗等方面。

(5)毒素佐剂

毒素中最具代表性的佐剂是霍乱毒素(CT)和大肠菌不耐热毒素(LT),这两个毒素如用于黏膜免疫,不但本身具有高免疫性,也同时具有佐剂效用。CT、LT 毒素在核酸序列上有 80% 的相似性,而且二者结构相似,都是由 A、B 两个区所组成,其中 B 区具有主要免疫学作用,由 5 个相同分子(分子量为 11.6 kDa)以非共价键方式结合成环状结构 B 亚单位,和肠道表皮细胞受体有极高的亲和力。而 A 区(分子量为 27 kDa)是毒素的生物学活性部分,具有酶活性,由 A1 及 A2 两个亚区以双硫键结合一起。

此外,破伤风类毒素(TT)现已表明也具有较强的佐剂效应,特别适应于多糖或小分子肽半抗原。这些抗原经耦联结合到 TT 后,可诱发高水平的 IgG 抗体应答,表现出明显的辅佐效应。另外,莱姆病病源的外表面蛋白(outer surface proteinA,OspA)不但具有高免疫性,也具有佐剂的功用,当 OspA 和大豆尿素酶共同进行鼻腔注射之后,OspA 会强力促进血清IgG 和唾液 IgA 的形成。和 CT 不同的是,OspA 对人类具有很高的安全性。

2.3　冷冻真空干燥技术

2.3.1　概述

1)冷冻真空干燥的原理与特点

冷冻干燥法即冻干,是在真空条件下,使含水分的物质以冻结状态(处于低共熔点温度以下),利用减压升华的原理,除去水分进行干燥的方法。

由于冷冻真空干燥全过程都在低温真空条件下进行,所以能有效地保护热敏性物质的生物活性,如酶、微生物、激素等经冷冻干燥后,生物活性受到的影响甚微,有效地降低了氧分子对微生物、酶等活性物质的作用,从而保护了物质的性状;物质在冻结状态下升华干燥后呈海绵状结构,体积几乎不变,加水后能迅速溶解并且恢复原来状态;通过冷冻干燥可将物质中 95% 以上的水分除去,有利于冻干物的长期保藏而不致变质。因此,冷冻真空干燥技术在生物医学上具有其他干燥方法无法比拟的优点。

2)冷冻真空干燥技术的应用

鉴于冷冻真空干燥技术具有其他干燥法无法比拟的优点,除已广泛应用于生物制品方面,如疫苗、诊断制剂、血清制品等的冻干外,还在医药工业方面,如抗生素、维生素、酶制剂、血液制品等冻干;食品和化学工业方面,如速溶咖啡、果汁、催化剂等的冻干上有着广泛的应用。

2.3.2 冻干机组与冻干程序

1)冻干机组

生物制品的冻干过程在冷冻真空干燥系统中进行。这种装置称为真空冷冻干燥机,简称"冻干机"(图2.1)。冻干机由制冷系统、真空系统、供热系统与控制系统4个主要部分组成。

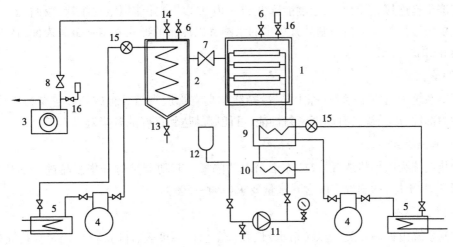

图2.1 冻干机组成示意图

1—冻干箱;2—冷凝器;3—真空泵;4—冷冻机;5—水冷冷凝器;6—放气阀;
7—冻干箱冷凝器阀;8—真空泵冷凝器阀;9—冷交换器;10—电加热器;11—循环泵;
12—膨胀容器;13—排出阀;14—除霜阀;15—膨胀阀;16—真空测量头

(1)制冷系统

制冷系统由制冷压缩机与冻干箱、冷凝器和内部连接的管道组成。其功用是对冻干箱和冷凝器进行制冷,以产生和维持所需的低温条件。冷冻机是使制冷剂蒸发而吸热,压缩而又冷凝成液体的一个封闭的机械系统,主要由压缩机、冷凝器、节流装置、蒸发器等部分组成(图2.2)。

冻干箱是一个能制冷到 -40 ℃左右,加热到 +50 ℃左右的高、低温箱,同时也是一个能抽出真空的密闭容器。冻干箱是冻干机的主要部分,内有分层的金属板层,制品放置其上进行冷冻,并在真空下加温,使制品内的水分升华、凝结在冷凝器内,从而达到干燥的目的。

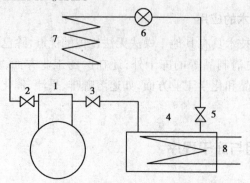

图2.2　冷冻机组成示意图

1—压缩机;2—吸入阀;3—排出阀;4—冷凝器;5—出液阀;

6—节流装置;7—蒸发器;8—冷却水出入口

冷凝器也是真空密封容器,其内部有一个较大表面积的金属吸附面,通过大口径真空阀门与冻干箱连接,吸附面的温度能降低到 -40 ℃以下,并能恒定地维持这种状态。冷凝器的主要作用是把冻干箱内制品升华出的水蒸气以冰霜的形式凝结在金属表面,待冻干结束,冰霜融化后排出。

（2）真空系统

真空系统由真空泵(组)、冻干箱、冷凝器及真空管道阀门等组成。真空泵为该系统重要的动力部件,该系统具有高度密封性能,可使制品达到良好的升华效果。

（3）加热系统

加热系统为电加热装置,包括冻干箱内的隔板。其功能是对升华制品进行加热,以使其不断升华、干燥,达到规定的含残水量要求(1% ~5%)。

（4）控制系统

控制系统由控制开关、记录(指示)仪表(真空计、温度表、计时器等)以及自控元件(电脑)等组成。控制系统的功能是对冻干机组进行手动或自动控制,使其正常运行,保证冻干制品的质量。

2）冻干程序

（1）共熔点的概念

生物制品在冻干前多配成溶液或混悬液,溶液随温度降低而发生凝固冻结,达到让全部凝固冻结的温度称为凝固点或称共晶点。不同物质的凝固点也不同。实质上物质的凝固点也就是该物质的熔化点,故又称此温度为共熔点。由于冻干是在真空状态下进行的,只有制品全部冻结后才能在真空下进行升华,否则有部分液体存在时在真空下不仅不会迅速蒸发,造成液体浓缩使冻干制品的体积缩小,而且溶解在水中的气体在真空下也会迅速逸出,造成冻干制品鼓泡、甚至溢出瓶外。因此,准备冻干的制品在升华之前,必须冷到共熔点以下温度,否则产品的质量将受到严重影响。

由此可知,低共熔点对生物制品的冷冻干燥至关重要。需冻干保存的生物制品成分通常极为复杂,其中含有盐类、糖类、明胶、牛奶、血细胞、蛋白质、组织碎块、病毒、细菌等。这样一来,含不同成分的制品便有不相同的低共熔点,其数值大小与生物制品的种类、分散保护剂的种类及浓度直接相关。如 0.85% NaCl 溶液的低共熔点为 $-22\ ℃$；10% 蔗糖溶液的低共熔点为 $-26\ ℃$；40% 蔗糖溶液的低共熔点为 $-33\ ℃$；10% 葡萄糖溶液的低共熔点为 $-27\ ℃$；脱脂牛奶的低共熔点为 $-26\ ℃$；血清的低共熔点为 $-10\ ℃$；血浆的低共熔点为 $-20\ ℃$ 等。

（2）冻干程序

①预冻。制品的预冻在冻干的质量保证上是十分重要的技术环节,其方法有冻干箱内预冻结和箱外预冻结两种。前者是直接在冻干箱内开动制冷压缩机进行冷冻。后者有两种方法,即无制品预冻装置的小型冻干机,需利用低温冰箱或酒精干冰进行预冻;另一种是有专用的旋冻器,将大瓶的制品边旋转边冷冻成壳状,然后置入冻干箱内。预冻前应对制品确定 3 个技术数据:预冻速度(依不同制品,测试出最优冷冻速率),预冻最低温度(应低于该制品的低共熔点)以及预冻时间(根据设备性能来决定,一般在制品温度达到预冻品最低温度后 $1 \sim 2\ h$ 即可开始进行真空升华)。本技术的关键是防止形成过度冰品,尤其是对活菌或具有活性的蛋白质来讲更为重要;另外,制品的均匀度以及容器装量厚度的均一性对预冻及其升华都是重要的影响因素。

②干燥。制品经预冻全部冻结之后即进入真空干燥过程,干燥过程分两个阶段。

a.升华干燥阶段。制品升华过程需要吸收热量,故需对制品加温。正如前述,此时制品温度不可高于本身的低共熔点,但低于低共熔点太多,则升华速度下降,升华时间延长。升华的速度取决于制品升华表面与冷凝器凝霜表面(包括空气压)之间水蒸气的压力差,也就是说,在略低于低共熔点的条件下,对制品供热以保障水蒸气与压力差的有效增高,从而加速升华过程。水蒸气压力差又受其温度差的制约。当预冻完毕,冻干箱的冷凝器(温度始终应在 $-40\ ℃$ 以下或更低),抽真空,一般应在 $5 \sim 10\ min$ 内抽到 $0.3\ mmHg$ 以下,再抽 $5 \sim 10\ min$ 达到 $0.1\ mmHg$ 以下,这时搁板开始加温(有的冻干机是抽真空 $0.5\ h$ 后开始加温),接着制品开始升华。此阶段时间的长短,取决于制品的低共熔点、装量厚度、供热量以及冻干机设备的性能等。经升华,可除去 90% 以上的水分。

b.解吸干燥阶段。使与物质结合的水分子通过加热方式除去的过程称为解吸干燥。在解吸干燥阶段,可以使制品的温度迅速上升到该制品的最高容许温度,并在该温度一直维持到冻干结束。制品的最高许可温度视制品的品种而定,通常在加热下迅速使物质温度上升到 $25 \sim 40\ ℃$,冻干箱内的真空度控制为 $15 \sim 30\ Pa$。病毒性制品为 $25\ ℃$,细菌性制品为 $30\ ℃$,血清、抗生素等可高达 $40\ ℃$ 甚至更高。解吸干燥的时间一般不少于 $2\ h$。

解吸干燥的时间与物质品种有关,最高许可温度高的制品的解吸干燥时间要短些。另外,与干燥制品的残余水分含量标准有关,标准低含水量高的解析干燥时间就短。此外,与冻干机组的性能也有密切关系,性能高的机组的解吸干燥的时间就短,制品质量也优良。

生物制品的冷冻真空干燥过程的实质是水的物态变化及转移过程。即含水物质先冻结成固态,然后在真空下固态的冰升华为水蒸气,水蒸气再在冷凝器表面结成冰霜,待冻干完成后,冰霜融化成水排出,而热量的传递则贯穿于冻干过程。因此,为了提高物质的传递,提高干燥速率,应注意以下几点:减少制品分装的厚度;合理设计瓶、塞,减少瓶口阻力;合理设计冻干机,减少机器管道阻力;选择合适的浓度和保护剂,使干燥制品形成疏松多孔结构,减少干燥层的阻力;试验确定最优的预冻方法,造成有利于升华的冰晶结构等。

③冻干曲线与时序。冷冻真空干燥的生物制品应有一定的物理形态、均匀的颜色、合格的残余水分含量、良好的溶解性、高的存活率或效价和较长的保存期。因此,为了获得优

良的产品,不仅要对配制过程和冻干后的密封保存进行控制,更要对整个冷冻真空干燥过程中的各个参数进行测定并加以控制,而冻干曲线和时序就是对冷冻真空干燥过程进行控制的基本依据。

a.冻干曲线和影响因素。冻干曲线是冻干箱板层温度与时间之间的关系曲线。一般以温度为纵坐标,时间为横坐标。冻干曲线反映了在冻干过程中,不同时间板层温度变化的情况(图2.3)。

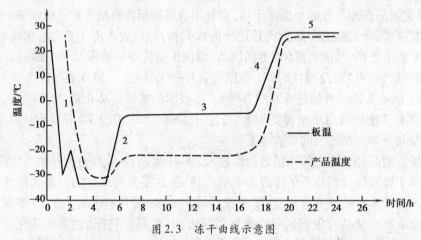

图2.3 冻干曲线示意图

1—降温阶段;2—第一阶段升温;3—维持阶段;4—第二阶段升温;5—最后维持阶段

制品的温度是受板层温度支配的,控制了板层温度,也就控制了制品温度。因此,制定冻干曲线应以板层温度为依据。在制定冻干曲线时,应注意制品的品种、制品装量、制品分装容器和冻干机性能等因素。

b.冻干曲线和时序的制定。冻干时序是在冻干过程中的不同时间里各种设备的启闭运行情况。冻干曲线和时序制定的依据及参数如下。

● 预冻速率:通常只能以预冻温度和装箱时间来推算、确定。如要预冻速率快,可将冻干箱预先降温,然后迅速装箱;如要预冻速率慢,则制品装箱后再让冻干箱降温。

● 预冻最低温度:取决于制品的共熔点温度,预冻最低温度应低于该制品的共熔点温度。

● 预冻时间:制品装量的多少、冻干机组的性能等影响预冻的时间,一般在全部溶液物质冻结后再持续最低温度 1~2 h 即可。

● 冷凝器降温时间:一般冷凝器应在预冻末期、预冻尚未结束、抽真空之前开始降温,要求在预冻结束抽真空的时候,冷凝器的温度应达到 −40 ℃左右。该时间由冷凝器的降温性能来决定。

● 抽真空时间:预冻结束之时即是真空开始之时,按要求在 30 min 左右时真空度必须达到 10 Pa。在抽真空同时打开冻干箱与冷凝器间的真空阀,并开动真空泵一直持续到冻干结束。

● 预冻结束时间:预冻结束即停止冻干箱板层的降温,通常在抽真空的同时或真空抽到规定要求时停止板层的降温。

● 开始加热时间:开始加热之时是在真空度达到 10 Pa 后,即是升华开始的时候。

● 真空报警和真空控制工作时间:真空报警装置的工作时间在加热开始之时到校正漏

孔使用之前,或从开始一直使用到冻干结束。一旦在升华过程中真空度下降而发生真空报警时,装置一方面发出报警信号,一方面自动切断冻干箱的加热,同时还启动冻干箱的冷冻机,使制品降温,以保护制品不致发生熔化。真空控制的目的是为了改进冻干箱内的热量传递,通常在第二阶段干燥时使用。待制品温度达到最高许可温度之后即可停止使用,继续恢复高真空状态。使用的时间长短由制品的品种、装量和调定的真空度的数值所决定。

● 制品加热最高许可温度:不同性质的物质在冻干过程中所许可的最高温度也不同,非生物活性物质较耐热,可加热到40 ℃左右;细菌性制品可耐受30 ℃左右的温度;病毒性制品为25 ℃左右。维持2 h,可使制品含水量达到4%以下。在升华干燥阶段,板层温度可略高于制品许可的温度,但在解吸干燥阶段板层温度应与制品许可温度相一致。由于传热的温差,板层的温度可比制品的最高许可温度略高少许。

● 冻干全程时间:预冻时间、升华干燥时间和解吸干燥时间之和即为冻干全程时间。冷冻全程时间取决于制品的品种、分装容器的品种、装箱方式、装量及冻干机组的性能等因素。一般生物制品的冻干全程时间为18～24 h,有些特殊的制品需要几天时间。

根据以上各段的依据及参数就可制定出每种生物制品的冻干曲线和时序,作为生物制品流程之一。

④加塞与压盖。制品在冻干箱内干燥完毕时,冻干箱仍处于真空状态,制品出箱必须放入无菌干燥的空气或氮气后才能打开箱门,取出制品。干燥制品一旦暴露在空气中,很快会吸收空气中的水分而潮解,并增高制品的含水量,因此,制品一出箱就必须迅速加塞和压盖,进行封口。

根据冻干机组的结构及性能,干燥制品加塞的方式有箱内加塞法和箱外加塞法两种。

a. 箱内加塞法。箱内加塞是防止干燥制品受空气中水分和氧气影响的根本办法。采用有特殊装置的冻干箱和特制的瓶与塞相配合,冻干箱配有液压或气压压塞的动力装置;具有四脚的丁醛胶塞安置在冻干瓶口上,在真空下或在放入惰性气体下进行自动压塞。

b. 箱外压塞法。在冻干结束后即放入无菌干燥空气或氮气,开启冻干箱门,迅速加塞、抽真空、封蜡,或加塞、压盖铝帽、再抽空。如果制品数量较多而封口时间太长,应采取适当措施,分批出箱或转移到另一个干燥柜中分批进行封口。

⑤冻干机的清洗和消毒。冷冻干燥的制品中带有对人体有危害的物质时,冻干机应带有清洗装置,有些制品虽然对人体无害,但升华时随气流飘到冻干箱内各处,因此最好也要带清洗装置。每次工作完毕后,应对冻干箱进行清洗,清洗用的水应符合制药要求的规定。

清洗完毕后还应对冻干机进行消毒,常用的消毒方法有蒸汽消毒法和化学消毒法两种。

小　结

兽医生物制品主要是由细菌、病毒、寄生虫及其组成成分或代谢产物本身,或从免疫的动物机体所得到的抗体制成。因此,要了解、掌握兽医生物制品的研究与使用方法,就必须了解免疫学的一般知识。本章第一节重点介绍了免疫应答的基础知识和常见免疫血清学技术的原理及操作。

灭活是指破坏微生物的生物学活性、繁殖能力及致病性,但尽可能不影响其免疫原性,

用以制备灭活疫苗。用来灭活的药物称为灭活剂,又称化学灭活剂。化学灭活是制备灭活苗最重要的手段。常用的灭活剂有甲醛、苯酚、β-丙内酯、结晶紫、硫柳汞等,其中甲醛应用最为广泛。保护剂又称稳定剂,冻干保护剂是指在冻干过程中及其后使制品的活性物质免受破坏的一类物质。我国兽医生物制品的常用保护剂有5%蔗糖(乳糖)脱脂乳、明胶蔗糖、40%蔗糖明胶、聚乙烯吡咯烷酮乳糖等。凡是可以增强抗原特异性免疫应答的物质均称为佐剂。常用的兽医免疫佐剂有铝盐类佐剂、油水乳剂佐剂及蜂胶佐剂等。冷冻真空干燥又称冷冻干燥或冻干,是进行物质干燥的方法之一,现已广泛应用于生物制品方面,如疫苗、诊断制剂、血清制品等的冻干。

复习思考题 》》

1. 试述免疫应答的基本过程。初次应答和再次应答的抗体产生有何特点?

2. 常用的免疫血清学技术有哪些,其基本原理是什么?

3. 试述如下的基本概念:灭活、灭活剂、佐剂、保护剂。

4. 影响灭活剂作用的主要因素有哪些?

5. 佐剂的分类及作用机理有哪些?

6. 冻干保护剂的组成有哪些? 各有何作用?

7. 影响冻干保护剂效能的因素有哪些?

8. 试述如下的基本概念:冻干、共熔点、升华干燥、解吸干燥、冻干曲线。

9. 冷冻干燥的基本原理是什么? 它有何意义?

10. 简述冻干机组的组成。

11. 影响兽医生物制品预冻的因素有哪些?

12. 冻干曲线的影响因素有哪些?

13. 冻干曲线和时序制定的依据是什么?

第3章
兽医生物制品生产设备及污物处理

知识目标

◇掌握常用灭菌设备、净化设备的用途、使用方法及注意事项。

◇掌握微生物培养装置及其应用技能。

◇掌握乳化设备及其应用技能。

◇掌握污物与尸体的处理方法。

技能目标

◇能操作高压蒸汽灭菌器、干热灭菌器,净化工作台。

◇能操作组织捣碎机、胶体磨、高压匀浆机。

3.1　灭菌与净化设备

3.1.1　高压蒸汽灭菌器

高压蒸汽灭菌器有手提式、卧式和立式3种规格,兽医生物制品厂常使用大型卧式方形或圆形高压灭菌器。该设备的外壳是碳钢,夹层和内层为不锈钢或锰钢。

1)原理

高压蒸汽灭菌器的原理是使蒸汽在内层锅内达到一定压力而使湿汽温度增高,随着温度的增高,灭菌器内压力也逐渐增高。温度越高,杀菌作用越强。其杀菌作用主要依赖高温和高压蒸汽的穿透作用,不仅能杀灭细菌增殖体,也能杀灭芽孢。一般都使用121 ℃下的15~20 min灭菌法。

2)用途

高压蒸汽灭菌器主要用于溶液、培养基、氢氧化铝胶、玻璃器皿、用具、衣服等的消毒。一般使用0.105 MPa压力,在121 ℃下,15~30 min就可达灭菌目的,消毒灭菌温度与持续时间应依灭菌物质而异,如含糖培养基为113 ℃,20 min;氢氧化铝胶则需126 ℃,保温2 h。

3)使用方法

将需灭菌的物品放入高压灭菌器的内锅内,要求物品之间保留空隙,以免影响灭菌效果。关闭灭菌器柜门并旋紧,开通蒸汽输入灭菌器开始预温(或开通电源加热)。达到一

定压力时,排除灭菌器内的冷空气,逐渐增大蒸汽输入量(或继续加热)使器内压力和温度达到灭菌要求。这一阶段称为升温阶段。维持所需温度和压力所需灭菌时间称为保温阶段。灭菌完毕,关闭进气阀门(或关闭电源)缓缓放气(或自然冷却)至压力表指针回落到零刻度后,才能缓缓开启高压灭菌器门,取出灭菌物品。

4)注意事项

①灭菌升温时一定要将高压灭菌器内冷空气全部排尽,保证用饱和蒸汽灭菌。

②挥发性的化学药品如苯酚必须与培养基溶液分别装锅灭菌,以保证安全。

③灭菌完毕后必须维持锅内压力表针回复到零刻度,才可放入空气缓缓开启大门,以防止培养基等溶液由于压力突然降低而发生沸腾外溢或者爆裂。

④灭菌后的物品、培养基、溶液等应及时使用,一般保存不超过1个月。

3.1.2 干热灭菌器

1)原理

干热灭菌器是利用干热空气进行灭菌的设备,均用电加热,自动控温,温度调节范围在室温至400℃。目前,普通电热干燥箱都带有电热鼓风、数字控温、超温报警及漏电保护装置,外壳喷塑,内胆用不锈钢板制造。

2)用途

一般干热灭菌多按160~170℃下工作2 h的规定进行,适用于在160~180℃中不变质的物品,如玻璃瓶、注射器、试管、吸管、培养皿和离心管等,以及不能用湿热方法灭菌且潮湿后容易分解和变质的物品。鼓风干热灭菌器主要用于玻璃器皿等的灭菌,对细胞培养用具尤为重要,如常用的玻璃培养瓶、各种扁瓶都必须采用干热灭菌法。

3)使用方法

将需灭菌的物品放入干热灭菌器内,要求物品之间保留空隙,以免影响灭菌效果。灭菌时先将箱门关紧,接通电源,先加温排除箱内潮气30~60 min,必须将箱内水气排尽,然后关闭顶部排气孔逐渐升温至170℃,维持1~2 h即可。温度一般不可超过180℃,以防止内部物品如棉塞和纸张焦化。灭菌到时间后,先关闭电源,等温度下降至60℃左右方能开箱门,取出灭菌物品。干热灭菌后的物品一般也应在1个月内使用。

4)注意事项

①向干热灭菌器内装灭菌器皿时要留有空隙,不宜过紧、过挤。

②开始灭菌时应把排气孔敞开,排除冷气和潮气,以免影响灭菌效果。

③用热空气进行灭菌,仅适用于在160~170℃高温中灭菌不变质的物品,常用的温度和时间必须按规定的160~170℃维持1~2 h。

④灭菌前,各种玻璃器皿和器械等必须洗涤干净、完全干燥,以免破裂。洁净的器械在160℃高温中1h干热可以灭菌。但是若器械上有油脂等不洁物质,则需要160℃维持4 h才能灭菌,或者170~180℃维持2 h才能灭菌。

⑤干热灭菌器一般无防爆装置,必须掌握好加热的进程,严防爆炸和火灾。高于

180 ℃时包扎器皿的棉花和纸张容易焦化,尤其是纸张更容易焦化,甚至着火。

⑥灭菌结束,必须待灭菌器内温度下降到 60 ℃以下,才能缓慢开门,以防玻璃门或物品因温差过大而炸裂。取出的灭菌物品,应放入灭菌物品存放室并做好记录。灭菌后的物品一般要求在 1 月内用完。

3.1.3 电离辐射灭菌

电离辐射灭菌即利用 γ 射线、伦琴射线或电子辐射穿透物品,以杀死其中微生物的方法。该方法适用于各种怕热物品的灭菌,尤其适合于大规模物品的灭菌。

电离辐射灭菌的原理:γ 射线、伦琴射线或电子辐射穿透力极强,一般在瞬间就可穿透很厚的物品,包括物品内、外的各种微生物。因为微生物的含水量均在 90% 以上,射线瞬间将水激发成氢离子、氧离子、氢氧根离子以及各种自由基和氢氧化物等,这些活性物质的大量存在使得微生物的蛋白质和核酸在瞬间被破坏,所有的微生物死亡,从而达到灭菌目的。并且射线本身也可以迅速使 DNA 变性,从而杀灭微生物。

电离辐射的优点如下。

①彻底而且均匀,是其他灭菌法所无法可比的。

②灭菌物品量大,并且不破坏包装,一次可灭菌整车物品,灭菌的物品可长期保存。

③节约能源,比蒸汽灭菌的费用低 3 ~ 4 倍。

④速度快,操作简便。

电离辐射的唯一缺点:一次性投资大,设备和设施要求严格,并需要专门的技术人员进行管理。

^{60}Co 辐射灭菌是当前常用的电离辐射灭菌。^{60}Co 辐射源装置用高强度混凝土屏蔽,这些屏蔽既要防护 γ 射线的直接照射,也要防护照射室的 γ 射线的散射。当放射源不使用时,应浸入带有严格屏蔽的深水井中,当照射灭菌物品时,由机械装置把 ^{60}Co 辐射源提升出水面。此时,输送机系统规律而间隔地将一批批消毒物品运送到指定的辐射区内,保证所有物品的任何部分都能接受强而均匀的照射剂量,以达到灭菌的目的。

3.1.4 无菌室及超净台

1)无菌室

无菌室是生物和研究生物制品时必不可少的设施,一些主要操作环节,如接种、生产、收获、分装等均需在无菌室内进行。所谓无菌室并非完全无菌,仅是避尘严密、细菌较少的操作室。

(1)无菌室的基本要求

无菌室的大小可根据生产量、操作人员和器材的多少而定,用于菌种移植、种毒研磨和制品检验的无菌室可小一些,制苗用的无菌室可大一些。有连续工序的可以让两个无菌室相邻接,合用一个缓冲间。2006 年后,按照我国对生物制品行业 GMP 的要求,必须应用净化空气进入无菌室,并且净化空气指标必须符合 GMP 要求。即用净化空气的洁净技术将

经过调温、调湿和过滤的无菌空气送入无菌室内,通过排气孔循环,使室内保持正压,外界的有菌空气不能直接进入,使无菌室内的细菌数越来越少。同时,室内可以保持恒温、恒湿和空气新鲜。这样不但能防止因操作带来的污染,而且大大地改善了工作条件。

洁净无菌室空气过滤系统的设备有空调机、循环风机、过滤机、送回风管道等。空气过滤系统由多层组成,最外层为初效空气过滤器,滤料一般采用易清洗和更换的粗孔、中孔泡沫塑料或合成纤维塑料、玻璃纤维及可以扫尘但不能水洗的无纺布等材料制成,共阻力中等;最里层为高效空气过滤器,采用商品化的聚氯酯制品等(有多种型号规格,一般不能再生),其阻力较高。为了提高过滤效率,在降低滤速的同时降低阻力,其内部造型呈蜂窝状,大大增加了过滤器的表面积和容尘量。

除菌空气进入无菌室内首先形成的是射入气流;流向回风口的是回流气流;在室内局部空间回旋的是涡流气流。为使室内获得低而均匀的含尘(细菌附着其上)浓度的空气,洁净无菌室内对气流的要求原则是:尽量减少涡流;使射入气流尽快覆盖工作区,气流方向最好与尘埃沉降方向一致,并使回流气流有效地将尘埃排出室外。

(2)无菌室类型

洁净无菌室的气流组成在大体上可以分为乱流和层流两种类型,据此,无菌室可分为正压乱流无菌室和正压层流无菌室两种。乱流气流系空气中质点以不均匀的速度呈不平行的流线进行流动;而层流气流系空气中质点以均匀的断面速度沿平行流线进行流动。

正压乱流无菌室,其乱流气流的形成系从无菌室顶棚射入气流,从侧墙底部回风。一般不可能按房间的整个水平断面送入洁净空气射流,也不可能由混合后的射流区覆盖整个工作断面,因此工作面上的气流分布很不均匀。射入气流与室内原有空气混合后,使原有空气中附着细菌的尘埃得到稀释,其稀释度有一定限度。这种正压乱流洁净无菌室的投资与运转费用都较低。

正压层流洁净无菌室,共层流气流的形成系空气从房间的整个一面(顶棚或侧壁送风,但多数从顶棚送风)被送入,强制空气气流被均匀分配于该面上的高效过滤器(占满整个一面),经均流孔板送入工作区,在其阻力下形成了室内送风口均匀分布的气流。量大而均匀的气流被低速送入四面受限的空间而均匀向前流动,最后通过在送风口对面的,与该空间断面尺寸相符的穿孔面(地面或侧墙回风口,一般为地面)排出。于是,室内形成了平行匀速流动的层流。由于气流的流线为单一方面并且在各个面上保持互相平行,成层进行流动,因而各层流线间的悬浮物质很少能从这一流线转移到另一流线上去,使得各层流线间的交叉污染(与气流方面垂直的横向污染扩散)达到了最低限度。大部分污染物随着气流以最短的路程沿着各自所在的气流流线位置从无菌室的回风口被排出,因而可以形成很高的洁净度。

目前,国内、外都在向建立层流洁净无菌室方向发展。按照我国 GMP 要求,层流气流工作的房间以垂直层流为优,可以避免尘粒的水平横向流动,从而影响其下游的部位。

(3)无菌室使用的注意事项

①无菌室使用前应先清扫干净,常用 0.1% 新苯扎氯铵溶液揩抹顶棚、四壁和台凳等。

②使用前进行熏蒸消毒,如需连续生产,一般每周应熏蒸一次。可采用丙二醇熏蒸,用量 1.1 mL/m³,加等量水进行;也可采用甲醛溶液消毒,用量 5.4 mL/m³,加等量水,熏蒸

18 h后再用等量氨水(含氨18%)中和。细胞培养室应用乳酸熏蒸,用量3 mL/m³,加等量水进行。

③为了保证和提高无菌室的无菌程度,还应辅之以紫外线灯照射。操作人员进入无菌室前,开紫外线灯照射不少于30 min,照射有效距离为1 m左右,紫外线的有效杀菌波长为253.7 nm。

④正压层流洁净无菌室不必进行专门的消毒,只需运转通风一定时间即可达到无菌要求。

⑤无菌室外接缓冲间,缓冲间的门和无菌室的门不能对开,以避免外界有菌空气直接流入缓冲间的无菌室。门都应设推拉门,以免开关时空气流动。无菌室的门旁应设传递窗口,用以传递器材。

⑥在无菌室操作时应穿戴无菌室专用且经过消毒的鞋、帽和衣服。

⑦为了便于无菌室的清扫消毒和工作,平时室内除放置工作台、凳以及必要的酒精灯、消毒液外,不应放置其他物品。

⑧在高温季节,无菌室要注意防真菌生长,主要采取如下措施:一是要保持无菌室的干燥;二是用杀真菌药品如硫柳汞、醋酸苯高汞溶液等来擦拭无菌室的顶棚、四壁、地板、操作台凳。

⑨对于无菌室的清洁程度应该定期进行测试,方法是用普通琼脂平板至少2块,露置于无菌室工作台面上15 min或5 min,然后置37 ℃温箱培养48 h,每个平皿上不应超过15个或5个杂菌菌落。如超过应立即检查原因,并采取消毒措施。

2)净化工作台

对于部分要求洁净的关键工序,不用无菌室而用净化工作台也能达到很好的净化效果。净化工作台可在一般无菌室内使用,也可在普通房间内使用。

净化工作台型号很多,一般由上部送风体、下部支承柜组成,工作原理也基本相同:变速离心风机将负压箱内经滤器过滤后的空气压入静压箱,再经过高效过滤器进行二级过滤。从高效过滤器出风面吹出来的洁净气流以一定和均匀的断面风速通过工作区时,就会将尘埃颗粒和生物颗粒带走,从而形成无尘、无菌的工作环境。一般净化工作台的送风体内装有超细玻璃纤维滤料制造的高产过滤器和多翼前向式低噪声变速离心风机,侧面安装镀铬金属柜装饰的初滤器,见风面散流板上安装照明日光灯及紫外线杀菌灯,操作面有透明有机玻璃挡板。

净化工作台使用及注意事项如下。

①净化工作台应放置在温度及湿度变化小、卫生条件较好的环境中。

②电源接通后,启动风机,使设备自净20 min以上方能进行操作。

③操作区内不应存放与工作无关的物品,以免影响气流和效率。

④在使用过程中应定期进行检测,一般3~6个月进行一次,不符合技术参数要求时应及时采取相应措施。

3.2 微生物培养设备

3.2.1 温室

温室是指用保温建筑材料做墙壁、地坪和天花板的一种恒温暖房,一般室温为 37~38 ℃,用来繁育细菌或病毒,是生物制品生产的必备设备。温室的热源采用 110 V 电热丝,此电热丝只发热、不发红,不容易起火燃烧。温室的热源也可用 220 V 的碳化硅加热板。

温室门上装有风扇和可以开放的通风孔,其电扇往往都是耦联在温度调节仪表上,因此风扇是随温度的调节而间歇性开闭。温室的进门处应用缓冲间,对外界冷空气进行缓冲。为了便于清洁卫生和温室内消毒,温室的墙面和地板必须光洁。温室的湿度随各种制品的要求而设置。

3.2.2 温箱

温箱是指用保温建筑材料制作的恒温设备,用来繁育细菌或病毒,一般为 37~38 ℃,是生物制品生产和微生物培养的必备设备。温箱的热件采用 220 V 电热丝。在温箱顶上装有可以开放的通风孔,可以手动开闭。温箱的湿度应随各种制品的要求而设置。

3.2.3 细胞培养转瓶机

细胞培养转瓶机是病毒制品生产的重要设备,适用于大量用细胞生产病毒。该机由架体和转动装置两部分组成,并安装于温室内进行细胞培养。一般的细胞培养转瓶机架体分上、下两层,每层可放一排转瓶(有的大型转瓶机可有 4~6 层架子),转瓶搁置在滚轴上,以 8~14 r/h 的转速转动。其转动装置是由电动机、皮带轮、变速箱、链条和链轮等部件组成,电动机转动经过变速后,连接链轮驱动链条带动架体上的转轴转动。

以前的细胞培养转瓶机的转瓶均是玻璃瓶,现使用无毒塑料转瓶。目前我国生产的生物细胞培养转瓶机已完全符合国际 GMP 的各项要求。

3.2.4 孵化器

孵化器是生产胚胎以及用胚胎增殖病毒的重要工具,用于鸡胚、鸭胚的孵化。新型孵化器多由高分子材料制造而成,耐热、耐湿,抗酸、碱以及消毒药。供 SPF 鸡胚使用的孵化器还具有空气过滤系统,保证进入的空气呈无菌状态(100 级)。为保证孵化器的精确运行,使胚胎处于最佳的温度、通风换气及翻蛋等环节中,要求控制器控制精确、稳定可靠、经久耐用且便于维修。控制系统包括控温系统、控湿系统、报警系统(超温、冷却、低温、高湿和低湿)及机械传动系统等。孵化器的控制系统都安装在机壳的内侧,控制按钮在孵化器的上方或前方。为使胚胎正常发育和操作方便,要使其保温性能好,孵化器的上、下、左右、前后各点的温度差应在±0.28 ℃范围内。箱壁一般厚50 mm,由多聚苯乙烯泡沫或硬质聚氨酯泡沫塑料直接发泡的隔热材料制造。孵化器的门应有良好的密封性能,这是保温的关键。为使胚胎充分而均匀受热,要求蛋盘通气性能好,目前多用质量好的工程塑料制品。

3.2.5 发酵培养罐

发酵培养罐是实验室研究和生物制品中,生产大量优质细菌的必不可少的设备。较大型的发酵培养罐可进行细菌和细胞的培养,可以自动调温、调节pH值,用无级调速电动机、磁搅拌、消泡、控制氧压、自动补液、换液、自动高压灭菌及自动计算呼吸商等精密仪表来大量繁殖细胞,而罐体结构均为不锈钢质。这种深层悬浮培养法的优点是可使细胞培养有比较一致的环境,抽样时有高度一致性,特别便于实验室进行生物化学分析及细胞动力学研究。这种培养方法还特别便于单位体积内细胞数目增长情况的研究,也是一个生产大量优质疫苗的方法。目前悬浮培养罐有1 000 L不锈钢培养罐,全自动装置可由电脑来控制,一个主机可控制12个培养罐,操作起来既方便又准确,并且可控制污染。目前各生物制品厂均用培养罐培养细菌,生产规模可观,效果非常理想。

3.2.6 生物反应器

随着细胞培养用生物反应器的开发和应用,通过动物细胞的体外培养方式生产的药品、生物制品和诊断试剂的种类越来越多。用生物反应器大规模培养动物细胞比目前常用的转瓶培养、静置培养更具优越性。具体表现如下。

①可连续进行培养,生产效率提高200% ~300%,从而降低产品成本。

②有完善的计算机检测及培养系统,保证运行的安全。

③生物反应器体积小,减少了生产车间所需的净化空间。

④在生物反应器工作的任何时间里都可以采样观察量,自动化程度高,污染率很低。

生物反应器的规格、型号很多,近年来,规模大的反应器量增长迅速。玻璃罐体反应器多为1 ~5 L,5 L以上的反应器罐体则多由不锈钢制造。适合于贴壁细胞的生物反应器有搅拌槽式、中空纤维管式及陶质通道蜂窝状生物反应式,由于微载体的广泛应用,搅拌槽式生物反应器应用最广。

生物反应器的工作原理:生物反应器控制系统由高性能、智能化的微机控制仪及附属功能电路和器件所组成,实现了空气、氧气、氮气和二氧化碳这4种气体与pH值、溶氧的关联控制,能准确控制温度、转速、pH值、溶解氧浓度和液位,全封闭轴向磁力驱动装置保证了抗污染的密封性能。灌注系统体积小,适用罐内安装,具有效率高的特点。应用微载体培养系统灌注速率为15 L/d,也适用于分批、间歇换液或连续的培养工艺。反应器与国产的"连续电热式蒸汽发生器"配套后可就地消毒灭菌。目前,我国多采用进口的中、小型生物反应器。

3.3 乳化设备

3.3.1 组织捣碎机

高速组织捣碎机是一种用串激式电机带动刀片对动物组织进行高速粉碎的机器,转速可达到 10 000 ~ 12 000 r/min,主要用于对组织进行粉碎和病毒的分离等工作。其容量小,很少用作专门的乳化设备。一般在实验条件下,仅仅利用其高速剪切力对少量液体进行简单的乳化作用。

3.3.2 胶体磨

胶体磨有立式胶体磨和卧式胶体磨两种,它是生产油乳剂苗的主要设备,用于疫苗与佐剂的乳化。一般立式胶体磨为小型乳化设备,卧式胶体磨为大型乳化设备。

1)胶体磨的工作原理

胶体磨的转齿与定齿相对转动,被加工物料通过其间隙喂入,物料受到很大的剪切力、摩擦力、离心力和高频振动作用,因而被有效地粉碎、搅拌、均质分散和乳化。

2)胶体磨使用注意事项

①胶体磨严禁空载运转。

②胶体磨工作时会产生高温,开启前应先接通冷却水,在开动电机后将物料缓缓投入漏斗,胶体磨方可正常运转。

③开机工作时先做出几个试样,找出物料的最佳间隙,定转齿间隙尽量往大的方向调整,这样可延长机器寿命。制备一种乳化剂调整好间隙后,将其固定,不再调整。

④不同乳化剂和不同的配合比例以及乳化剂的乳化方法决定制出乳化剂的性状和稳定性。

3.3.3 高压匀浆泵

高压匀浆泵是一种制备超细液—液乳化物或液—固分散物的通用设备,是胶体磨的替代产品。其主要加工部位具有极高的耐腐蚀性和良好的耐磨性,对加工乳化的油乳剂、抗原均不会产生不良影响。它由高压往复柱塞泵和匀质器组成,疫苗的乳化加工在匀质器内进行。油乳剂及抗原在高压下进入可调节的间隙,使油乳剂和抗体获得极高的流速(200 ~ 300 m/s),从而在匀质器里形成一个巨大的压力差,产生空穴效应、湍流和剪切力,将原先粗糙的油乳剂和抗原加工成极细微的颗粒,如我国生产的 GYB30—6D 型高压匀浆泵及其他各种型号的高压匀浆泵。

3.4 分装与包装设备

目前,我国兽医生物制品生产使用的分装与包装设备包括理瓶旋转工作台、多头自动分装机、胶塞定位机和自动灌装半加塞联动机等。

3.4.1 理瓶旋转工作台

理瓶旋转工作台是输送经灭菌的分装苗瓶,进行疫苗分装的作业流水线上的第一个设备。消毒无菌室之后,将分装瓶口朝上送入旋转台。必须严格挑选一定规格的灭菌疫苗瓶,以及时、准确、有序地输送给分装机。现以意大利产 MTR 型理瓶旋转工作台为例,简要介绍如下:上部为直径 1m 的旋转平台,经灭菌处理后的苗瓶自平台入口处被推入旋转平台,随平台的旋转运动,苗瓶再被挡板推向平台边缘,最外层的苗瓶经过叉口进入轨道。未进入轨道的苗瓶继续旋转,二次经挡板推向平台边缘,直至进入轨道。进入轨道的苗瓶依次排列,进入分装机轨道。该设备采用无级调速电机,使供瓶速度与分装机运转同步。该设备除与分装机连接外,视生产情况再与加塞机、压盖机、贴签机、包装机等设备连接,是生产流水线的龙头。

3.4.2 多头自动分装机

多头自动分装机是指有 3 个以上分装头,分装速度每小时达 5 000 瓶以上的高速分装机。在各种分装机中,意大利产 M26/8 型 8 头分装机具有分装精度高、分装速度快的特点,适用于分装各种小剂量的疫苗,每小时可分装 1 万~1.2 万瓶,分装速度可以调节。它靠不锈钢活塞上下运动抽吸,将疫苗压入苗瓶。活塞头部带有旋转式分流阀,控制吸入和压出。其工作方式如下:当活塞向下运动,分流阀转到供苗管道开启位置,排苗开口关闭,疫苗被吸入活塞筒;当活塞向上运动,分流阀旋转 180°,关闭供苗开口,开启排苗开口,使疫苗压入分装瓶,完成定量分装。由于采用旋转式分流阀,提高了分装精度。8 个分装头可分别单独调整分装量,也可多关同时进行调整,确保分装量准确、可靠。所有接触疫苗的部分均为不锈钢制造,拆装方便,利于清洗和灭菌处理。

3.4.3 胶塞定位机

胶塞定位机是实现冻干自动加塞的关键设备。其作用是将已经灭菌处理的胶塞在苗瓶口部精确定位。定位机虽然种类很多,但其工作原理基本相同,如进口的 M22 型胶塞定位机,上部为一漏斗形电磁振荡料斗,用来存放备用的经灭菌处理的胶塞。由于电磁振荡的结果,胶塞在料斗内跳动,并沿料斗内壁上的导轨向上爬升,到达顶部以后,胶塞沿导轨下落,到达转动的真空吸盘,吸盘与送瓶成反方向运动。吸盘抽真空是由安装在机器下部的一台小型真空泵操作,经管道连通转动吸盘;吸盘的吸头吸住胶塞,继续向下旋转到 90°

时,正好达到瓶口位置,自动放气,胶塞脱离吸盘,在瓶口处定位。供瓶系统采用螺旋杆传送,瓶口位置十分精确;瓶塞紧密配合,高速运行,胶塞在瓶口精确定位,为冻干自动压塞作好了准备。

3.4.4 自动灌准半加塞联动机

自动灌装半加塞联动机适用于冷冻干燥制品在冻干前的灌装、半加塞工序。此类设备规格、型号很多,都具有分装精度高和速度快的特点。所有接触疫苗部分的零部件均为优质不锈钢,利于清洗和灭菌消毒,符合 GMP 标准。其工作程序是将灭菌瓶传送到转盘上,由送瓶转盘送入间隙运动的星形拨盘上进行定位分装、半加塞,然后装入冻干盘内。

近年来,我国研制成功生物制品用液体灌装、胶塞定位、铝盖锁定的生产自动线。它有 8 个分装头同时工作,与胶塞定位连成一体,同与定位的铝盖锁定机配套,每小时分装 12 000 瓶安瓿真空封口,已有小型真空封口装置,能做到严密、快速封口。手工方法封口速度较慢,且有重新吸收空气水分影响制品质量的可能。小瓶真空封口已有冻干箱内加塞的技术加以解决,该技术采用特殊装置的冻干箱及特制的瓶与塞相互配合,冻干时,升华或蒸发的水分可从特制瓶塞的缝隙逸出。冻干完毕后,可以液压或气压装置加塞封住瓶口,出箱后,再将瓶塞压上铝帽密封。这种特制瓶塞的原料最好采用四硫化聚乙烯,不宜采用天然橡胶。

3.5 冷藏设备

冷藏和冷藏运输设备是生物制品生产和使用中极其重要的设备。这是因为,冷藏是保证生物制品质量的一个重要条件,冷藏的温度要求也是保证生物制品质量的重要因素。

3.5.1 冷库

冷库可分中型和小型两类。中型冷库容量为 1 000 t 左右,小型冷库则只设冷藏间或活动冷库。中型冷库一般由主体建筑和附属建筑两部分组成,主体建筑包括冷藏库和空调间,附属建筑包括包装间、真空检验室、准备间、机房、泵房和配电室等。

冷库的保温性能应符合生物制品贮藏、保管的基本要求。空调间最高库温不能超过 15 ℃,最低在 0 ℃ 以上,一般用冷风机作为冷却设备,冷藏间(低温库)要求在 15 ℃ 以下,用来保管制品。为保证库温恒定,建筑结构的外墙、地坪和平顶要设置连续的隔热层,并要有足够的厚度;同时,做好保温层的防潮设施,低温库要采用电动冷库门。

3.5.2 冷藏箱

生物制品用冷藏箱分两种。第一种冷藏箱也叫低温冰箱,能保持比较低的温度,主要构造可分为箱体、电气系统、制冷系统 3 部分,而制冷系统又由压缩机、冷凝器、蒸发器、调节阀等组成,并以氟化昂为制冷剂。冷室温度最高为 0 ℃,低达 – 40 ~ – 30 ℃,可用作疫苗种毒等物品的低温保存。第二种为保温箱,无制冷系统,箱体夹层中以玻璃纤维、聚氨酯泡沫塑料等为保温层,在使用时将冻干物品置于箱内,并加入冰块,严密加盖,箱内可保持20 多小时不解冻,能维持运输途中低温保存。目前,国内冻干疫苗的取、送多用保温箱,保证苗不离冰。

3.5.3 液氮罐

液氮罐是专供贮存液氮用的容器,容器内加入液氮才能保存试验材料。液氮的温度可达 – 196 ℃,属超低温,因而是保存活细胞、活组织、生物制品、冷冻精液和微生物等的理想容器。

液氮罐的构造和玻璃热水瓶一样,能防止热的传导、辐射和对流。液氮罐都是双壁的,过去曾采用不锈钢,近年来改用铝合金等轻金属,其特点是轻便耐用、成本较低、性能更好。两壁之间有一夹层,夹层空隙越大,真空度越高,蓄冷的时间也越长。夹层空隙的大小依容器的型号和性能而有所差异。罐内有金属支撑,内层的外边用绝热材料缠绕多层,并在底部加入硅胶或药用炭等吸湿剂。各类液氮容器都有一个真空吸嘴,吸嘴外加有金属保护帽。

3.5.4 冷藏运输设备

为了确保疫苗质量,维持运输途中的低温保存,对较大数量的生物制品的运输可使用冷藏车,冷藏车一般分为两种。一种是保温车,箱体用泡沫塑料做保温层,箱底用铝合金隔板支持形成空隙,以利于冷空气循环,车底有放水孔。使用时根据保存所需要的温度条件、装量多少,放入一定量冰块,即可达到运输生物制品的要求。另一种是冷藏车,在车体上装有制冷机设备,可根据运输生物制品所需的温度自控调节,保持车体内低温恒定,确保生物制品质量。

3.6 污物与尸体处理

根据国家有关环境保护法规和农业部《中华人民共和国兽医生物制品规程》的规定,生物制品生产企业必须与当地卫生防疫部门和环境保护部门密切配合,妥善处理好污水、粪便、残渣、垫草及动物尸体和脏器等各种废弃物。

3.6.1 污水处理

生物制品企业的污水处理方法通常包括预处理、消毒和曝晒 3 个部分。其基本流程如下:带毒污水→滤除粗渣→一级沉淀池→沉淀污水贮池→臭氧处理和化学药品处理→接触

池→检验合格→排放→曝晒→专用鱼塘。

其中,臭氧化处理污水效果较好。该法主要利用臭氧中氧的强氧化作用,使污水中的致病菌、病毒以及细菌芽孢被迅速杀灭。此法比氯气的作用更强。污水经臭氧处理后,水的浊度、色度有明显改善,化学需氧量一般可减少 50% ~ 70%。它还可以除去苯丙芘等致癌物质,可分解废水中的烷基苯磺酸钠、蛋白质、氨基酸、有机胺、木质素、腐殖质、杂环化合物、链式不饱和化合物,除去由放线菌、真菌、水藻的分解产物及醇、酚、苯等污染物产生的异味和臭味。用臭氧法处理污水反应迅速、流程简单,没有二次污染,但耗电量较高。

3.6.2 粪便残渣及垫草处理

带毒粪便、残渣污物和垫草的处理,一般采用堆积后密封进行生物发酵的办法。应根据具体排污物数量修建专用发酵池,原则是每池装满后能自然发酵 2 d 以上,池的内、外壁应是水泥砂浆结构,表面还要涂一层沥青防水层,防止池内污物、污水向外渗漏。待发酵完毕后,启盖清除粪便污物,在一定区域内用作肥料。为便于消除,发酵池应一半设在强毒区内,一半设在隔离区外。发酵彻底后,启盖清出粪便、残渣和垫草的腐烂物。

3.6.3 尸体处理

1)高压蒸汽消毒法

将动物尸体放入不漏水的容器内,再放入高压灭菌器内,用高压蒸汽 121 ℃保温 30 min 消毒后,按粪便、残渣的处理方式进行生物发酵处理。

2)焚烧尸体和脏器法

将动物尸体或脏器放入专用的焚尸炉内,用油或煤彻底焚烧。焚尸炉要具有坚固耐热的内壁,通风良好,火量要大,保证带毒尸体彻底火化消毒。

3)高温无害化处理法

人畜共患传染病耐过动物,除鼻疽、炭疽、狂犬病、布鲁氏分枝杆菌病等必须焚毁以外,患其他病的动物如不焚毁或化制,则必须在最后一次注射强毒后隔离饲养 30 d 以上,确认健康者,方可宰杀并经高温无害化处理后利用。

小 结

高压蒸汽灭菌器、干热灭菌器、电离辐射灭菌、无菌室、净化工作台等是生物制品生产中常用的灭菌与净化设备,只有了解了它们各自的工作原理,才能掌握其操作方法和注意事项。微生物的培养装置主要有温室与温箱、细胞培养转瓶机、孵化器、发酵培养罐和生物反应器等。微生物的浓缩多采用中空纤维超滤装置。乳化器包括组织捣碎机、胶体磨和高压匀浆泵等。冻干装置主要由制冷系统、真空系统、供热系统和控制系统组成,冻干程序包括冻干制品的准备、预冻、干燥和冻干后处理。分装与包装设备主要有理瓶旋转工作台、多头自动分装机、胶塞定位机、自动灌装半加塞联动机等。冷藏设备包括冷库及冷藏箱、液氧及液氮罐及冷藏车等。污物处理主要指污水处理和带毒粪便和残渣、垫草的处理,动物尸体处理方法有高压蒸汽消毒法、焚烧尸体和脏器法及高温无害化处理法。

复习思考题)))

1. 兽医生物制品企业常用的灭菌与净化设备有哪些? 其主要技术性能是什么?

2. 实验室和生物制品厂常用的高压蒸汽灭菌器的使用方法及其工作原理是什么?

3. 为什么干热灭菌与高压蒸汽灭菌相比,其时间长且温度高?

4. 简述无菌室净化技术原理和要求。

5. 净化工作台有什么作用? 在使用过程中应注意哪些事项?

6. 微生物培养需要哪些重要装置?

7. 影响超滤的主要因素有哪些? 使用时应注意哪些事项?

8. 胶体磨和高压匀浆泵有什么用途?

9. 冷冻干燥技术的基本原理是什么?

10. 什么是低共熔点? 它在冷冻干燥过程中有何参考价值?

11. 生产冻干兽医生物制品需要哪些设备? 冷冻干燥设备包含哪些基本系统?

12. 生物制品生产和使用中有哪些重要冷藏和冷藏运输设备? 如何选择使用?

13. 兽医生物制品企业应具备哪些废弃物处理设施? 简述其处理原理。

第4章
兽医生物制品基本技能

知识目标

◇熟悉菌(毒)种的概念、分类、标准与选育方法。
◇掌握菌(毒)种的鉴定方法。
◇了解菌(毒)种的保藏机构与管理方法。
◇了解细菌的生长条件和繁殖规律。
◇掌握细菌的培养方法。
◇了解病毒的生长条件与增殖规律。
◇掌握病毒的增殖技术。
◇了解实验动物的概念及分类。
◇了解动物福利的有关知识。
◇掌握常用的动物实验技术。

技能目标

◇能操作细菌的分离培养。
◇能操作病毒的动物接种技术。
◇能操作病毒的禽胚培养技术。
◇能操作动物的捕捉、保定、接种、采血等技术。

4.1 菌种与毒种选育保藏技术

4.1.1 菌(毒)种的概念与分类

1)菌(毒)种的概念

本书中的菌(毒)种特指兽医生物制品菌(毒)种,主要指应用于兽医生物制品生产、检定和研究的细菌菌种、病毒毒种,也包括生物分类地位在原虫以下的生物种类。

2)菌(毒)种的分类

(1)按毒力分

按毒力,菌(毒)种可分为以下两种。

①强毒菌(毒)种。指具有强大致病力并且免疫原性良好的菌(毒)种,常用于制造某些灭活疫苗、免疫血清及进行疫苗效力检验。

②弱毒菌(毒)种。指对动物无致病力或致病力微弱并且具有一定免疫原性的菌(毒)种,主要用于制造弱毒疫苗。

(2)按用途分

按用途分,菌(毒)种可分为4类。

①生产用菌(毒)种。可分为以下3类。

a.直接生产用菌(毒)种。直接由本微生物或其产物制备兽医生物制品(疫苗、类毒素等)的菌(毒)种,如制备猪丹毒氢氧化铝苗的猪丹毒杆菌、生产破伤风类毒素的破伤风梭菌和生产狂犬病疫苗的狂犬病病毒等。

b.免疫用菌(毒)种。主要用于生产免疫血清和诊断血清的菌(毒)种,如制备抗炭疽血清的炭疽杆菌、制备小鹅瘟免疫血清的小鹅瘟病毒等。

c.加工用菌(毒)种。应用于兽医生物制品的加工过程的菌(毒)种,如制备沙门氏菌单因子血清时,用某种沙门氏菌免疫家兔获得免疫血清为群因子血清,再用与上述菌有类属抗原的沙门氏菌吸收掉血清中的类属抗体,便获得单因子血清,后者(吸收菌)就是参与加工的菌种。

②工具菌(毒)种。是指在兽医生物制品生产中只作为工具使用的菌(毒)种,如生产痢疾杆菌噬菌体用的痢疾杆菌。

③检定用菌(毒)种。用于兽医生物制品某些项目检验的菌(毒)种,如疫苗效力检验攻毒用的强毒菌(毒)种、用于血清效价及特异性测定用的菌(毒)种等。

④标准菌(毒)株或参考菌(毒)株。是指在研究中或其他特殊问题鉴定等方面必要的参考菌(毒)种,一般不用于生产兽医生物制品。

4.1.2 菌(毒)种的标准与鉴定

1)菌(毒)种的标准

菌(毒)种是兽医生物制品生产、检定和研究的基础,是兽医生物制品质量的保证,必须按照一定标准进行选择和鉴定,符合标准者方能使用。不同兽医生物制品的菌(毒)种应符合的具体标准也不尽相同,但各种菌(毒)种都要符合以下几个基本标准。

(1)来源清楚,资料完整

原始细菌或病毒的来源地区、动物品种和流行资料应清楚;分离鉴定资料完整;传代、保藏和生物学特性检查方法明确。任何来历不明或传代历史不清的菌(毒)种,不能用于生物制品生产。

(2)生物学特性典型

生物学特性包括菌(毒)种的形态特征、培养特性、生化特性、毒力特性、免疫学特性等,上述项目均应当符合相应的标准。这些生物学特性是鉴定菌(毒)种的重要标志,用以与其他微生物相区分,进而在生产和检定兽医生物制品时依据这些性状来控制质量。因此,菌(毒)种必须经过严格的审查与鉴定,一切性状必须典型。如果发现某些性状发生改

49

变,就意味着菌(毒)种发生了变异或有外源污染,应及时废弃或更换。如果是制造弱毒疫苗,应特别注意与强毒株生物性状区别的要点,以保证制品的安全性和免疫原性。

(3)遗传性状稳定、纯一

菌(毒)种是一个相对稳定的群体,在长期保存、传代和使用过程中,受各种因素影响,可能发生遗传性状的变异。菌(毒)种的变异主要表现在形态特征、毒力、反应原性和免疫原性等方面。若菌(毒)种变异的幅度过大,就会影响制品的质量甚至安全性。因此,要求菌(毒)种的遗传性状要稳定,不易发生变异,即使发生变异,也要严格限制在一定的范围内,才符合标准。提高或保持菌(毒)种纯一性和稳定性的方法是经常对其进行挑选、纯化或克隆化,例如羊痘鸡胚化毒种在经过羊体传代 2~4 代复壮、纯化后才能用于制苗。

(4)毒力在规定范围内

各种兽医生物制品,所用菌(毒)种的毒力都要在规定的范围内。用于制造弱毒疫苗的菌(毒)种,在保持良好免疫原性的前提下,毒力应尽可能弱些。用于制造灭活疫苗、免疫血清及进行疫苗效力检测的菌(毒)种,应为强毒菌(毒)种,而且抗原性要尽量高。

2)菌(毒)种的鉴定

(1)毒力鉴定

目前,常用易感实验动物、禽胚或细胞测定菌(毒)种的半数致死量(LD_{50})、半数感染量(ID_{50})、禽胚半数致死量(ELD_{50})、禽胚半数感染量(EID_{50})、组织细胞半数感染量($TCID_{50}$)等进行毒力鉴定。进行毒力鉴定时,应同时设阴性对照和阳性对照。阴性对照是不接种或只接种无菌生理盐水的对照动物、鸡胚或细胞;阳性对照是接种已知致病力的同种微生物的对照动物、鸡胚或细胞。设立阴性对照的目的是要阐明所用的实验动物、鸡胚或细胞是否健康,管理是否适当。设立阳性对照的目的是要阐明被接种的动物、鸡胚或细胞对接种物的敏感性,以免因实验条件不完善而得到错误的结论。如果阴性对照发病或死亡,实验不能成立;如果阳性对照不病不死,说明所用的实验动物、鸡胚或细胞不适宜,或存在其他干扰因素。毒力鉴定的具体方法:将培养物连续递进稀释,将不同稀释度的培养物定量接种一定数量的动物(鸡胚或细胞),统计被接种对象在规定时间内的发病或死亡数(细胞病变数),按 Reed-Muench 法计算各种半数感染量或半数致死量,数字越小说明致病力越强。

这里以测定 LD_{50} 为例。将某病毒培养物进行 10 倍递进稀释后,取几个连续的稀释度各接种小鼠 5 只,每只接种量 0.1 mL,在规定日期内死亡、生存及其累积数如表 4.1 所示。

表 4.1　某病毒 LD_{50} 的测定

稀释度	结果/个		累积数/个			死亡率/%
	生存	死亡	生存	死亡	总数	
10^{-7}	0	5	0	11	11	100
10^{-8}	1	4	1	6	7	86
10^{-9}	3	2	4	2	6	33
10^{-10}	5	0	9	0	9	0

按 Reed-Muench 法计算结果,公式为:比距(L) = (高于 50% 的死亡率 − 50%)/(高于 50% 的死亡率 − 低于 50% 的死亡率),lg LD_{50} = 死亡率高于 50% 的稀释度的对数 − L × 稀释倍数的对数。将数值代入公式:L = (86 − 50)/(86 − 33) = 0.68,lg LD_{50} = lg 10^{-8} − 0.68 × 1 = −8.68。LD_{50} = $10^{-8.68}$,表示该病毒稀释至 $10^{-8.68}$ 时,每只小鼠接种 0.1 mL,能使 50% 的小鼠死亡。

(2)抗原性鉴定

抗原性包括免疫原性和反应原性两个方面。免疫原性测定,通常是将菌(毒)株按各自的方法制成疫苗,免疫动物,同时设立阴性对照和阳性对照,经 1 ~ 3 周,所有动物均用致死量的强毒攻击,以保护率表示。在阴性对照、阳性对照结果正确的情况下,抗致死量强毒越多,保护率越高者,免疫原性越好。反应原性测定,一般采用血清学方法,以抗体滴度或效价表示。

(3)稳定性鉴定

一般采用培养基、动物、禽胚或细胞对菌(毒)株进行传代培养,观察其生物学特性,测定其致病力和抗原性,以证明其遗传性状的稳定性。

4.1.3　强菌(毒)种的选育

强毒菌(毒)种大多从疾病流行地区的典型患病动物体内分离出来。在疾病流行初、中期,从临床症状和病理变化典型而又未经任何治疗的患病动物体内可分离到毒力强、抗原性好的菌(毒)株。然后从各地分离的自然强毒菌(毒)株中筛选出符合标准的菌(毒)株,作为生物制品的菌(毒)种,如我国的石门系猪瘟病毒和多杀性巴氏杆菌 C44 − 1 等。强毒菌(毒)种的选育程序如下:病料采集→病原分离→纯粹检验→鉴定→筛选→增殖→冻干保存。

4.1.4　弱菌(毒)种的选育

弱毒菌(毒)株选育方法可以是自然界筛选,也可以是人工改变野生型强毒株的遗传特性进行培育获得。无论自然弱毒株或人工培育弱毒株,均是由 DNA 上核苷酸碱基的改变,而导致遗传性状突变及毒力降低的结果。

1)自然弱毒株的选育

自然弱毒株又称自发突变毒株,是由自然强毒株在自然因素作用下,因基因突变形成的生物株。某些细菌、病毒的自然弱毒株存在于自然界,人们生产实践时有意或无意地分离到弱毒株,并经筛选、鉴定,培育成兽用生物制品的弱毒菌(毒)种。例如鸡新城疫 LaSota 弱毒株和 D_{10} 弱毒株是从自然鸡群和鸭群中分离到的,然后再通过克隆、挑选等途径育成。鸡马立克氏火鸡疱疹病毒 FC_{126} 株分离于火鸡,对鸡无致病性,但与鸡马立克氏病毒有共同抗原,因而可用于制备疫苗预防鸡马立克氏病。然而,微生物的自发突变率很低,形成具有稳定遗传性状的过程较长,因此获得的概率不高。

2)人工致弱强毒株

人工致弱强毒株指人为地采取一些措施,使强毒菌(毒)株的毒力减弱,而尽可能保留

抗原性,从而培育出弱毒菌(毒)种。人工致弱强毒株是培育弱毒菌(毒)种的主要方法,采用的途径主要有物理途径、化学途径、生物途径和基因工程途径。这些途径可单独使用,也可联合使用。

(1)物理途径

高温、干燥和紫外线等物理因素可引起微生物的基因变异,从而导致遗传性状的改变。如巴斯德在 1881 年将炭疽强毒菌在 42.5 ℃高温下长期传代培养,导致其遗传性状变异,育成了炭疽弱毒菌株;1885年,巴斯德又将含有狂犬病病毒的脑脊髓置于干燥条件中处理,获得了狂犬病病毒弱毒株。日本乙型脑炎病毒强毒株经紫外线照射后引起基因突变,从而出现遗传性状分离,再进行蚀斑挑选,育成了弱毒株。

(2)化学途径

微生物在体外培养传代过程中,经诱变剂处理,可极大地提高其基因突变率,从而获得弱毒菌(毒)株。亚硝基胍和醋酸铊具有诱变作用,微量即可引起微生物突变。例如,通过亚硝基胍处理支原体,育成了鸡支原体疫苗株和肺炎支原体突变株;猪副伤寒沙门氏菌强毒株则在含有 0.1% ~0.2%醋酸铊的肉汤培养基中培养传代 50 代次,培育成弱毒株,用于生产疫苗。

(3)生物途径

通过生物途径育成的弱毒株,稳定性极佳,是培育弱毒株的常用途径,但育成过程比较长。常用的育成路线有如下 3 种。

①适应非易感动物。通常用兔、小鼠、豚鼠和鸡等实验动物进行,多采取大剂量腹腔、静脉或脑内接种。如将猪瘟病毒强毒株通过兔体传 400 余代后育成的猪瘟兔化弱毒株;将口蹄疫 A 型及 O 型强毒株通过乳鼠皮下或肌肉接种传代,取其肌肉含毒组织再适应于鸡胚,育成口蹄疫弱毒株;鸭瘟鸡胚化弱毒株则是将强毒株通过鸭胚 9 代和鸡胚 23 代后培育而成。

②适应细胞。常采用同源或异源动物组织的原代细胞进行。如日本育成的猪瘟 GPE弱毒株是将猪瘟 ALD 强毒株通过猪睾丸细胞 142 代和牛睾丸细胞 36 代培养后,再在豚鼠肾细胞传 41 代后育成的;中国的马传染性贫血驴白细胞弱毒株,是将马传染性贫血驴白细胞强毒株通过驴白细胞传代育成的。

③杂交减毒。是将两种遗传性状不同的菌(毒)株,在传代培育中进行自然杂交,导致不同菌(毒)株间基因发生交换而育成有使用价值的弱毒株。如流行性感冒病毒弱毒株的育成,是将温和敏感弱毒株(毒力弱、抗原性弱)与流行强毒株(毒力强、抗原性强)进行混合培养传代,使两者基因发生交换,产生毒力弱、抗原性强的毒株,用于生产弱毒疫苗。

(4)基因工程途径

采用基因工程途径构建性状稳定的弱毒株制备基因缺失疫苗是疫苗研制的新途径之一。将强毒株的致病基因切除获得弱毒或无毒株,但保留免疫原性和感染力。用此变异株制成的活疫苗安全性好,不易返祖。如伪狂犬病病毒,去除决定其致病力的 TK 基因获得伪狂犬病病毒 TK 突变株,用该突变株制成的疫苗是第一个商品化的基因缺失苗。

弱毒菌(毒)种的选育程序如下:自然弱毒株分离(同源株、异源株)、人工致弱强毒株→初选→鉴定→筛选→增殖→冻干保存。

4.1.5　我国菌(毒)种的保藏机构与管理

①菌(毒)种是宝贵的国家生物资源,世界各国对这项资源都非常重视,并设置各种专业性保藏机构。我国于1980年建立了兽医微生物菌种保藏管理中心,设在中国兽医药品监察所(简称"中监所"),专门从事兽医微生物菌种(包括细菌、病毒、原虫和细胞系)的收集、保藏、管理、交流和供应。同时,在中国农业科学院哈尔滨兽医研究所、兰州兽医研究所和上海兽医研究所建立中心的分管单位,负责专门菌种的保藏、管理。

②用于兽医生物制品生产和检验的菌(毒)种须经国务院兽医主管部门批准。

③兽医生物制品的生产用菌(毒)种应实行种子批和分级管理制度。种子分3级:原始种子、基础种子和生产种子,各级种子均应建立种子批,组成种子批系统。

a.原始种子批必须按原始种子自身特性进行全面、系统的检定,如培养特性、生化特性、血清学特性、毒力、免疫学特性和纯粹检验等,上述内容应符合规定。分装容器上应标明名称、代号、代次和冻存日期等;同时,应详细记录其背景,如名称、时间、地点、来源、代次、菌(毒)株代号和历史等。

b.基础种子批必须按菌(毒)种检定标准进行全面、系统检定,如培养特性、生化特性、血清学特性、毒力、免疫学特性和纯粹检验等,应符合规定;分装容器上应标明名称、批号(代次)识别标志、冻存日期等;并应按规定限制使用代次、保存期限和推荐的繁殖方式。同时应详细记录名称、来源、代次、库存量和存放位置等。

c.生产种子批必须根据特定生产种子批的检定标准逐项(一般应包括纯净性检验、特异性检验和含量测定等)进行检定,合格后方可用于生产。生产种子批应达到一定规模并含有足量活细菌(或病毒),以确保用生产种子复苏及传代增殖后的细菌(或病毒)培养物数量能满足生产一批或一个亚批制品。

生产种子批由生产企业用基础种子繁殖、制备并检定,应符合其标准规定;同时,应详细记录繁殖方式、代次、识别标志、冻存日期、库存量和存放位置等。用生产种子增殖获得的培养物(菌液或病毒),不得再作为生产种子批使用。

④检验用菌(毒)种应建立基础种子批,并按检定标准进行全面、系统的检定,如培养特性、血清学特性、毒力和纯粹检验等,应符合规定。

⑤经国务院兽医主管部门批准核发生产文号的制品,其生产与检验所需菌(毒)种的基础种子均由国务院兽医主管部门指定的保藏机构和受委托保藏单位负责制备、检定和供应;供应的菌(毒)种均应符合其标准的规定。

⑥用于菌(毒)种制备和检定的实验动物、细胞和有关原材料,应符合国家颁布的相关法规。

⑦生产用菌(毒)种的制备和检定,应在与其微生物类别相适应的生物安全实验室和动物生物安全实验室内进行。不同菌(毒)种不得在同一实验室内同时操作;同种的强毒、弱毒应分别在不同实验室内进行。凡属于一、二类兽医微生物菌(毒)种的操作应在规定生物安全级别的实验室或动物实验室内进行。操作人畜共患传染病的病原微生物菌(毒)种时,应注意对操作人员的防护。

⑧菌(毒)种的保藏与管理。

a.保藏机构和生产企业对生产、检验菌(毒)种的保管必须有专人负责;菌(毒)种应分类存放,保存于规定的条件下;应当设专库保藏一、二类菌(毒)种,设专柜保藏三、四类菌(毒)种;应实行双人双锁管理。

b.各级菌(毒)种的保管应有严密的登记制度,建立总账及分类账;建有详细的菌(毒)种登记卡片和档案。

c.在申报新生物制品注册时,申报单位应同时将生产检验用菌(毒)的原始种子一份送交国务院兽医主管部门指定的保藏机构保藏。

d.基础种子的保存期,除另有说明外,均为冻干菌(毒)种的保存期限。

⑨菌(毒)种的供应。

a.生产企业获取生产用基础菌(毒)种时,有制品生产批准文号者,持企业介绍信直接到国务院兽医主管部门指定的保藏机构和受委托保藏单位获取并保管。

b.新建无制品生产批准文号企业在获取生产用基础菌(毒)种子时,必须填写"兽医微生物菌(毒)种申请表",经国务院兽医主管部门审核并批准后,持企业介绍信和审核批件直接向国务院兽医主管部门指定的保藏机构和受委托保藏单位获取并保管。

c.生产企业与菌(毒)种知识产权持有者达成转让协议的,可直接向保藏单位获取菌(毒)种。

d.除国务院兽医主管部门指定的保藏机构和受委托保藏单位外,其他任何生产企业和单位不得分发或转发生产和检验用菌(毒)种。运输菌(毒)种时,应按国家有关部门的规定办理相关手续。

⑩生产企业内部应按照规定程序领取、使用生产用菌(毒)种,及时记录菌(毒)种的使用情况,在使用完毕时要对废弃物进行有效的无害化处理并填写记录,以确保生物安全。

4.2　细菌培养技术

4.2.1　细菌的生长条件与繁殖规律

1)细菌的生长条件

细菌必须在适宜的生长条件下才能正常地生长和繁殖,这些条件主要有营养、温度、pH 值、渗透压和气体等。

(1)营养

不同细菌所需要的营养成分不完全相同,但各种细菌所需要的基本营养元素却大致相同。它们在生长和繁殖过程中都需要水、无机盐、碳、氮这些基本的营养元素,某些细菌对营养的要求比较高,在生长和繁殖过程中还需要额外添加生长因子。

(2)温度

任何细菌都有其可生长的温度范围和最适温度。在最适温度下,细菌生长繁殖最快。

高温对细菌有致死作用;低温会使细菌的生命活动受到抑制,但条件适宜又会复苏。一般病原性细菌对温度的适应范围为 10~45 ℃,最适生长温度多是 37 ℃,少数是 22~28 ℃。

（3）pH

细菌对 pH 的适应范围很大,为 2~8.5,但多数病原性细菌生长的最适 pH 为 7.2~7.6,真菌生长的最适 pH 为 5~6。细菌在生长过程中,由于代谢产物的增多会引起 pH 改变,从而妨碍细菌生长,所以常需要在培养基中加入一定量的缓冲剂进行调节。

（4）渗透压

细菌进行生长和繁殖,需要适宜的渗透压。多数病原性细菌只能在等渗环境下生长、繁殖。在低渗溶液中,细菌会吸水膨胀,引起菌体破裂而死亡;在高渗溶液中,细菌会发生质壁分离而死亡。但由于细菌的细胞壁比较坚韧,所以对渗透压有一定的适应能力,少数细菌甚至也能够耐受高渗环境。

（5）气体

与细菌生长繁殖有关的气体主要是 O_2、CO_2。不同细菌对氧气的需要情况不同,根据细菌对氧气的需要,可将其分为 4 种类型(表 4.2)。

表 4.2　根据细菌对氧气的需要将其分类

细菌类型	生长环境	举　例
需氧菌	有氧环境	结核杆菌
微需氧菌	含氧量低的环境	牛型布氏杆菌
兼性厌氧菌	有氧或无氧的环境	大肠杆菌
厌氧菌	无氧环境	破伤风梭菌

细菌在生长过程中也需要少量 CO_2 以及合成酶,但通常利用自身代谢过程中产生的 CO_2。多数细菌在绝对无 CO_2 的环境中生长缓慢甚至不能生长,如羊型布鲁氏菌,在初代培养时需要一定量的 CO_2。因此,实际培养细菌时,应根据细菌对气体的需要情况,提供合适的气体环境。

2）细菌的繁殖规律

细菌在适宜的生长条件下以二分裂法进行繁殖,有一定的规律性。将少量细菌接种到新鲜液体培养基中,在适宜条件下培养。在不补充营养物质的前提下,每隔一定时间取样测定细菌数量,以培养时间为横坐标,以细菌数的对数为纵坐标,根据不同培养时间里菌数的变化,可绘制出一条反映细菌在整个培养时间内菌数变化规律的曲线,称为生长曲线。一条典型的生长曲线可以分为迟缓期、对数期、稳定期和衰退期 4 个时期。

（1）迟缓期

细菌刚接种到新鲜培养基时,处于一个新的生长环境,需要一段时间进行适应。在这段时间内,细菌的菌数不增加,但菌体增大,为分裂繁殖作准备。其时间长短随细菌的适应能力而异。在工业发酵中,迟缓期会延长生产周期而产生不利的影响。

（2）对数期

当细菌适应新环境后,进入对数期。在此时期,细菌以恒定的速度增殖,且表现出培养

时间与细菌数的对数呈直线关系。此期的细菌代谢活性高而稳定,大小比较一致,生活力强,因而常在生产上用作种子。

（3）稳定期

随着营养物质的消耗、有毒代谢产物的积蓄和 pH 等环境变化,细菌生长速度逐渐减慢,新增加的细菌数与死亡细菌数大致相等,活菌数相对稳定,此时期即是稳定期。在这一阶段,细菌的芽孢和外毒素等开始产生。如果及时采取措施,改善培养条件,如补充营养物质,对需氧菌进行通气、搅拌或振荡等,可以延长稳定期,获得更多的菌体物质或代谢产物。

（4）衰退期

随着营养物质的进一步消耗、有毒代谢产物的不断积蓄和 pH 等环境变化,细菌大量死亡,死菌数超过新增加的细菌数,总的活菌数呈下降趋势。此时,细菌如不移植到新的培养基,最后将全部死亡。

掌握细菌的生长规律,有助于我们在人工培养细菌时为细菌提供更加优良的生长条件,从而提高细菌或其产物的产量和质量。

4.2.2 兽医生物制品的细菌培养方法

细菌培养是指细菌在动物体外的人工培养基上及人工控制的环境中生长和繁殖的过程。细菌性生物制品都是利用细菌培养物制造的,广泛用于相应疾病的防治。制备该类制品首先应通过细菌分离培养,获得单个细菌菌落,制备细菌种子。然后,进行规模化细菌培养,获得大量纯的细菌培养物。

1）需氧菌的分离培养

需氧菌的分离培养常用营养琼脂平板分离,根据细菌生长特点,可选用以下两种方法。

（1）画线接种法

该法是最常用的分离细菌的方法,根据所培养的细菌选用相应的培养基制备平板,用灭菌接种环蘸取细菌在平板表面进行画线。画线的方法有多种,目的是使细菌适当稀释,生长成单个菌落,便于根据菌落特性进行鉴别和挑选单个菌落再进行纯培养,制备种子培养物（图 4.1）。

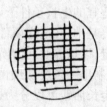

图 4.1 琼脂平板上的各种画线方法

（2）倾注培养法

该法适用于深层条件下生长良好的细菌的分离培养。即先将营养琼脂培养基加热溶解,冷至 45 ~ 50 ℃,加入适量细菌培养液,混匀后倾入灭菌培养皿内,制成平板。37 ℃ 培养 24 ~ 36 h 后,挑取典型菌落移植培养。

2) 厌氧菌的分离培养

厌氧菌的分离培养,其方法基本与需氧菌相同,但是需要提供无氧的环境,多数厌氧菌还要在含 CO_2 条件下才能生长。厌氧菌培养的方法有多种,如烛缸法、真空干燥皿培养法、厌氧培养基培养法、焦性没食子酸培养法等(详见11.1),可根据具体情况来选用。

3) 细菌的规模化培养技术

在生产兽用生物制品时,需要大量的细菌培养物作为原料,所以要进行细菌的规模化培养。目前细菌的规模化培养方法主要有固体表面培养法、液体静置培养法、液体深层通气培养法、透析培养法及连续培养法等。生产实践时,应根据生物制品的性质和要求及细菌的生长特性选择合适的培养方法。

（1）固体表面培养法

将熔化的灭菌肉汤琼脂培养基,倾入大扁瓶（大型克氏瓶）,制成平板。经培养观察无污染后,在无菌室接入细菌种子液,使其均匀分布于平板表面,平放温室静置培养。然后,倾去凝集水,收集菌苔,制成细菌悬浮液,用于制备诊断抗原、灭活菌苗或冻干菌苗。例如炭疽芽孢苗、仔猪副伤寒冻干菌苗、鸡白痢抗原与布鲁菌抗原等。此法可根据需要调节细菌浓度,但产量受限,且劳动强度大。固体表面培养法程序如下:肉汤琼脂培养基→灭菌→熔化制成大扁瓶平板→无菌检验→接入种子液→平放静置培养→收集菌苔→制成菌悬液。

（2）液体静置培养法

本法适用于一般细菌性疫苗的生产,需氧菌和厌氧菌均可用。培养容器可用大玻璃瓶、培养罐或反应缸。按容器的深度,装入适量培养基,一般以容器深度的 $1/2 \sim 2/3$ 为宜。经高压蒸汽灭菌后,冷至室温接入细菌种子液,在适宜温度下静置培养。培养厌氧菌时,装入培养基的量约为容器体积的 70%,有时需要加入肝组织,以促进细菌生长。此法比较简便,但细菌产量不高。液体静置培养法程序如下:液体培养基→装入培养罐→灭菌→冷至室温→接入细菌种子液→适宜温度静置培养→收获。

（3）液体深层通气培养法

本法可加速细菌的生长与繁殖,提高细菌产量和生产效率,是目前菌苗生产的主要方法。细菌培养在大型发酵培养罐中进行,该设备能自动控制通气量、自动磁力搅拌、自动调温、自动监测和记录 pH 或溶解氧浓度、自动消泡。除细菌培养外,培养基与氢氧化铝佐剂消毒、细菌灭活、加佐剂配苗等相关流程均可在其中完成。培养细菌时,一般在接入种子液的同时,加入定量消泡剂（豆油等）,先静置培养 $2 \sim 3$ h,然后通入少量过滤无菌空气,并适当搅拌分散通入的气体,以增加培养液中的溶氧量。每隔 $2 \sim 3$ h 逐渐加大通气量,直至收获。液体深层通气培养法程序如下:液体培养基→装入发酵培养罐→灭菌→冷至室温→接入细菌种子液并加入消泡剂→静置培养 $2 \sim 3$ h→通入无菌空气→适当搅拌→每隔 $2 \sim 3$ h 逐渐加大通气量并搅拌→收获。

（4）透析培养法

是指培养物与培养基之间隔一层半透膜的方法,现已发展成一种发酵器透析培养系统,该系统把培养基与培养物分开为各自的循环系统,中间通过透析器交换营养物(图4.2)。其优点是:培养基和培养液可独立控制;可以搅拌和通气;可使用任何类型的透析膜片或滤膜;

液体在透析器中的流向和流速可以随意控制;可以将每个部分按比例缩小或放大。通过透析培养,可获得高浓度的纯菌和高效价的毒素,极有利于制造高效价的兽用生物制品。

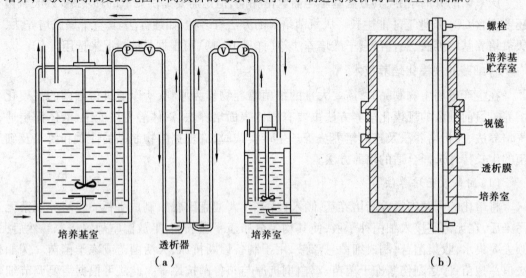

图 4.2　透析培养法示意图
(a)Gallup-Gerhardt 透析器循环系统(V＝阀门,P＝泵)　(b)青透型透析器

(5)连续培养法

指在细菌培养过程中,不断供给新的营养,同时部分移出培养物,延长细菌对数期的一种方法。连续培养装置由无菌培养基贮存罐、培养罐和菌液收集罐 3 部分组成(图 4.3)。在培养罐中装入一定量培养基后,接入种子,培养过程中不断滴入新鲜培养基,当培养罐菌液超过一定水平时,便逐渐溢出并流入菌液收集罐。连续培养法的优点是能保持培养液pH、底物浓度、溶解氧浓度及代谢产物浓度基本恒定,适于大量生产,生产率比深层培养高数倍,在恒态下增殖的菌体比较均一,处于幼龄期,活力强,菌苗质量更有保障。

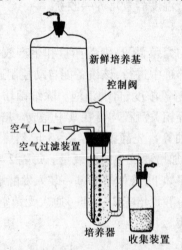

图 4.3　连续培养装置

4.2.3 影响细菌规模化培养的因素

1)生长条件

在进行细菌规模化培养时,必须给细菌提供适宜的生长条件,即选择合适的培养基培养细菌,并让细菌在适宜的培养环境(温度、pH、渗透压及气体)中生长。否则,会影响细菌的正常生长,从而影响细菌的产量和质量。

2)种子接种量

细菌种子是兽医生物制品术语,指菌体增殖培养物,简称"菌种"。细菌培养的活菌总数除与培养基和培养环境密切相关外,还与种子接种量和培养基比例相关,这种比例随细菌种类不同而异。接种量过少,会引起生长与繁殖缓慢,影响活菌数,有时甚至出现无菌生长;接种量过多,就会将过多的代谢物带入新培养基内,造成有害物质抑制细菌生长。种子接种量通常为 $1\% \sim 2\%$。

3)培养时间

细菌在培养过程中,生命力最强的最高活菌数与细菌本身生长规律、培养环境条件和培养时间有关,最佳培养时间可通过预培养测定细菌的生长曲线后确定。多数在对数期后期至稳定期前期之间活菌数量最高、生命力最强,宜于收获。若收获过早,则活菌数少而幼嫩;反之,则细菌老化,死菌及代谢产物(尤其是细菌毒素)增多。

4)培养方法

规模化培养细菌的方法较多,如固体表面培养法、液体静置培养法、液体深层通气培养法、透析培养法、连续培养法等。其中,液体培养的各种方法适于制苗,固体培养法易获得高浓度的细菌悬液,并且容易稀释成不同浓度,悬液中含培养基成分较少,比较适用于制备诊断抗原。生产实践中,可根据培养目的、生物制品的性质和要求、细菌的生长特性等,选择合适的细菌培养方法。

4.3 病毒增殖技术

4.3.1 病毒的生长条件与增殖规律

1)病毒生长条件

病毒是严格的细胞内寄生物,自身无完整的酶系统,不能进行独立的物质代谢,必须在活的宿主细胞内才能增殖。因此,培养病毒必须选用适合病毒生长的敏感活细胞。除少数病毒外,大多能在实验动物、鸡胚和细胞培养中增殖。

2)病毒增殖规律

病毒缺乏自身增殖必需的酶系统,必须依赖宿主细胞或细胞的某些成分合成核酸和蛋

白质,所以它只能在易感的细胞内以复制的方式进行增殖。病毒的增殖过程包括吸附、侵入、脱壳、生物合成、装配和释放6个步骤。

(1)吸附

病毒感染细胞,首先需吸附于细胞表面。这一过程又分两步:第一步是静电吸附,即病毒颗粒与细胞在有阳离子(钙、镁)存在时,发生随机吸附。这时病毒颗粒和细胞表面都带有负电荷,阳离子能降低负电荷,促进静电吸附,是非特异、可逆的吸附。第二步是病毒与细胞表面受体进行结合,这种结合是特异、不可逆的。不同的病毒需要的受体各异,只有在易感细胞表面才存在与病毒相匹配的受体。病毒吸附于细胞的过程从数分钟到数十分钟不等,并与温度有关,一般37 ℃吸附最好,4 ℃吸附较慢。

(2)侵入

病毒吸附在宿主细胞膜后进入细胞内,称为侵入。不同种类的病毒侵入细胞的方式不同。有囊膜病毒可通过胞饮作用、囊膜与细胞膜的融合作用进入细胞;无囊膜病毒则直接侵入细胞或经胞饮作用进入细胞。

(3)脱壳

有囊膜病毒的脱壳过程包括脱囊膜和脱衣壳。在此过程中囊膜脂质和细胞膜融合,裸露的病毒进入细胞质内,衣壳被溶酶体消化裂解,释放出核酸。无囊膜的病毒则只有脱衣壳的过程。病毒脱壳后,释放出裸露的核酸,这是病毒基因组进行功能表达所必需的。

(4)生物合成

生物合成是指病毒脱壳后释放出的核酸,在宿主细胞内进行自身复制并合成蛋白质和其他成分。在此期间,细胞内检测不到完整的病毒粒子。病毒脱壳后至子代病毒出现这段时期被称为隐蔽期。生物合成主要为mRNA的转录、病毒多肽的翻译和基因组的复制。

(5)装配

在感染细胞内,新合成的病毒结构组分以一定的方式结合,组装成完整的病毒颗粒,称为病毒的装配。不同的病毒,装配部位不同,多数DNA病毒在细胞核内装配,而RNA病毒则在细胞质内装配。

(6)释放

成熟的病毒粒子自细胞释放的方式不一。有的病毒聚积在细胞空泡内通过细胞通道向外溢出;有的依靠细胞破裂释放出;有囊膜的病毒多数借出芽释放,同时获得囊膜。然而,无论病毒进入或出芽离开细胞所造成的细胞膜损伤并不会引起细胞死亡。

通常,病毒吸附进入细胞后,有2~12 h的隐蔽期,该期内病毒感染的相关病毒不能被检出。接着,病毒粒子逐渐成熟,随着细胞膜破裂,无囊膜病毒被释放,有囊膜病毒则通过胞浆膜出芽成熟。

4.3.2 病毒的动物接种增殖技术

动物接种法是增殖病毒最早采用的一种方法,可用于病毒病原性的鉴定、疫苗效力试验、疫苗生产、抗血清制造及病毒性传染病的诊断等。此法技术简单,容易获得成功。但是对动物的要求高,结果判定困难,此外需要有隔离畜舍、良好的饲养管理和消毒设备,耗费较大。所以,现在许多病毒的增殖已由细胞培养法或禽胚培养法代替。

1)动物选择

兽用生物制品中用于增殖病毒的动物主要有小鼠、地鼠、豚鼠、家兔、禽类、绵羊、猪、牛等。但是动物品质对所增殖病毒的生物学性状影响很大,从而直接或间接地干扰兽用生物制品的质量和实验研究结果。因此,要选择合适的动物来增殖病毒。所选择的动物一般要具备以下几个要求。

①对相应病毒易感,并十分敏感。

②青壮年,健康,体内没有相应抗体。

③家兔、小鼠、大鼠等应符合普通级或清洁级实验动物标准;鸡应属非免疫鸡或 SPF 级标准;犬和猫应品种明确,并符合普通级实验动物标准。

④体重、年龄要基本一致,个体差别不宜过大。

2)病毒接种

应根据病毒特性确定接种途径,将病毒接种到动物体内。动物接种途径主要有皮下接种、皮内接种、肌肉接种、静脉接种、腹腔接种、脑内接种等(详细方法见 11.4)。

3)动物饲养与病毒收获

接种病毒后的动物应继续饲养,并提供良好的饲养条件,接种不同病毒的动物须分室饲养。作为对照组而未接种病毒的动物,也应分室隔离,并提供与实验组动物相同的饲养、管理条件。接种病毒后的动物应每天观察,有时需要一天数次。通常观察动物的活动情况、食欲、粪尿及被毛状态,接种局部反应,体温、呼吸、脉搏及特征性临床变化等。根据观察,选出接种后征候符合要求的动物。按规定采集含毒体液、组织脏器,经检查合格后即可使用。

4.3.3 病毒的禽胚接种增殖技术

禽胚是正在发育中的活的动物机体,组织分化程度低,细胞代谢旺盛,适于多种病毒的生长与繁殖。几乎所有的禽源病毒都能在禽胚中增殖,某些哺乳动物的病毒也能适应禽胚增殖。禽胚中应用最多的是鸡胚,有时也用鸭胚、鹅胚。本法优点是禽胚来源充足、价格低廉,可以实现规模化和机械化操作,所以目前仍被广泛应用于病毒的分离鉴定和兽医生物制品的生产。

1)禽胚的选择

禽胚质量对于病毒增殖和生物制品的质量非常重要,所以,要选择合适的禽胚。目前理想的禽胚是 SPF 鸡胚。但由于 SPF 鸡饲养条件严格、价格昂贵,商品化种蛋供不应求,故常用非免疫鸡胚代替。这种鸡胚应无特定病原的母源抗体,如用于新城疫疫苗生产的鸡胚应无新城疫母源抗体,否则会影响新城疫病毒在胚内增殖。普通鸡胚由于可能带有鸡的多种病原体,故不适用于疫苗生产。此外,不同病毒对禽胚的适应性也不同,如减蛋综合征病毒在鸭胚中比在鸡胚中更易增殖,鸡传染性喉气管炎病毒只能在鸡和火鸡胚内增殖,而不能在鸭胚和鸽胚内增殖等。因此,实际应用时应加以严格选择。

通过照蛋选择发育良好的鸡胚用于增殖病毒,发育良好的鸡胚照蛋时可见清晰的血管

及鸡胚的活动。不同的病毒所适合的接种途径不同,不同的接种途径需选用不同日龄的鸡胚。如尿囊腔接种,用 9 ~ 11 日龄的鸡胚;绒毛尿囊膜接种,用 10 ~ 13 日龄的鸡胚;卵黄囊接种,用 5 ~ 8 日龄的鸡胚;羊膜腔接种,用 10 ~ 12 日龄的鸡胚。

2)接种前准备

(1)病毒材料的处理

怀疑污染细菌的液体材料,加抗生素(青霉素 1 000 IU 和链霉素 1 000 μg/mL)置室温 1 h 或 4 ℃冰箱内 12 ~ 24 h,高速离心,取上清液,或经细菌滤器过滤除菌。如为患病动物组织,应剪碎、匀浆、离心后取上清,必要时加抗生素处理或过滤除菌。若用新城疫Ⅳ系,则用生理盐水将其稀释 100 ~ 1 000 倍。

(2)照蛋

照蛋观察鸡胚的发育情况,选择发育良好的鸡胚,以铅笔画出气室、胚胎位置及接种的位置,气室朝上地立于蛋架上。

3)禽胚接种

把处理好的病毒毒种接种到相应的禽胚中。在兽医生物制品生产中,常用的接种途径有 4 种,即绒毛尿囊膜接种、尿囊腔接种、羊膜腔接种和卵黄囊接种(详见 11.2),应当根据不同的病毒和不同的目的选用适宜的接种途径。

4)接种后检查和病毒收获

鸡胚接种病毒后,一般在 37 ℃继续孵化 2 ~ 7 d,不必翻蛋。每天至少照蛋 1 ~ 2 次,弃去接种 24 h 内死亡的鸡胚。24 h 后的死胚和感染胚也应及时取出,气室向上地直立于蛋架上,4 ~ 8 ℃放置 4 ~ 24 h 或 −20 ℃放置 0.5 ~ 1 h,然后收获病毒。收获时将鸡胚直立于蛋盘上,用碘酒消毒气室周围蛋壳,沿气室去除蛋壳和壳膜,无菌操作收获不同含毒组织(病毒),收获的病毒经无菌检验合格者冷冻保存备用。不同的接种途径,收获的内容物不同。原则上接种什么部位,收获什么部位,如绒毛尿囊膜接种收获绒毛尿囊膜,尿囊腔接种收获尿囊液,羊膜腔接种收获羊水,卵黄囊接种收获卵黄囊或胚体。用具消毒处理后,鸡胚置消毒液中浸泡过夜或高压灭菌,然后弃掉。需要注意的是,鸡胚接种需严格的无菌操作,以减少污染。操作时应细心,以免引起鸡胚的损伤。在病毒培养时,应保持恒定的适宜条件。收毒结束,应注意用具、环境的消毒处理。如果接种的是高致病性禽流感病毒,其鸡胚的处理必须高压或者焚化。接种和收获高致病性禽流感病毒必须在 P3 实验室和生物安全柜内进行。

5)影响禽胚增殖病毒的因素

(1)种蛋质量

种蛋质量直接影响增殖病毒的质和量。

①病原微生物。家禽有很多疫病可垂直传递于鸡胚,如白血病、脑脊髓炎和支原体等。这些病原体既可污染制品本身,又可影响接种病毒在鸡胚内的增殖。如新城疫病毒接种 SPF 鸡胚和非免疫鸡胚,在相同条件下增殖培养,前者鸡胚液毒价比后者至少高几个滴度。

②母源抗体。鸡在感染一些病原或接受一些抗原后,会使其种蛋带有母源抗体,从而影响病毒在鸡胚内的增殖。如鸡传染性法氏囊病病毒强毒株接种 SPF 鸡胚,鸡胚死亡率达

100%，但接种非免疫鸡胚，死亡率仅约30%。

③抗生素。家禽混合饲料中常含有一定量的抗生素。这种微量的抗生素可在蛋中引起残留，从而影响病毒的增殖。如用四环素喂产蛋母鸡，则鸡胚对立克次氏体和鹦鹉热衣原体的感染产生抵抗。

（2）孵化技术

为获得高滴度病毒，须有适宜的孵化条件，并加以控制。这样才会使鸡胚发育良好，有利于病毒增殖。

①温度。通常禽胚发育的适宜温度为 37～39.5 ℃。根据孵化设备及孵化室的不同，实际采用的温度可作适当调整，如用机械通风的主体孵化机孵化，其适宜温度应控制在 37.8～38 ℃。鸭、鹅蛋大且壳厚，蛋内脂肪含量较高，故所用孵化温度应比鸡蛋略低。有些病毒对温度比较敏感，如鸡胚接种传染性支气管炎病毒后，应严格控制孵化温度，不应超过37 ℃。

②湿度。湿度可控制孵化过程中蛋内水分的蒸发。一般禽胚对湿度的适应范围较宽，且有一定的耐受能力。在孵化过程中，湿度偏差 5%～10% 对禽胚发育没有严重影响。鸡胚孵化湿度标准为 53%～57%，水禽胚孵化湿度比鸡胚高 5%～10%。

③通风。禽胚在发育过程中吸入氧气，排出二氧化碳，故随胚龄增长需更换孵化机内空气。目前使用的孵化机，通常采用机械通风法吸入新鲜空气、排出部分污浊气体。如采用普通恒温箱培养，则不应完全密闭，应定期开启，以保持箱内空气新鲜。

④翻蛋。通常种蛋大头向上垂直放置入孵。在孵化过程中定期翻蛋，改变位置，既可使胚胎受热均匀，有利于发育；又可防止胚胎与蛋壳粘连。翻蛋在鸡胚孵化至第 4～7 d 时尤为重要。翻蛋还可改变蛋内部压力，使胚胎组织受热均匀，强制胚胎定期活动，促进胚胎发育。

（3）接种技术

不同病毒的增殖有不同的接种途径，同一种病毒接种不同日龄禽胚所获得的病毒量也不同。如通常鸡胚发育至 13～14 日龄、鸭胚发育至 15～16 日龄，尿囊液含量最高，平均 6～8 mL，羊水则为 1～2 mL。因此，由尿囊腔接种病毒时，应根据不同病毒培养所需要的时间选择最恰当的接种胚龄，以获得最高量病毒液。同时，接种操作应严格按照规定进行，不应伤及胚体和血管，以免影响其发育，使病毒增殖速度降低或停止。

此外，禽胚污染是危害病毒增殖最严重的因素之一，应严格防止。因此，必须做到如下要求：鸡胚接种时严格无菌操作；定期清扫消毒孵化室，保持室内空气新鲜，无尘土飞扬；种蛋入孵前先用温水清洗，再用 0.1% 来苏儿或新苯扎氯铵消毒、晾干。

4.3.4 病毒的细胞接种增殖技术

病毒的细胞接种增殖技术是病毒增殖的主要方法，被广泛应用于兽医生物制品生产中。本技术的原理是为病毒易感的组织细胞提供良好的生长环境，使细胞适应并繁殖，从而为病毒增殖提供宿主进行复制。病毒的细胞接种增殖技术包括细胞培养技术和病毒增殖技术两种。

1)细胞培养技术

细胞培养是指利用机械、酶或化学方法使动物组织或传代细胞分散成单个乃至2~4个细胞团悬液的培养方式。

(1)细胞的类型

①根据细胞是否附于支持物上生长,培养细胞可分为贴附型和悬浮型。

a.贴附型。大多数培养细胞贴附在支持物表面生长,属于贴壁依赖性细胞,细胞形态大致可分为成纤维细胞型、上皮细胞型、游走细胞型和多型细胞型4种类型。

b.悬浮型。见于少数特殊的细胞,如某些类型的癌细胞及白血病细胞。胞体圆形,不贴于支持物上,呈悬浮生长。这类细胞容易大量繁殖。

②根据培养细胞的染色体和分裂特性,细胞可分为3类,即原代细胞、细胞株和传代细胞。

a.原代细胞。指由新鲜组织经剪碎和胰酶消化制备的细胞,如鸡胚成纤维细胞。各种动物组织都能制备原代细胞,但胚胎和幼畜的细胞最容易生长。病毒对天然宿主的细胞最易感,故适合于病毒的分离。但制备弱毒疫苗时,多主张不用同源细胞,以免混入潜在病原,影响制品的安全性。因此,须使用无特定病原(SPF)动物的组织制备细胞,以保证制品的安全。缺点是原代细胞制备和应用不方便。细胞在培养瓶长成致密单层后,已基本饱和,为使细胞能继续生长,同时也将细胞数量扩大,就必须进行传代(再培养)。故原代细胞一般仅可传3代左右。

b.细胞株。指原代细胞经定向培育后形成的具有特殊生物学性状的细胞。这类细胞能保持原来的二倍细胞株染色体数目,能连续传很多代(50~100代),如PK15(猪肾细胞株)、BHK21(地鼠肾细胞株)和Vero(非洲绿猴肾细胞株)等。二倍体细胞株广泛适用于病毒性生物制品制备,安全可靠。它又可分为细胞系和细胞株两种。

● 细胞系:指从原代细胞经传代培养后得来的一群不均一的细胞,可以长期连续传代。

● 细胞株:从一个经过生物学鉴定的细胞系用单细胞分离培养或通过筛选的方法,由单细胞增殖形成的细胞群。

c.传代细胞。这类细胞能在体外无限传代,应用方便,其染色体数目及增殖特性均类似于恶性肿瘤细胞,且多来源于癌细胞,如HeLa细胞系(人子宫颈癌细胞)、RAG细胞系(鼠肾腺癌细胞)等。因其有致癌性,故不能用于疫苗制备,多用于病毒的分离鉴定。

(2)细胞培养要素

细胞在适宜的培养条件下可迅速增殖,若条件不利则细胞变圆或停止生长,甚至死亡。细胞培养要素包括培养液、血清、细胞接种量、pH、温度、气体、无菌条件等。

①培养液。以往多用天然培养液,现多用合成培养液。合成培养液有多种,如欧氏液、RPMI-1640和199等,各有其特点和适用范围。欧氏液主要成分为13种必需氨基酸、8种维生素、糖和无机盐等;RPMI-1640、199和乳汉液还含有其他氨基酸。不同培养液适用于不同细胞,乳汉液多用于鸡胚成纤维细胞培养;欧氏液适用于各种二倍体细胞培养,是最常用的培养液;199多用于原代肾细胞培养;RPMI-1640和DMEM主要用于肿瘤细胞和淋巴细胞培养。

②血清。在细胞培养液中必须加入一定量的血清方能获得成功。血清中除含有使细

胞生长的部分必需氨基酸外,还有促进细胞生长和贴壁的成分。目前国内多用犊牛血清,使用前须经 56 ℃灭活 30 min。

细胞培养液分为生长液和维持液。生长液用于细胞生长,使细胞分裂贴壁而生成单层,含有细胞繁殖所需要的全部营养;维持液用于维持单层细胞的存活和某些生命活动,使其代谢处于稳定状态。生长液血清含量一般为 5% ~ 20%。不同种细胞要求血清量也不同,大部分细胞生长液中加入 10% 血清已可满足细胞生长要求。维持液中血清量为 0 ~ 5%。尽可能不加入血清以维持细胞活力,并避免血清对病毒增殖的抑制作用。

③细胞接种量。在适宜的培养条件下,接种细胞需要达到一定量才能生长繁殖。这是因为,细胞在生长过程中分泌刺激细胞分裂的物质,若细胞量太少,这些物质分泌量少,作用也小。此外,细胞接种量与形成单层的速度也有关,接种细胞数量越大,细胞生长为单层的速度越快。但接种量过多对细胞生长也不利,会使细胞的生长受到抑制,甚至死亡。一般鸡胚成纤维细胞接种量为 100 万/mL,小鼠或地鼠肾细胞为 50 万/mL,猴肾细胞量为 30 万/mL,传代细胞为 10 万 ~ 30 万/mL。

④pH。细胞生长的 pH 为 6.6 ~ 7.8,但最适 pH 为 7.0 ~ 7.4。细胞代谢产生的各种酸性物质可使 pH 下降,所以在培养液中需加入缓冲体系如碳酸氢盐、磷酸氢盐等进行缓冲。必要时可加入氢离子缓冲剂 HEPES(10 ~ 15 mol/L),以增加培养液的缓冲能力。

⑤温度。细胞培养的最适温度应与细胞来源的动物体温一致。在此基础上,如升高 2 ~ 3 ℃,则对细胞产生不良影响,甚至在 24 h 内死亡。低温对细胞影响较小,在 20 ~ 25 ℃时细胞仍可缓慢生长。

⑥气体。细胞生长需要 O_2 和 CO_2,在用橡皮塞密封的培养瓶中,生长液中的 HCO_3^- 及细胞生长时分解糖而排出的 CO_2,可供细胞代谢需要。如用 CO_2 培养箱培养,则更有利于细胞生长,培养瓶不需要密封。

⑦无菌条件。细胞培养的全过程都要求严格的无菌条件,微生物的污染会影响细胞生长并导致细胞迅速死亡。防止污染应从多方面入手,操作室、操作台、器皿用具、培养液等都要消毒、除菌;工作人员应严格无菌操作;组织必须来自健康动物并要求新鲜无菌;从解剖动物到采集组织必须不受污染。为克服微生物污染,常向培养液内加一定量的抗生素。

(3)细胞的制备

①原代细胞。选取适当组织或器官,如鸡胚体、乳鼠肾脏或犊牛睾丸等,采用机械分散法如剪碎、挤压等,使之成为小块(约为 1 mm³),然后用 0.25% ~ 0.5% 胰酶(pH 7.4 ~ 7.6)消化掉细胞间的组织蛋白。消化的时间长短与温度、组织的来源及大小等有关,一般 37 ℃消化 10 ~ 30 min,4 ℃消化需要过夜。吸去胰酶消化液,加入生长液,吹打成分散的细胞,用于培养。

②传代细胞。单层细胞传代时多采用 EDTA(乙二胺四乙酸)—胰酶消化法,胰酶浓度为 0.025%,其作用是消化细胞间的组织蛋白;EDTA 浓度为 0.01%,其作用是螯合维持细胞间结合的钙镁离子和细胞与细胞瓶间的钙镁离子,使细胞易脱落和分散。具体方法:取已长成单层的传代细胞,弃去营养液,加入 37 ℃预热的 EDTA—胰酶消化液,用量以覆盖细胞表面为度。待细胞开始脱落时,弃去消化液,加入少量细胞生长液终止消化,用吸管轻轻吹打使细胞分散。再用生长液稀释,分装成 2 ~ 3 瓶培养,48 h 即可长成单层。某些半悬浮培养或悬浮培养的细胞如 SP2/O 瘤细胞,不需用消化液消化,采用机械吹打即可形成单细胞。

（4）细胞的冻存与复苏

细胞株与细胞系均需保存于液氮中（-196 ℃），为保持细胞的最大活率，一般采用慢冻快融法。

①细胞的冻存。消化细胞，将细胞悬液收集至离心管中。1 000 r/min 离心 10 min，弃上清液。沉淀加含保护液（二甲基亚砜）的培养液，计数，将细胞调整至 5×10^6 个/mL 左右。将悬液分至冻存管中，每管 1 mL。将冻存管口封严。如用安瓿则需火焰封口，封口一定要严，否则复苏时易出现爆裂。贴上标签，写明细胞种类、冻存日期。冻存管外拴一金属重物和一细绳，以便取出时方便。按下列顺序降温：室温，4 ℃（20 min），冰箱冷冻室（30 min），低温冰箱（-80 ℃，1 h），气态氮（30 min），液氮。操作时应小心，以免液氮冻伤。定期检查液氮，随时补充，绝对不能使其挥发尽。

②细胞的复苏。将冻存管从液氮罐中取出后迅速置于 37~40 ℃温水中，在 1 min 内使冻存物融化。打开冻存管，将细胞悬液吸到离心管中。1 000 r/min 离心 10 min，弃上清液。沉淀加 10 mL 培养液，吹打均匀，再离心 10 min，弃上清液。加适当培养液后将细胞转移至培养瓶中，于 37 ℃培养，第二天观察生长情况。

（5）细胞培养方法

①静置培养。将细胞悬液分装入培养瓶或培养板中，置 CO_2 恒温箱内静置培养，细胞沉降贴壁后生长形成细胞单层。静置培养是最常用的细胞培养方法之一，广泛用于实验室研究。

②转瓶培养。将细胞悬液接入转瓶后放于恒温箱的转鼓上，转鼓带动转瓶不断缓慢旋转，细胞贴附在转瓶四周，长成单层。转鼓转速一般为 10~20 r/h，使贴壁细胞不始终浸于培养液中，有利于细胞呼吸和物质交换。可在少量的培养液中培养大量的细胞来增殖病毒，多用于生物制品生产。

③悬浮培养。是通过振荡或转动装置使细胞始终处于分散悬浮于培养液内的培养方法，主要用于培养非贴壁型细胞，如杂交瘤细胞。对贴壁型细胞等不适用，这些细胞在悬浮下会很快死亡。本法一般采用磁力搅拌或转鼓旋转（2 400 r/min），使细胞保持悬浮，但各种细胞要求不同。细胞培养液不使细胞发生凝集沉淀，培养液中不能含钙镁离子。大量培养时多在发酵罐中进行。发酵罐是具有自动控制温度、pH、气体和搅拌速度的装置。悬浮培养能大量地提高细胞数量，提高生物制品的产量和质量。

④微载体培养。是以细小的颗粒作为细胞载体，通过搅拌悬浮在培养液内，使细胞在载体表面繁殖成单层的一种细胞培养技术，兼有单层和悬浮细胞培养的优点。本法适用于贴壁型细胞的大规模培养，培养液中的大量微载体为细胞生长提供了极大的生长表面，培养液能被充分利用，细胞产量高。目前常用的微载体有 Cytodex-1、Cytodex-2 等。微载体直径应为 60~105 nm，无毒性、透明，颗粒密度与培养液密度相近似，略重于液体，低速搅拌即能悬浮，不吸收培养液和化学反应。表面光滑、硬度小、有弹性，易于细胞吸附在表面。

微载体培养的容器为特制的生物反应器，有自动化装置。常培养的细胞有猴肾、狗肾、兔肾和鸡胚等原代细胞，人二倍体仓鼠肾细胞，Vero 细胞及单克隆抗体杂交瘤细胞。培养时，可将微载体和细胞种子悬液等一起加入反应器中，先静止数小时（37 ℃）进行细胞贴附，然后补足生长液开始搅拌培养。收获时，将培养液静置片刻，使微载体沉淀，吸出营养液,加适量胰蛋白酶液,使细胞脱落,液体通过 2 号玻璃滤器,收获细胞液。微载体可重复使用。微载体培养条件基本与悬浮培养一样,大型反应器附有各种测试仪、传感器、电脑自动控制等。例如,培养原代猴肾细胞,培养温度 37 ℃,pH 7.2 ~ 7.3,氧压 50% ~ 100% 饱和空气,搅拌速度小罐 40 ~ 60 r/min,大罐 60 ~ 70 r/min。该培养方法完全可以实现自动化和工业化,从而满足大量生产疫苗的需要。

⑤中空纤维细胞培养。该技术设计模拟动物体内环境,使细胞能在中空纤维上形成类似组织的多层细胞生长。细胞周围犹如密布微血管,可以不断获得营养物质,同时又可将细胞代谢产物、废物和分泌物送到培养液中被运走。系统由中空纤维生物反应器、培养基容器、供氧器和蠕动泵等组成。中空纤维由乙酸纤维、聚氯乙烯—丙烯复合物或多聚碳酸硅等材料制成,外径 50 ~ 100 μm,壁厚 25 ~ 75 μm,壁呈海绵状,上面有很多微孔。中空纤维的内腔表面是一层半透性的超滤膜,允许营养物质和代谢废物出入,而对细胞和大分子物质（如单克隆抗体）有滞留作用。因此,培养液能有效地分布,细胞培养维持时间可达数月,保持高度活性,而且培养的细胞密度大,细胞分泌的蛋白质浓度高,纯度可达 60% ~ 90%。中空纤维生物反应器有柱式、板框式和中心灌流式等不同类型。该培养系统占用空间小,适于各种类型细胞,尤其是能长期分泌的细胞培养,可制备多种生物物质。但由于设备昂贵,使用范围受到限制。

⑥微囊化细胞培养。该系统适用于单克隆抗体生产,即先将杂交瘤细胞微囊化,然后将此具有半透膜的微囊置于培养液中进行悬浮培养。一定时间后从培养液中分离出微囊,冲洗后打开囊膜,离心后可获得高浓度的单克隆抗体。

2）病毒增殖技术

（1）细胞的选择

病毒需在敏感的宿主细胞中增殖,病毒培养的宿主细胞一般选择相应易感动物的组织细胞。如增殖口蹄疫病毒可选择牛、猪或地鼠细胞;马传染性贫血病毒选择马属动物的细胞等。但非敏感动物的细胞有时也能使病毒生长,如鸭胚成纤维细胞可培养马立克氏病毒。通常病毒的细胞感染谱是通过试验获得的。

（2）细胞培养病毒要素

病毒在敏感细胞上增殖需要一定条件,包括维持液、犊牛血清量、温度、pH、病毒接毒量和方法等。只有在最佳条件下,病毒才能大量增殖,毒价才会最高。

①血清。细胞培养必须加一定量血清,但是,血清中又存在一些非特异性抑制病毒增殖的物质,经 56 ℃加热 30 min 不能被灭活。为了克服血清中非特异性抑制因子的作用,病毒培养时维持液内血清含量一般不超过 2%。大多数病毒的细胞维持液不加血清,但对同步接毒的细胞培养液,必须加入一定量的血清。

②温度。细胞增殖病毒时,温度多数为 37 ℃,此温度有利于病毒吸附和侵入细胞,如脊髓灰质炎病毒在 1 ℃时对细胞的吸附率仅是其在 37 ℃时的 1/10;口蹄疫病毒于 37 ℃可在 3 ~ 5 min 内使 90% 的敏感细胞发生感染,而在 25 ℃时需要 20 min,15 ℃以下则很少引起感染。有些病毒的最适增殖温度或高于 37 ℃或低于 37 ℃,如狂犬病病毒最适增殖温度为 32 ℃。

③pH。细胞在生长过程中产生各种酸类物质,使生长液 pH 下降。细胞感染病毒后,

由于代谢障碍而使产酸能力降低,且因细胞破坏释放碱性成分,故维持液 pH 下降很慢。但大部分病毒感染细胞后需要 3~7 d 才会出现明显病变,在此期间内维持液中酸性物质仍可蓄积较多,导致维持液 pH 降至很低。因此,在配制维持液时,pH 一般在 7.6~7.8 才能防止细胞过早老化,有利于病毒增殖。如果维持液 pH 下降过快或过低,可用7.5% NaHCO$_3$液调整。

④接毒量与接毒方法。病毒接种一般按维持液的 1%~10%(V/V)量接入。接种量过小,细胞不能完全发生感染,会影响毒价;接种量过大,会产生大量无感染性缺陷病毒。为获得培养液中典型病毒和高度感染性,接种时必须用高稀释度的病毒液。科学的接种量应以 TCID$_{50}$为依据。

病毒接种细胞方法有两种:异步接毒和同步接毒。异步接毒是细胞长成单层后倒去生长液,按维持液的 1%~10%(V/V)量接毒,在 37 ℃下吸附 1 h 后加入维持液,多数病毒采用该接毒方式;同步接毒是在种植细胞的同时或在种植细胞后 4 h 内将病毒接入,如细小病毒等。

(3)病毒增殖指标与收获

病毒增殖的指标有细胞病变、包涵体和血凝性等。其中,细胞病变是判定病毒增殖的主要指标。多数病毒在敏感细胞增殖可引起细胞形态、代谢等方面的变化,即细胞病变(CPE)。显微镜下主要表现为:细胞圆缩,如痘病毒和呼肠孤病毒等;细胞聚合,如腺病毒;细胞融合形成合胞体,如副黏病毒和疱疹病毒;轻微病变,如正黏病毒、冠状病毒、弹状病毒和反转录病毒等。

病毒在敏感细胞内增殖,一般在细胞病变达80%左右时收获。收获时反复冻融使病毒释放,再以 3 000 r/min 的速度离心 15~20 min,除去细胞碎片,取上清病毒液在 -20 ℃条件下保存。

4.4 实验动物技术

4.4.1 常用实验动物及其特性

实验动物是指经人工饲育,对其携带的微生物、寄生虫实行控制,遗传背景明确或者来源清楚,用于科学研究、教学、生产、检定及其他科学实验的动物。目前,已经繁育成功的实验动物有小鼠、大鼠、豚鼠、家兔、鸡等。

广义的实验动物泛指实验中使用的各种动物,包括小型实验动物、家畜家禽和野生动物 3 类。由于这 3 类动物的人工控制程度不同,对小型实验动物控制较严,对家畜家禽控制一般,而对野生动物则难以控制,因此,所得的实验数据的可信性和重复性也有差异。

实验动物在兽医生物制品生产中生占有非常重要的地位,既是兽用生物制品(疫苗、抗血清、血液制品及组织细胞等)的原料,又是检验的工具。实验动物的质量直接影响到兽用生物制品的质量和检验的结果,因此,兽医生物制品的生产与检验必须选择符合标准的实验动物,以确保制品的质量。

1) 实验动物的分类

根据对实验动物的微生物净化程度,实验动物可分为普通级动物、清洁级动物、无特定病原体动物、无菌动物和悉生动物5个等级。

(1) 普通级动物(CV 动物)

普通级动物又称一级动物,是指外观健康,不携带所规定的人兽共患病病原和动物烈性传染病病原的动物。普通级动物是微生物学和寄生虫学控制上要求最低的动物,在开放系统的动物室内饲养,环境易于控制,生产成本低,培育过程较为简便,广泛用于教学实验、预实验。但由于微生物控制程度低,对实验结果的反应性差,故不适合进行科学研究。

(2) 清洁级动物(CL 动物)

清洁级动物也称二级实验动物,是指在普通级动物基础上,排除对实验研究干扰大的病原体的动物。这类动物剖检时要求组织器官无肉眼及显微病变,但允许检出一定滴度的血清抗体。清洁级动物原种群来自无特定病原体(SPF)动物或剖宫产动物,饲养在半屏障系统中,饲料、铺垫物、饮水、笼、盖、操作工具等一切物品必须经过无菌处理,严防野生动物窜入,工作人员必须严格遵守操作规程。此外,还必须按照国家标准定期对动物和环境进行微生物检测,以确保实验动物的质量符合清洁级标准。清洁级动物较普通动物健康,实验过程中可排除动物疾病的干扰,同时,又比SPF 动物容易达到质量控制标准,可作为一种标准实验动物用于一般科学实验。

(3) 无特定病原体动物(SPF 动物)

无特定病原体动物也称三级实验动物,是指体内、外不带有特定的微生物和寄生虫的动物。除一、二级动物应排除的病原外,还必须不携带主要潜在感染、条件致病及对科学实验有较大干扰的病原体。

SPF 动物原种群可来自无菌动物或悉生动物,将其饲养于屏障系统中,也可经剖宫产获得并在屏障设施内由 SPF 动物代乳。用于培育 SPF 动物的母体必须经过严格选择,首先应证实所选的母体动物未感染按规定 SPF 动物应排除的并能通过胎盘垂直传播的病原体,并连续数代剖宫产净化来培育原种无菌动物。在剖宫产后的培育过程中,应饲养于屏障系统、超净生物层流架内,注意防范特定病原体的污染,实行严格的微生物控制,并定期按规定的方法严格检查是否有特定的病原体污染。对已被污染的动物应降低等级使用或全部淘汰。

SPF 动物饲养管理的关键,除了完善的设施外,对屏障系统中工作的人员均需事先进行严格的技术训练,强化无菌观念,并进行屏障设施运行管理的技术培训,严格遵守操作规程和制度。

目前已有 SPF 鼠、SPF 兔、SPF 鸡、SPF 犬、SPF 猫、SPF 猪等供科研、特定生物制品和药品的生产与检验用。

SPF 动物饲养环境无致病性微生物,因而生产效果好、繁殖率高、死亡率低,能大批生产;由于排除了特定的病原体,实验结果可靠。在生物医学研究的各个领域中,SPF 动物已成为标准的实验动物得到了广泛的应用。

（4）无菌动物（GF 动物）

指用现有技术手段从动物体内、外检查不到任何活的微生物和寄生虫的动物。

这类动物是通过无菌条件下剖宫取仔，然后将其饲养在无菌环境中培育而成的，卵生动物只需在无菌条件下孵化即可育成。剖宫产的母体应为健康、活泼、发育良好、来源清楚、无垂直传播感染病原的动物，选择其第二三胎，于临产前剖宫取胎。剖宫产前，经消毒浸泡槽移入隔离器，操作者通过隔离器上的胶皮手套操作取出胎儿，用消毒纱布擦拭口鼻及全身，促其呼吸，然后用灭菌剪刀切断脐带，转移到无菌条件下饲养。无菌动物必须饲养在隔离器内，不与人直接接触。进入隔离器的空气必须经过高效过滤，内部物品均需高压灭菌或用消毒剂消毒灭菌。

无菌动物在微生物学、免疫学、营养代谢等方面的研究中应用广泛。但无菌动物不能在肠道内合成所需的某些维生素和氨基酸，必须在日粮中补充；且抵抗力差，饲养管理较困难。

（5）悉生动物（GN 动物）

悉生动物又称已知菌动物，是指动物体内带有已知的微生物，并在隔离器饲养的动物。它是在无菌动物基础上用人工的方法植入一种或多种特定微生物。根据需要，有单菌动物、双菌动物、三菌动物和多菌动物。悉生动物生活能力比无菌动物强，在多种试验中可以代替无菌动物，是较为理想的实验动物。

2）常用实验动物特性

（1）小鼠

小鼠属于脊椎动物门哺乳纲，是目前世界上用量最大、用途最广、品种（系）最多的一种实验动物。

成年小鼠全身被毛，体型小，面部尖，长有触须。毛色主要有白色、灰色、黑色、棕色等，常用纯白色（白化）小鼠。其尾与体长度近乎相等，尾部有 4 条明显的血管，背腹面各有一条静脉，两侧各有一条动脉，动物实验中采血多在尾部进行。

小鼠在人工饲养条件下，性情温顺，易于捕捉，一旦逃出笼外过夜则恢复野性，行动敏捷，难以捕捉。对外来刺激敏感，不耐饥饿和冷热。对多种病原体及毒素非常敏感，抗病力差。喜欢群居，昼伏夜出，晚间活跃，并有 2 次活动高峰，分别在傍晚后 1～2 h 和黎明前，如进食、交配、分娩多发生在此时。故晚间要注意给足饮料和水。

小鼠出生时仅约 1.5 g，到 1～1.5 个月龄体重达 18～20 g。小鼠体型小，生长快，需要的饲养空间小，饲料消耗量也少，故饲养管理较易，可在短时间内大量生产与繁殖。小鼠成熟早，繁殖力强，雌鼠 35～50 日龄、雄鼠 45～60 日龄性成熟，65～90 日龄时配种较为适。小鼠常年均有性活动，并且有产后 24 h 又可发情的特点。妊娠期为 19～21 d，哺乳期为 20～22 d，每胎产仔数为 8～15 头，一年产仔胎数 6～10 胎，属全年多发情动物，繁殖率很高，生育期为 1 年。

小鼠体温为 37～39 ℃，饲养室内的最适温度为 18～22 ℃，不能超过 32 ℃。每天饮水量为 4～7mL，尿量少，一次排尿仅 1～2 滴。小鼠广泛应用于血清、疫苗等生物制品的检定，生物效应试验和各种药物效价的测定等。

(2)大鼠

大鼠是应用范围仅次于小鼠的哺乳类实验动物,外观与小鼠相似,体重约为小鼠的15倍。有白、黑、棕、黄等多种毛色,实验用大鼠多为白色。

大鼠性情温顺,易捕捉,但怀孕和哺乳的雌鼠及其发怒受惊时,常会咬人。昼伏夜出,白天喜挤在一起休息,采食、交配等活动多在夜间和清晨进行。食性广泛,喜啃咬,以谷物为主兼食肉类,体内可合成维生素C。

大鼠到90日龄时体重可达300 g以上。大鼠的寿命一般为2.5~3年,最长为5年。大鼠繁殖能力强,为全年多发情动物,90日龄时适合交配。大鼠妊娠期平均为21 d,窝产仔6~16只,哺乳期为21~28 d。

大鼠对外环境适应性强,成年鼠很少患病。一般情况下侵袭性不强,可在一笼内大批饲养,也不会咬人。对空气湿度的耐受力较差,空气湿度过低可引起坏尾症。空气中的灰尘、氨、硫化氢等会引起大鼠肺部大面积坏死。大鼠易于饲养,但对维生素、氨基酸缺乏敏感,可发生典型缺乏症。

大鼠广泛用于生物制品的安全性评价和毒性试验、药物的毒理学以及其他各领域的研究。

(3)豚鼠

豚鼠又名天竺鼠、海猪、荷兰猪。豚鼠头大、颈短、耳圆、无尾,全身被毛,有尖锐短爪。毛色白花、黑花、白色、沙色、两色、三色等。性情温顺,胆小易惊,有时发出"吱吱"的尖叫声,喜群居、喜干燥清洁的生活环境。不抓、不咬人,不善攀登和跳跃,故可放在无盖小水泥池中进行饲养。

豚鼠的性周期为16.5(12~18) d,妊娠期为68(62~72) d,哺乳期为21 d,产仔数3.5(1~6)只,为全年多发情动物,并有产后性周期。

豚鼠属于晚成性动物,即母鼠怀孕期较长,为63(59~72) d。胚胎在母体发育完全,出生后即已完全长成,全身被毛,眼张开,耳竖立,并已具有恒齿,产后1 h即能站立行走,数小时能吃软饲料,2~3 d后即可在母鼠护理下一边吸吮母乳,一边吃青饲料或混合饲料,迅速发育生长。豚鼠体内不能合成维生素C,所需维生素C必须来源于饲料中。豚鼠食量较大,对习惯了的饲料食欲旺盛,但对变质的饲料特别敏感,常因此减食或废食,甚至引起流产。与大鼠和小鼠相反,它夜间少食少动。豚鼠体温调节能力差,对饲养环境温度变化敏感,饲养室应控制在18~29 ℃,最适温度为20~24 ℃,温度波动较大时易引起豚鼠群疾病流行。

豚鼠广泛应用于生物制品的安全性评价、毒性试验及其他各领域的研究。

(4)家兔

家兔头圆、耳大、肌肉发达,尾短颈短,被毛浓密而柔软,富弹性,有白、灰、青黑等毛色,眼睛有红色和黑色。具有夜行性和嗜睡性,昼寝夜行,白天除喂食时间外,常常闭目睡觉,夜间活跃。

家兔胆小怕惊,常竖耳听声,受惊后精神紧张,甚至出现"惊场"现象,严重时可引起食欲减退、难产、拒绝哺乳、食仔等严重后果。怕热、怕潮,喜欢安静、清洁、干燥、凉爽的环境。适宜气温为15~25 ℃。有互斗特征,公兔间或新组的兔群间常发生互斗和咬伤。

家兔以青绿草食为主,混合日粮制成颗粒料较为适宜。有食粪性,夜间会直接从肛门吃软粪,哺乳期仔兔也会吃母兔粪,此行为相当于反刍动物的反刍,因其软粪中含有一定的

维生素、微量元素和氨基酸,同时也能补充正常菌群。但一般不吃落下的和其他兔排泄的粪。兔的门齿不断生长,要常喂些豆秆、麦秆等,以磨损其不断生长的门齿。

兔的繁殖能力强,窝产仔多,孕期短,成熟早,繁殖无季节限制。妊娠期为30~33 d,哺乳期为25~45 d,繁殖期长,正常繁殖3~4年,平均每胎产仔7~8只。常用的家兔品系包括新西兰白兔、日本大耳白兔、加利福尼亚兔、比利时兔和中国本兔。

家兔产血清量多,胸淋巴结明显,耳静脉大,易于注射和采血,因而常用于免疫血清的制备。家兔对细菌内毒素、化学药品、异种蛋白会产生发热反应,且发热典型,灵敏而稳定,故而广泛用于药品、生物制品等各种制剂的热源检定。

(5)鸡

家鸡品种很多,如来航鸡、白洛克、九斤黄、澳洲黑等,仍保持鸟类的某些生物学特性。虽飞翔力退化,但习惯于四处觅食,不停地活动。听觉灵敏,白天视力敏锐,具有神经质的特点,没有汗腺,散热蒸发主要依靠呼吸。体表被覆丰盛的羽毛,因而怕热不怕冷。体温41.7(41.6~41.8)℃。有嗉囊,具有贮存食物和软化饲料的作用。胃分腺胃和肌胃。肺为海绵状,紧贴于肋骨上,无肺胸膜及横膈,肺上有许多小支气管直接通气囊,共有9个气囊。无膀胱,每天排尿很少,与粪一起排出,尿呈白色,为尿酸及不溶解的尿酸盐,呈碎屑稀粥状混于粪的表面。食性杂而广,借助吃进的沙粒石砾在胃内磨碎食物以利于消化吸收。鸡4~6个月时性成熟,卵经21 d孵化出小鸡。可应用于病原学研究,生物制品研究、生产、检定等方面。

4.4.2 实验动物的饲养与管理

1)实验动物房

实验动物房必须建筑在无疫源、无公害的独立区,交通、水电和给排水系统、污物处理系统应有保障,有防虫、防野生动物设施,以利于对微生物和环境进行控制。根据实验动物的微生物学控制程度和空气净化程度,将其设施分为开放系统、半屏障系统、屏障系统和隔离系统。实验动物房的建筑设施包括饲养室、饲料贮存室、器材清洗消毒室、检疫室、动物实验室、办公室和机器房等。动物饲养室应建成分层分间隔离室,以饲养不同品种的动物,具体要根据动物的种类和饲养要求进行设计。

(1)地面

地面要用耐水、耐磨、耐腐蚀性材料(如硬面混凝土、水磨石和硬橡胶等)制成,要光滑防水。地面接墙处做10~15 cm踢脚线,拐角处做3~5 cm圆弧面。小鼠、大鼠等动物饲养室一般不设排水装置,用湿式真空吸尘器打扫。兔、狗、猴、猪等动物饲养室要做成有一定倾斜度的防水地面,倾斜度应不小于0.64 cm/m。有排水装置,管径约15.3 cm,带回水弯,加盖以防止气流逆反。

(2)墙壁

内壁粉刷用难以开裂、耐水、耐腐蚀、耐磨、耐冲击材料制成,多数加涂料。墙面无断裂,光滑平整,各接角处要接合严密,最好做成圆弧形。

(3)天花板

天花板用耐水、耐腐蚀材料制成,室顶平整光滑。通常将紫外线消毒灯、照明灯、超高效空气过滤器及进风口安于天花板上。灯具及进气口周围必须密封,进气口可以自由拆卸清洗、消毒,要加防水层防止漏水。

（4）门

门原则上应向内开(负压室除外)。门宽应与所需设备及饲育用具的大小相称,一般为 107 cm×213 cm。要求气密性好,室内装锁,能自行关闭。把手和门锁不外露,门上设观察孔,最好用耐水、耐药性的金属密封门。

（5）窗

一般不设外窗,需要自然采光与通风的场所除外。设有外窗的动物室,如猴类动物房,应在墙上加设栏栅和铁丝网以防止动物逃跑。

（6）走廊

走廊一般宽 2 m 左右,地面与墙壁的接合处应为弧形,便于清洁。各种水、电、管、线应尽量安排在走廊或走廊上部的夹层中,不要暴露在明处。

2）饲料

除因实验需要外,实验动物应每天供给适口、无污染及营养充足的全价配合饲料。饲料要抓好采购、保管两个重要环节。

实验动物饲料应向专业化生产厂家购买,采购时应注意饲料生产日期、饲料保管措施与流程(如储存场所、害虫控制),并定期要求生产商提供主要营养成分的分析报告。如无特殊需要,实验动物饲料除必需的维生素、微量元素、氨基酸添加剂外,通常不加任何饲料添加剂,也不应加抗生素。

饲料应尽量低温贮藏,防止暴露于21 ℃以上的高温中。饲料存放区域应使用搁板、架子或台车,保证存储的饲料架离地面。每批购进的饲料应清点、登记,进场后需调整存货位置,保证先购进的饲料先使用。保持饲料存放区的清洁,野鼠及昆虫不应出现在储存区域,以免饲料因沾染粪尿中的微生物、肠道寄生虫、节肢动物和真菌而产生污染,从而导致动物感染疾病。

3）饮水

应按照动物的微生物质量等级,供应与其级别相适应的饮用水。对于清洁级及其以上级别的实验动物来说,其饮用水必须经过灭菌处理,也可应用酸化水(pH 2.5～3.0),以除去可能的污染源,如微生物、有机物和化学性污染物等。

4）垫料

垫料是实验动物生产的必备物资,使用目的是为了动物繁殖和保温、改善饲养环境的舒适度并保持笼具内的清洁。常用垫料有小刨花、锯木屑、玉米芯、秸秆、稻壳、纸屑及合成垫料等。垫料应干燥,有良好的吸湿性和保温性,对动物无害,不损伤动物皮肤和黏膜,易于消毒灭菌,不衍生有害物质,有利于动物筑窝,获取方便,成本低。垫料是实验动物最直接的生活环境,必须按照各种动物对垫料的要求提供。普通动物的垫料要求清洁、卫生,经日晒干燥即可。其他级别动物的垫料应按规定进行包装、灭菌和检验合格后方可应用。垫料一般每周更换 1～2 次,如笼具内动物较多则应增加更换次数,用过的垫料要集中运出处理。

5）饲养工具

实验动物的饲养器材主要有笼具、笼架、给水器、给料器和搬运车等,大动物常用栏养

的方式饲养。

(1) 笼具

笼具是饲养动物的容器,笼具的优劣直接影响实验动物的健康。一般来说,选用的笼具要满足以下基本要求:保证动物的健康和舒适;内外边角圆滑无毛刺,保证不损伤动物;有利于通风、散热;便于清洗和消毒;笼具应耐热、耐腐蚀和无毒性;笼具设计要便于搬运、清理、贮存,易于观察动物活动,便于加料、喂水、更换垫料和抓取动物。

常用的笼具有以下几种类型。

①定型式(冲压式)。笼底为板底式,顶部加带网孔的盖子,可给料、给水,适用于饲养小型啮齿类动物。

②带承粪盘(板)的笼子。笼底为金属网或格子型底板,动物排泄物可通过底板上的网孔落于下面的承粪盘(板)上。可用于饲养大鼠、地鼠、豚鼠、兔、狗、猫、猴等动物。门开于前面,笼内或侧壁放置加料器及饮水器。

③栅栏型或围网型笼。是指用金属网或条围起来的大笼子,底部可能直接落于地面,用于大动物或作为养狗、猫、猴的笼子。

④运输笼。专门用于动物的运输,其特点是保证动物运输途中的安全,满足动物微生物的控制要求。小动物运输笼多不做二次重复运用,可用纸板,塑料,木材和金属制成,但多用纸质运输笼。大动物运输笼则多采用金属护栏结构。良好的运输笼或用于长途运输的运输笼常带有很好的环境温度、湿度保障系统。

⑤挤压笼。对于大动物如猪、犬、猴等,进行动物实验取样或正常健康检查常需保定。挤压笼带有一个可移动和固定的特殊围护结构,可把动物挤至笼的一边,使其不能转身和伤害工作人员。

⑥透明隔离箱盒。在经过特殊加工的透明塑料箱盒上,固定有特殊过滤器材制成的隔离帽。隔离帽有助于控制微生物污染,可以做到笼间隔离。日常操作需在净化工作台上进行,平时放于笼架或层流架上。

(2) 笼架

笼架应牢固,方便移动,大小和笼具相适合,层次可调节。应便于清洗,耐热,耐腐蚀,最好用不锈钢制作。常见笼架有以下几种。

①饲养架。一般为4~5层结构金属架,可将笼具直接放在上面。

②悬挂架。将笼具悬吊在架子上,使粪尿落于托盘里;也可把笼具直接悬挂于动物室的墙壁上。

③冲水式笼架。在悬挂的笼子下面设有倾斜的冲洗槽,用水将粪尿冲洗到下水道中;也可在笼架一端装上自动水箱,定时排放,将槽内的粪便冲入下水道。

④传送带式和刮板式。用传送带或刮粪板清理粪便。笼下装有传送带或刮板的传动机械。

(3) 给料器、给水器

小鼠、大鼠用固体饲料给料器,一般使用挂篮式或在笼盖上做个凹形槽代替;豚鼠、兔、猴的给料器为箱形,悬挂于笼壁上;狗、猫的给料器是盘型或碗钵型。粉末饲料用料槽或料斗。给料器的放置应适合动物采食,防止饲料散落,保证食物清洁。目前已有自动给料装置正在试用。

实验动物的饮水方式不同,所用饮水设备也不同。小鼠、大鼠、沙鼠及金黄地鼠一般使用250 mL饮水瓶,灌满水后任其自由吸饮;豚鼠一般使用饮水盆;兔多采用自动饮水器自由吸饮;猫、狗等较大动物使用饮水盆。饮水设备必须按各级别实验动物的管理要求定期清洗、消毒。

6)防疫

(1)实验动物的防疫原则及措施

应严格遵守国家颁布实施的实验动物饲养管理条例、法规进行饲养,具体措施如下。

①制定科学的饲养管理和卫生防疫制度,并严格执行。

②饲养人员要认真做好各项记录,发现情况,及时报告。

③严禁非饲养人员出入饲养室,购买或领用实验动物者不得进入饲养室。

④各类动物分开饲养,防止交叉感染。

⑤坚持自繁自养的原则,如确需引进外来动物,要严格检疫,确认无病后才能合群饲养或投入使用,严禁从疫区引进实验动物。

⑥定期对实验动物房舍、用具等进行消毒,减少各种微生物的入侵和繁殖机会。

⑦定期对实验动物进行免疫接种,提高其防病、抗病能力。

⑧定期对饲养管理人员进行健康检查,有人畜共患病者不得从事实验动物工作。

⑨饲料和垫料库房应保持干燥、通风、无虫、无鼠。

⑩出现疫情应及时上报,迅速隔离患病动物。危害性大的疫病应采取封锁等综合性措施,同时焚烧患病动物,对污染的环境及用具进行严格、彻底的消毒。

(2)实验动物的隔离与封锁措施

一旦出现可疑感染动物或患病动物,应将其立即隔离并封锁场地,将疫情控制在最小范围内。执行封锁应根据"早、快、严、小"的原则,即报告疫情要早、行动要快、封锁要严、范围要小。具体措施如下。

①及时发现、诊断和上报疫情,并通知邻近单位做好预防工作。

②迅速隔离患病动物,对污染的环境和器具进行紧急消毒。实验用动物应停止实验观察或淘汰。

③发生危害性大的疫病,如鼠痘、流行性出血热等应采取封锁等综合性措施。

④病死和淘汰动物应采取焚烧等措施合理处理。

⑤应及时报上级管理部门和防疫部门。

7)卫生管理

实验动物饲养不同于普通养殖业,卫生要求高,清洁、卫生、消毒与灭菌工作量大。

(1)环境卫生

多植树以绿化场区,种植花草,填平水坑,清除污物、垃圾,消灭蚊、蝇。特别注意肥料堆积处、焚尸炉、化尸池周围,饲料加工车间周围的卫生。

(2)动物房的卫生

定期清除墙壁、四角的浮尘及异物;定期用消毒液喷洒墙壁与地面。中、大型实验动物

应每天用高压水龙头冲洗厩舍地板,清除粪尿;铺垫草的厩、窝,应勤换垫草,至少每周将整个垫草全部清出1次,用水仔细冲洗厩、窝。

(3)笼架与笼盒

一般采用整套更换方式,即将清洗与消毒过的一套笼盒与笼架推入动物房,将小型动物置入清洁的笼盒内;肮脏的笼架与笼盒推到清洗消毒房内用清洗机进行清洗。如实验动物场未配备上述设备,至少要有与使用笼盒等量的周转笼,以便更换、洗涤和消毒。笼盒至少每周更换1次。

(4)饮水瓶、料斗、饲槽等附属设备

在使用前必须消毒,定期更换、清洗,至少每周进行1次。户外饲养的动物,最好在运动场顶部架设铁丝网,以免飞禽与野生动物侵入饲槽。每周至少将槽内残余饲料饲草清除1次,用消毒药消毒饲槽内、外,尤其注意4个底角,最后用清水清洗干净备用。

(5)工作人员的清洁卫生

凡进入动物饲养区的职工,必须根据动物的级别按规定洗手或洗澡,更换灭菌工作服、鞋、帽、口罩、防护手套等。

4.4.3　常用动物实验技术

1)实验动物的捕捉与保定技术

为保证动物实验的顺利进行和实验人员的安全,必须准确掌握实验动物的抓取与保定技术。抓取与保定动物的原则是保证实验人员的安全和使实验动物舒适。因此,抓取动物前,必须对各种动物的一般习性有所了解。操作时要小心仔细、大胆敏捷、熟练准确、不能粗暴,要爱惜动物,使动物少受痛苦。

(1)小鼠

通常用右手提起小鼠尾巴将其放在鼠笼盖或其他粗糙表面上。在小鼠向前爬行时,用左手拇指和食指捏住其双耳及头颈部皮肤,翻转鼠体使尾部向上,并将鼠尾夹在无名指和小指之间(图4.4)。在一些特殊的实验中,如进行尾静脉注射时,可使用特殊的固定装置进行固定,如尾静脉注射架或烧杯。

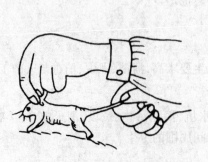

图4.4　小鼠的捕捉与保定　　　　图4.5　大鼠的保定

（2）大鼠

大鼠的门齿很长，因抓取方法不当其受到惊吓时易咬人，所以抓取时要小心。取用时应轻轻抓住其尾巴后提起，置于实验台上，用玻璃钟罩扣住或置于大鼠固定盒内，这样即可进行尾静脉取血或注射。如要进行腹腔注射或灌胃等操作时，实验者应戴上棉纱手套（有经验者也可不戴），右手轻轻抓住大鼠的尾巴向后拉，左手顺势按在大鼠躯干背部，稍加压力向头颈部滑行，以左手拇指和食指捏住大鼠两耳后部的头颈皮肤，其余3指和手掌握住大鼠背部皮肤，完成抓取保定（图4.5）。

（3）豚鼠

豚鼠性情温和，抓取幼小豚鼠时，可用双手捧起来；抓取较大的豚鼠，则用手掌按住鼠背，抓住其肩胛上方，将手张开，用手指环握颈部，另一只手托住其臀部，即可轻轻提起、固定（图4.6）。

图4.6　豚鼠的捕捉与保定

（4）家兔

家兔比较驯服，不会咬人，但脚爪较尖，应避免被抓伤。常用的抓取方法是先轻轻打开笼门，勿使其受惊，随后手伸入笼内，从头前阻拦它跑动。然后一只手抓住兔的颈部皮毛，将兔提起；用另一只手托其臀，或用手抓住背部皮肤将其提起来，放在实验台上，即可进行采血、注射等操作。因家兔耳大，故人们常误认为抓其耳可以提起，或有人用手挟住其腰背部提起，均为不正确的操作。对兔进行注射、采血等实验时，也可用市售的兔用固定器固定。

2）实验动物的分组与标记方法

进行动物实验时，为了观察每个动物的变化情况，需对实验动物进行分组和编号。

（1）分组

动物分组应按随机分配的原则，使每只动物都有同等机会被分配到各个实验组与对照组中去，尽量避免由于人为因素对实验造成的影响。分组时应建立对照组。空白对照指在对照组不加任何处理的"空白"条件下进行观察、研究。实验对照指在一定实验条件下所进行的观察、对比。标准对照是以正常值或标准值作为对照，在所谓标准条件下进行观察的对照。

（2）标记编号

对随机分组后的实验动物进行标记编号，是动物实验准备工作中相当重要的一项工作。标记编号方法应保证编号不对动物生理或实验反应产生影响，且号码清楚易认、耐久和适用。

标记的方法很多,可根据动物的种类数量和观察时间长短等因素来选择合适的标记方法。

①挂牌法。将号码烙压在圆形或方形铝牌或不锈钢牌上,或将号码烙在栓动物颈部的皮带上,将此颈圈固定在动物颈部。该法适用于狗等大型动物。

②打号法。用耳号钳将号码打在动物耳朵上。打号前用蘸有酒精的棉球擦净耳朵,用耳号钳刺上号码,然后在烙印部位用棉球蘸上溶在食醋里的黑墨水擦抹。

③针刺法。用七号或八号针头蘸取少量碳素墨水,在耳部,前、后肢以及尾部等处刺入皮下,在受刺部位留有一黑色标记。该法适用于大、小鼠,豚鼠等。

④化学药品涂染动物被毛法。用0.5%中性红或品红溶液涂染红色;用3%~5%苦味酸溶液涂染黄色;用煤焦油的酒精溶液涂染黑色等。根据标记需要,可用一种或两种化学药品涂染实验动物背部被毛。该方法对于实验周期短的实验动物较合适,因时间长了染料易退色。

⑤剪毛法。该法适用于大、中型动物,如犬、兔等。方法是用剪毛刀在动物一侧或背部剪出号码,此法编号清楚可靠,但只适于短期观察。

3)实验动物的接种

(1)皮下接种

皮下接种应选择动物皮肤松弛、肌肉和脂肪少的部位,如小鼠、大鼠背部或侧下腹部,豚鼠后大腿内侧、背部等脂肪少的部位,兔用背部或耳根部。局部消毒后,左手拇指及食指轻轻捏起皮肤,右手持注射器将针头刺入皮下,缓缓注入药液。拔针时,轻按针孔片刻,防药液逸出。

(2)皮内接种

皮内接种一般用于较大动物,可选背部、颈部、腹部、耳及尾根部进行注射。注射部位先剪毛消毒,结核菌素注射器的细针头先刺入皮下,然后使针头向上挑起至可见到透过真皮为止。随之缓慢注入药液,至注射部位皮肤表面鼓起一白色小皮丘为止。也可用左手拇指和食指捏起注射部皮肤,将针头平刺入皮内注入药液。注射量一般为0.1~0.2 mL。注射量大时,可多点注射。也可选用足掌进行皮内注射。

(3)肌肉接种

当给动物注射不溶于水而混悬于油或其他溶剂中的药物时,常采用肌肉注射。肌肉注射一般选用动物肌肉发达、无大血管经过的部位,如大动物的臀部,禽的胸部、腿部,兔、鼠的腿部。先剪去注射部位皮肤的被毛,右手持注射器,将针头垂直快速刺入肌肉,回抽针拴,如无回血现象即可注射。注射完毕,用手轻轻按摩注射部位,以促进药液吸收。

(4)腹腔接种

对犬、猫、兔进行腹腔注射时,取仰卧位在腹部下约1/3处略靠外侧(避开肝和膀胱)将针头垂直刺入腹腔,然后将针筒回抽,无阻力、无回血时即可注射。大鼠、小鼠作腹腔注射时,可一人进行操作,采用皮下注射时的抓鼠方法,以左手大拇指和食指抓住鼠两耳及头部,无名指和小指夹住鼠尾,将腹部朝上,头部放低,使脏器移向横膈处,右手持注射器从下腹部朝头部方向刺入腹腔,固定针拴,如无回血或尿液,以一定的速度慢慢注入药液(图4.7)。一次注射量0.1~0.2 mL/10 g(体重)。注射完毕用按压一下注射部位。

图 4.7　小鼠腹腔注射

(5)静脉接种

①小鼠、大鼠。常采用尾静脉进行接种。鼠尾静脉共有 3 根,左、右两侧和背侧各 1 根,两侧尾静脉比较容易固定,故常被采用。操作时,先将动物固定在暴露尾部的固定器内(可用烧杯、铁丝罩或粗试管等物代替),用75%酒精棉球反复擦拭,使血管扩张,并可使表皮角质软化。以左手拇指和食指捏住鼠尾两侧,使静脉充盈,注射时针头尽量采取与尾部平行的角度进针。开始注射时宜少量缓注,如无阻力,表示针头已进入静脉,这时用左手指将针和尾一起固定起来,解除对尾根部的压迫后,便可进行注射。注射完毕后把尾部向注射侧弯曲以止血。如需反复注射,尽量从尾的末端开始。一次的注射量为每 10 g 体重0.1~0.2 mL。

②豚鼠。一般采用前肢皮下头静脉。鼠的静脉管壁较脆,注射时应特别注意。

③兔。一般采用耳外侧边缘静脉。注射部位除毛,用酒精棉球来回涂擦耳部边缘静脉。手指轻弹兔耳,使静脉充盈,左手食指和中指夹住静脉的近心端,拇指绷紧静脉的远心端,无名指及小指垫在下面,右手持注射器,在接近静脉末端向耳根顺血管方向平行刺入 1 cm。回血后,移动拇指于针头上以固定,放开食、中指,将药液注入,拔出针头,以棉球压迫针眼止血。

(6)脑内接种

家兔与豚鼠脑内接种时,先将头顶部毛拔除,用乙醚麻醉后将注射部位消毒,用锥子刺穿颅骨,再将针头刺入孔内注射,进针深度为 4~10 mm,注射量为 0.1~0.25 mL。小鼠不必麻醉,用左手固定鼠头,头顶消毒,选择眼后角、耳前缘与颅前后中线所构成的位置中间进行注射,进针 2~3 mm,注射量乳鼠 0.01~0.02 mL,成年鼠 0.03~0.05 mL。

4)实验动物的采血

大动物(马、牛、羊等)选择颈静脉采血,猪常用尾静脉(或断尾)采血。小型实验动物常用的采血方法如下。

(1)大鼠、小鼠的采血

①尾静脉采血。需血量很少时常用本法。将鼠用固定盒保定露出尾巴,或由助手握住头颈部保定,温敷尾巴使尾静脉舒张后断去(或切开血管)尾尖,吸取流出的血液,一般经多次挤压可采得 0.5 mL 左右血液。采完后可用6%液体火棉胶涂封伤口。

②后眼眶静脉丛采血。后眼眶静脉丛位于眼球与眼眶后界间。取血管为一根特制的长 7~10 cm 的玻璃管,其一端内径为 1~1.5 mm,另一端逐渐扩大,细端长约 1 cm 即可。将取血管浸入1%肝素溶液,干燥后使用。采血时,左手拇指及食指抓住鼠两耳之间的皮肤,使鼠固定,并轻轻压迫颈部两侧,阻碍静脉回流,使眼球充分外突,提示眼眶后静脉丛充

血。右手持取血管,将其尖端插入内眼角与眼球之间,轻轻向眼底方向刺入,当感到有阻力时即停止刺入,旋转取血管以切开静脉丛,血液自然地流入取血管内。采血结束后,拔出取血管,放松左手,出血即停止。用本法在短期内可重复采血。小鼠一次可采血 0.2 ~ 0.3 mL,大鼠一次可采血 0.5 ~ 1.0 mL。

③断头采血。用剪子迅速剪掉动物头部,立即将动物头颈朝下,提起动物,血液可流入已准备好的容器中。

④心脏采血。将鼠仰卧位保定在固定板上。胸部去毛消毒,于左侧第3—4肋间用左手食指摸压住心脏,右手将针头刺入心脏,血液自然进入注射器内。

(2)豚鼠的采血

①耳缘切口采血。先将豚鼠耳消毒,用刀片割破耳缘,在切口边缘涂上20%的枸橼酸钠溶液,防止血凝,则血可自切口处流出。此法每次可采血0.5 mL左右。

②背中足静脉采血。固定豚鼠,将其右或左后肢膝关节伸直,脚背消毒,找出背中足静脉,左手拇指和食指拉住豚鼠的趾端,右手将注射针刺入静脉,拔针后立即出血。

③心脏采血。用手指触摸,选择心跳最明显的部位,将注射针刺入心脏,血液即流入针管。心脏采血时所用的针头应细长些,以免发生采血后穿刺孔出血。

(3)兔的采血

①耳缘静脉采血。可采取少量血液供实验用,操作步骤与兔耳缘静脉注射方法相同。但要注意的是,穿刺方向刚好相反;采血穿刺逆血流方向靠近耳根部进针,穿刺成功后即可抽血,整个抽血过程不能放松耳根血管的压迫;也可以刀片割破耳缘静脉,或用针头插入耳静脉取血,让血液直接流入含抗凝剂的容器中,取血完毕,注意止血。

②心脏采血。使兔仰卧固定在手术台上,找出心脏搏动最明显处,以此处为中心,剪去周围背毛,消毒皮肤,选择心博最强点避开肋骨作穿刺,位置一般在第三肋间胸骨左缘3 mm处。针头刺入心脏后,持针手可感觉到兔心脏有节律的跳动,并有血液自然进入注射器,取到所需血量后,迅速拔出针头。采血时回血不好或动物躁动时,应重新进、退针并抽吸,不可在心区周围乱捣,以防弄伤兔的心、肺。

(4)鸡的采血

①静脉采血。将鸡固定,伸展翅膀,在翅膀内侧选一粗大静脉,小心拔去羽毛,用碘酒和酒精棉球消毒,再用左手食指、拇指压迫静脉心脏端使该血管怒张,针头由翼根部向翅膀方向沿静脉平行刺入血管。采血完毕,用碘酒或酒精棉球压迫针刺处止血。一般可采血10 ~ 30 mL。静脉采血时抽血速度要保持缓慢,否则会使内压突然降低致使血管壁接触而阻塞针头,影响继续采血。

②心脏采血。采血时由助手抓住禽两翅及两腿,将鸡侧卧保定,右侧在下。找出从胸骨走向肩胛骨的皮下大静脉,心脏约在该静脉分支下侧;或胸骨脊前端至背部下凹连线的1/2处。用酒精棉球消毒,在选定部位垂直进针,如刺入心脏可感到心脏跳动,稍回抽针拴可见回血。把针芯向外拉吸取血液,拔出针头,用棉球按压止血。家禽品种和个体大小不同,进针位置和深度也不同。

4.4.4 动物福利

近年连续发生的"给活猪注水""毒死宠物狗""硫酸伤熊"等动物受虐待的事件,频频引起社会和媒体的关注。人们发现,我们生活的世界竟是那么多动物的苦难场。于是,人们渴望能有一套理念和机制阻止类似事件的再次发生。于是,"动物福利"这个词越来越多地出现在媒体上。

1)动物福利的概念

动物福利是指人为提供给动物的相应物质条件和采用的行为方式,要保证动物在健康舒适的状态下生存,使动物处于生理和心理愉快的感受状态。

2)动物福利的发展历史

1800 年,英国第一个确保动物免受虐待的立法《牛饵法案》被通过。

1822 年,英国"人道主义者"马丁提出虐待动物议案,真正获得上、下两院通过,这项法案就叫《马丁法》。该法是世界上第一个反对虐待动物的法律,首次认定虐待动物本身是一种犯罪,是动物福利保护史的里程碑。人们对待动物的态度从此发生了微妙的变化。《马丁法》不仅影响到英国的民众,也影响到其他国家,很多国家相继通过了反虐待动物法律。

19 世纪末以后,越来越多的动物被用于生物医学研究的实验中,实验动物的福利就成为人们关注的焦点,各个国家相关的法律和条款相继颁布。美国联邦政府 1966 年颁布了《动物福利法》,后又进行了修订和增加条款,不断地完善。有关实验动物福利的主要内容大多包括在相关动物福利法中,有些国家和地区也颁布了单行法,专门用于保障生物医学研究中实验动物的福利。在西方国家,实验动物福利的保障在这些法规的实施中得以落实。

我国台湾地区于 1988 年颁布了《动物保护法》。这是一部综合性动物保护法律,具有全新的视野和明晰完善的规定,值得借鉴。

《中华人民共和国动物保护法》于 1988 年 11 月被通过。

2001 年 11 月,我国的《实验动物管理条例》修改工作正式启动,最为引人注意的内容是增加了"生物安全"和"动物福利"两个章节。

2012 年 9 月,我国一部名为《动物福利法则》的非强制性标准正在加紧制定,即将出台,成为我国动物福利保障的重要一步。

3)动物福利的内涵

动物福利一般强调保证动物健康、快乐的外部条件。当外部条件无法满足时,就意味着动物福利的恶化。

满足动物的需求是保障动物福利的首要原则。动物的需求主要表现在以下 3 个方面:维持生命需要、维持健康需要和维持舒适需要。这 3 个方面决定了动物的生活质量。人为地改变或限制动物的这些需要,会造成动物行为和生理方面的异常,影响动物的健康,影响我们科学实验的真实性。

按照现在国际上通认的说法,动物福利被普遍理解为 5 大自由。

①享受不受饥渴的自由,保证提供动物保持良好健康和精力所需要的水和食物。

②享有生活舒适的自由,提供适当的房舍或栖息场所,让动物能够得到舒适的睡眠和休息。

③享有不受痛苦、伤害和疾病的自由,保证动物不受额外的疼痛,预防疾病并对患病动物进行及时的治疗。

④享有生活无恐惧和无悲伤的自由,保证避免动物遭受精神痛苦的各种条件和处置。

⑤享有表达天性的自由,被提供足够的空间、适当的设施以及与同类伙伴在一起。

一个国家的国民对待动物态度如何,在某种程度上是衡量其文明程度的重要标志。"动物福利"理念建立的前提,是认为动物和我们人类一样有感知、有痛苦、有恐惧、有情感需求。所谓动物福利,不是说我们不能利用动物,而是应该怎样合理、人道地利用动物。要尽量保证那些为人类作出贡献和牺牲的动物享有最基本的权利,如在饲养时给它一定的生存空间,在宰杀时尽量减轻它们的痛苦,在做实验时减少它们无谓的牺牲。

动物是人类共同的财富,它们以自己的生命贡献于人类生活,它们至少也应该享受生命的一般乐趣,而不应该在被虐待中走完一生。保护动物、善待生命不仅是所有善良人的愿望,也是社会走向稳定和文明的重要因素,更关系到国家在国际上的形象。

小 结

菌(毒)种的种类很多,按照毒力可分为强毒菌(毒)种和弱毒菌毒种,按照用途可以分为生产用菌(毒)种、检定用菌(毒)种、工具用菌(毒)种、标准或参考菌(毒)种。作为兽用生物制品的菌(毒)种,必需符合一定的标准才可以。强毒菌(毒)种、弱毒菌(毒)种有不同的选育途径,在具体工作时要区别对待。细菌的培养技术主要包括细菌的分离培养和细菌的规模化培养。细菌分离培养的方法主要有画线法和倾注培养法。规模化培养的方法主要有固体表面培养法、液体静置培养法、液体深层通气培养法、透析培养法等,应根据具体情况,选择合适的细菌培养方法。病毒增殖技术主要有动物增殖病毒技术、禽胚增殖病毒技术、细胞增殖病毒技术,在进行病毒的分离、鉴定及生产抗病毒血清时,可用动物增殖病毒技术;在为生产病毒性疫苗而培养病毒时,后两种方法较常用。实验动物在兽医生物制品生产中占有非常重要的地位,既是兽医生物制品(疫苗、抗血清、血液制品及组织细胞等)的原料,又是检验的工具。实验动物的质量直接影响到兽用生物制品的质量和检验的结果,因此兽用生物制品的生产与检验必须选择符合标准的实验动物,以确保制品的质量。实验动物按照微生物学控制程度可分为普通级动物、清洁级动物、无特定病原体动物、无菌动物和悉生动物5个等级,在进行动物实验时,要根据要求选择相应等级的实验动物。常用的实验动物有小鼠、大鼠、豚鼠、家兔、鸡等。通过学习,要熟练掌握常见的动物实验技术,如实验动物的捕捉与保定、实验动物的接种技术、实验动物的采血技术。

复习思考题 》》》

1.兽医生物制品菌(毒)种按照毒力可分为哪两类,各有何用途?

2.弱毒菌(毒)种的选育途径有哪些?

3.我国菌(毒)种的保藏机构是哪里?

4. 细菌规模化培养的方法有哪些?

5. 在进行细菌规模化培养时,要注意哪些影响因素?

6. 在细菌规模化培养时,如何确定最佳的培养时间?

7. 病毒增殖的方法有哪几种?

8. 用鸡胚增殖病毒来生产病毒性生物制品生产时,应如何选择鸡胚?

9. 简述鸡胚增殖病毒技术。

10. 如何制备原代细胞?

11. 简述细胞在液氮中冻存的方法。

12. 判断病毒在细胞中增殖的指标是什么?

13. 实验动物按照微生物学控制程度可分为哪几类?

14. 什么是 SPF 动物,它有什么特点?

第5章
细菌性疫苗生产技术

知识目标

◇了解培养基的种类。

◇掌握常见培养基的配制。

◇掌握细菌计数技术。

◇掌握细菌性疫苗生产的工艺流程。

◇掌握常用细菌性疫苗的制备方法。

技能目标

◇能配制常用的培养基。

◇能进行细菌计数。

◇能制备简单的细菌性疫苗。

5.1 培养基制备和应用

培养基是把细菌生长与繁殖所需要的各种营养物质合理地配合在一起制成的营养基质,广泛地应用于生物制品的生产中。培养基的主要用途是能促使细菌生长与繁殖,可用于细菌纯种的分离、鉴定和制造细菌制品等。

5.1.1 培养基的分类

培养基的种类很多,根据其原料、物理性状和用途等,有多种分类方法。

1)根据培养基原料分类

(1)合成培养基

合成培养基是采用已知的化学成分配制的,其营养成分及数量精确、重复性强。但价格较贵,而且微生物在这类培养基中生长较慢,一般用于实验室中进行的营养、代谢、遗传、鉴定和生物测定等定量要求较高的研究。

(2)天然培养基

天然培养基是由化学成分不明确的天然物质配成的,如蒸熟的马铃薯和普通牛肉汤,前者用于培养真菌,后者用于培养细菌。其优点是营养丰富,配制方便,培养效果好,是生产上常用的培养基。缺点是成分不明确,实验可重复性差。

2）根据培养基物理状态分类

（1）固体培养基

固体培养基是指在液体培养基中加入2%～3%琼脂，使培养基凝固呈固体状态。固体培养基可用于菌种保藏、纯种分离、菌落特征的观察以及活菌计数等。

（2）液体培养基

液体培养基是指在配制好的培养基中不加任何凝固剂，其营养成分均匀，主要用于工业生产及菌体鉴定和生理代谢研究等方面。

（3）半固体培养基

在液体培养基中加入少量（0.35%～0.4%）的琼脂，使培养基呈半固体状。多用于细菌有无运动性的观察，即细菌的动力试验，也用于菌种的保存。

3）根据培养基用途分类

（1）基础培养基

基础培养基含有细菌生长与繁殖所需要的最基本的营养物质，可供培养一般细菌使用。如牛肉膏蛋白胨琼脂是培养细菌的基础培养基。

（2）营养培养基

营养培养基是在基础培养基中加入一些营养物质，如血液、血清、葡萄糖、酵母浸膏等，可供营养要求较高的细菌生长。

（3）选择培养基

选择培养基是在培养基中加入某些化学物质，有利于需要分离的细菌生长，抑制不需要的细菌的生长。如在培养沙门氏菌的培养基中加入四硫黄酸钠、煌绿，可以抑制大肠杆菌的生长。

（4）鉴别培养基

鉴别培养基是根据细菌能否利用培养基中的某种成分，依靠指示剂的颜色反应，借以鉴别不同种类的细菌的培养基。如伊红亚甲蓝培养基、麦康凯培养基等。

（5）厌氧培养基

专性厌氧菌不能在有氧环境中生长，将培养基与空气隔绝并加入还原物降低培养基中的氧化还原电位，可供厌氧菌生长，这就是厌氧培养基。如疱肉培养基，应用时于液体表面加盖液态石蜡以隔绝空气。

5.1.2 培养基的原料

生产兽医生物制品所有培养基的主要成分有水、肉浸液、蛋白胨、琼脂、明胶、酵母浸汁和化学试剂等。在生产兽医生物制品时，对制备这些原料有一定的标准要求。

1）水

制造培养基一般使用去离子水或蒸馏水，有时，大量生产培养基时也用常水（井水、自来水或河水）。

常水中含有较多的无机盐,使用前需要进行一定的处理,如井水和河水需先煮沸、冷却、澄清、过滤后再用,自来水需先测定残余氯含量。去离子水是用离子交换树脂处理,去除了阴、阳离子的较为纯净的水,适于大量生产培养基时使用。

2)肉浸液

肉浸液,尤其是其中的牛肉浸汁是生产培养基的基础原料。制作方法是选用新鲜的健康牛肉,去除脂肪及筋腱后捣碎,在水中加温80 ℃以上数分钟,以破坏中组织中存在的抗酶物质作用。于4 ℃冰箱中浸泡过夜,煮沸1 h,过滤后灭菌备用。牛肉浸汁中含有丰富的营养成分,能提供细菌生长所需的碳源、氮源、无机盐和生长因子。牛肉浸膏是牛肉浸汁除水浓缩后的产物,其营养价值不及牛肉浸汁,但使用方便。

除牛肉浸汁以外,常使用的还有肝浸液与胃消化汤。制备肝浸液可用猪肝、牛肝或羊肝;制备胃消化汤用猪胃。原料应新鲜,无异味,无病变,有弹性。

3)蛋白胨

蛋白胨是动植物蛋白质经胃蛋白酶、胰蛋白酶原或木瓜蛋白酶等水解后的产物,为淡黄色或棕黄色粉末,易溶于水,主要为细菌生长提供氮源和碳源。蛋白胨通常与牛肉浸汁混合使用。

4)琼脂

琼脂是从石花菜等海藻中提取的复杂多糖,为半乳糖胶,于98 ℃溶于水,45 ℃以下凝固。琼脂不能被细菌分解,无毒性,高温灭菌时不被破坏,透明度好、黏附性强,配制方便且价格低廉,是制备固体培养基最理想的凝固剂。

5)明胶

明胶是由动物胶原组织加工处理制成的一种蛋白质。它在26～30 ℃时可溶于水,20 ℃以下凝固呈半透明状固体。由于缺乏必需的氨基酸,其营养价值不高。由于某些细菌能分解明胶,故多用于制备鉴别培养基。

6)酵母浸汁

酵母浸汁可补充维生素、有机氮源和生长因子,是促进细菌生长的重要营养成分。市售酵母浸汁为棕黄色黏稠状膏体,溶于水;另有棕黄色粉状制剂。

7)化学试剂

化学试剂的标准应该在化学纯以上。

5.1.3　培养基的制备程序

除少数特殊培养基外,一般培养基的制备方法基本一致。

1)调配

根据培养基配方,准确称取各种成分放于玻璃、搪瓷、铝或不锈钢容器中,但不可用铜或铁制容器,以免金属离子进入培养基,从而影响细菌的生长。原料称好备齐后,加少量水浸透,补足水量,使原料溶解。也可用热水或加热进行溶解,并随时搅拌,防止外溢。待完全溶解后再补足水量。

2) pH 调整

培养基的 pH 可用 pH 试纸、pH 比色计或酸度计测定。为防止因反复调整 pH 而影响培养基的容量,应先取少量培养基,用低浓度的碱液或酸液进行调整,然后按一定比例调整其余培养基。培养基灭菌后其 pH 值会降低 0.1 ~ 0.2,故调整时应比实际需要的 pH 值高 0.1 ~ 0.2。

3) 过滤与澄清

培养基配成后一般都有沉渣或浑浊,不便于观察微生物的培养特征和生长情况,需过滤、澄清使其清澈透明后才可使用,常用的过滤澄清方法如下。

(1) 过滤

培养基可用纱布、脱脂棉或滤纸进行过滤。用 4 ~ 5 层纱布过滤,可去除粗的沉渣,然后再用棉花或滤纸进行过滤。用脱脂棉过滤时,可将脱脂棉夹在两层纱布中间。液体培养基也可用滤纸直接过滤。为提高过滤效果,可将滤纸在水中弄碎,使其成为滤纸浆,再在布氏(平底)漏斗上铺成滤纸版,然后用负压抽滤。滤纸浆用后洗净还可以继续使用。

(2) 澄清

培养基混浊是因为其中含有很多胶体混悬物,在高温条件下可聚集、沉淀。利用这个特性,将制好的培养基置于高压锅内,用 110 ℃ 加热 30 min,放置数小时,琼脂培养基最好过夜,使培养基自行澄清。液体培养基可用胶管将上清液取出,琼脂培养基从容器倾出,用刀将底部沉渣切除,即得到透明的培养基。

4) 灭菌

培养基分装、包扎完后即应进行灭菌,一般培养基均用高压蒸汽灭菌。采用试管或三角瓶装的少量培养基,可用 121 ℃,15 ~ 20 min 进行灭菌处理。大容量的固体培养基由于热传导较慢,灭菌的时间应适当延长。灭菌时间应以达到预定的温度(或压力)时开始计算。不宜高压灭菌的培养基,可用流通蒸汽进行灭菌。通常用间歇灭菌法。

5) 无菌检验

培养基制好后,在使用前应做无菌检验。一般是将培养基置于 37 ℃ 环境中保温 24 ~ 48 h,证明无菌后方可应用。

5.2 细菌培养

细菌培养是指细菌在人工培养基上及人工控制的环境中生长与繁殖的过程。细菌性生物制品都是利用细菌培养物制造的,制备该类制品首先应通过细菌分离培养,获得单个细菌菌落,制备细菌种子,然后再进行规模化细菌培养。

5.2.1 细菌分离与培养

细菌分离与培养包括需氧菌的分离培养、厌氧菌的分离培养和细菌的规模化培养技术 3 部分内容,参考 4.2 的内容进行。

5.2.2 细菌计数技术

1)显微镜直接计数法

显微镜直接计数法是利用血细胞计数器在显微镜下直接计数的一种方法,如炭疽芽孢苗的总芽孢数就是用此种方法计数的。具体操作是将样品原液作一定倍数的稀释,取一滴注入血细胞计数器的计数室(已压上盖玻片),先用油镜计数5个中方格内的芽孢数,再按下式算出每毫升原液的芽孢数。例如5个中方格内芽孢数为50,平均每个中方格为10个,则 $1\ mL = 10 \times 25 \times 10 \times 1\ 000 = 2.5 \times 10^6$,再乘稀释倍数,即为每毫升原液的总芽孢数。

显微镜直接计数法也可用于其他非芽孢菌的菌数计算,即将培养的菌液,加入甲醛溶液灭活,充分震荡使菌体分散,加1%亚甲蓝溶液少量,使细菌着色,与上述计芽孢数的方法一样计数。

2)活菌计数法

活菌计数是将待测样品精确地作一系列稀释,然后再吸取一定量的某稀释度的菌液样品,用不同的方法进行培养。经培养后,从长出的菌落数及其稀释倍数就可换算出样品的活菌数,通常用菌落形成单位(CFU)表示。活菌计数法有倾注平板培养法、平板表面散布法和微量点板计数法等常规方法及生物发光法和放射测量法等现代方法。

(1)倾注平板培养法

根据标本中均数的多少,在做倾注培养之前,用普通肉汤或生理盐水将被检标本进行10倍递进稀释。在稀释过程中分别取其1 mL加在灭菌平皿中,然后取预先加热融化且冷至45～50 ℃的琼脂培养基分别倾入上述平皿中,立即摇匀放平,待其充分凝固后,置于37 ℃温箱中培养一定时间。统计平皿上长出的菌落数。每个稀释度取其菌落平均数,乘以稀释倍数,即为每毫升菌液中的活菌总数。计算公式如下。

$$活菌个数/mL = 平均菌落数 \times 稀释倍数$$

(2)平板表面散布法

按常规方法制作琼脂培养基平板,分别取不同稀释度细菌液0.1 mL滴加于平板上,并使其均匀散开,在37 ℃温箱内放置24～48 h,统计平皿上长出的菌落数,乘以稀释倍数,再乘以10,即为每毫升标本中含有的活菌数。

(3)微量点板计数法

本法中培养基的制备、处理及样品的稀释与平板表面散布法相同,只是每个稀释度的接种量为0.02 mL,使其自然扩散。所以一块平板可接种8个标本,从而大大节省了培养基。

3)比浊计数法

比浊计数法是计数细菌悬液中总菌数的常用方法,原理是菌液中含有菌数与菌液浑浊度成正比,即与光密度成正比。具体的操作方法有比浊管比浊法和分光光度计法两种。

(1)比浊管比浊法

目前有商品化标准比浊管供应,每个比浊管的浊度指示一定的菌数。计数方法是先将待检菌液作适当稀释,放入与标准比浊管管径与质量一致的试管中,然后与标准比浊管进行比较。若稀释菌液的浊度与某一标准比浊管的浊度基本相同,即按该标准比浊管指示的菌数得出待检菌液中的细菌数;若两管浊度不一致,需用生理盐水适当稀释后再作比较。比浊计数时,应充分摇匀。

（2）分光光度计法

此法借助于分光光度计,在一定波长下,测定菌液的光密度,以光密度（即 OD 值）表示菌量。测量时一定要控制菌浓度与光密度在成正比的线性范围内,否则测量出的数据不准确。

5.3　细菌性疫苗生产工艺流程

细菌性疫苗是指用细菌、支原体、螺旋体或其衍生物制成,进入机体后使机体产生抵抗相应细菌能力的生物制品。细菌类疫苗主要包括减毒活疫苗、灭活疫苗、类毒素和亚单位疫苗 4 种。

5.3.1　细菌性灭活苗的制造

细菌性灭活疫苗简称"灭活菌苗",其种类、苗型甚多,但制造的基本程序差别不大,具体如下:菌种复苏→培养基配制→菌液→灭活→加佐剂→灭活菌苗→检验。

1）菌种和种子培养

生产疫苗的菌种多数为毒力强、免疫原性优良的菌株,通常使用 1～3 个品系,由中国兽药监察所传代、鉴定、保存和供应。各种用于制造菌苗的菌种按规定定期复壮,并按标准进行形态、培养特性、菌型、抗原性和免疫性鉴定,合格菌种才准许用于制苗。

将经鉴定符合标准的菌种接种于菌苗生产规程中所规定的培养基进行增殖培养,经纯粹检查、活菌计数,达到标准后作为种子液,种子液应保存于 2～8 ℃的冷暗处,不得超过规程规定的使用期限。

2）种子液培养

种子液培养方法有固体表面培养法、液体静置培养法、液体深层通气培养法、透析培养法及连续培养法等。在这些培养方法中,既有手工式的,也有机械化或自动化的培养方式,后者通称为反应缸培养法。固体表面培养法的优点是易获得高浓度的细菌悬液,并可按需要稀释成不同浓度,含培养基成分少,适用于制备诊断用抗原;而大量生产疫苗主要用液体培养法。

3）灭活

灭活是指细菌及其产生的毒素经物理或化学的方法处理后,丧失毒性(致病性)而保持免疫原性的过程。在生产细菌性疫苗时,应根据细菌的特性选择合适而有效的灭活剂进行灭活。表5.1 列举了几种灭活疫苗的灭活方法。

表5.1　几种灭活菌苗的灭活方法

菌　苗	菌(毒素)	灭活方法
猪丹毒氢氧化铝菌苗	猪丹毒杆菌	于菌液内加入0.2%~0.5%甲醛(以含38%~40%甲醛液折算),37℃下杀菌18~24 h
气肿疽甲醛菌苗	气肿疽梭菌	于菌液内加入0.5%甲醛(以含38%~40%甲醛液折算),37~38℃下杀菌72~96 h
破伤风类毒素	破伤风梭菌	于除菌毒素液内加入0.4%甲醛(以含38%~40%甲醛液折算),37~38℃下脱毒21~30 d
肉毒梭菌C型菌苗(菌体毒素苗)	C型肉毒梭菌	于菌液内加入0.8%甲醛(以38%~40%甲醛液折算)。37℃下杀菌脱毒18 d

4)浓缩

为了提高某些灭活菌苗的免疫效果,降低因免疫剂量过大造成的动物应激,在种子液培养提高菌数的基础上,再进行浓缩。常用的浓缩方法有离心沉降法、氢氧化铝沉降法、氢氧化铝吸附沉淀法和羧甲基纤维沉淀法等。此外,有些细菌在生长过程中产生分子量小的可溶性抗原〔如猪丹毒杆菌产生的糖蛋白〕,也可经氢氧化铝吸附浓缩。

5)配苗与分装

配苗就是在菌苗的制备过程中按一定比例加入佐剂,以增强免疫效果。由于不同的灭活菌苗所用佐剂不同,所以配苗方法也不同。如猪肺疫氢氧化铝苗可在加入甲醛灭活的同时按比例加入氢氧化铝配苗;禽霍乱油佐剂菌苗的配制程序为:灭菌的油乳剂加入到10号白油135 mL、Span-85溶液11.4 mL、Tween-85溶液3.6 mL混合液中,在搅拌同时加入等量甲醛灭活菌液配制。配苗须达到充分混匀,分装时也不例外,并即时塞塞、贴签或印字。

5.3.2　细菌性活疫苗的制造

细菌性活疫苗的种类很多,多为弱毒菌苗,但基本制造程序相同,具体如下:弱毒菌种制备→培养基配制→菌液→加保护剂→冻干→弱毒活菌苗→检验。

1)菌种与种子

弱毒菌种多系冻干品,使用前需按规定进行复壮,挑选并作形态、特性、抗原性和免疫原性鉴定,符合标准后方可用于制苗。将检定合格的菌种接种于规定的培养基中,按规定的条件进行增殖培养,经纯粹检查及有关的检查合格者即可作为种子液。种子液通常在0~4℃条件下可保存2个月。在保存期内可作为菌苗生产的批量种子使用。

2)菌液培养

按1%~3%的比例将合格的种子液接种于培养基,然后依不同菌苗的具体要求制备菌液。如猪丹毒弱毒菌在深层通气培养中需加入适当的植物油做消泡剂,通入过滤除菌的热空气进行培养制成菌液。菌液应在0~4℃的阴暗条件下保存。使用前,需经抽样检查纯粹活菌数等,检查合格后方可使用。

3)浓缩

浓缩是指以提高单位体积内活菌数的方法来达到增强某些弱毒疫苗的免疫效果。常用的浓缩方法有吸附剂、吸附沉降法、离心沉降法等。例如，对猪丹毒菌液内可加入0.2% ~0.25% 的羧甲醛纤维素进行浓缩，也可用离心沉淀浓缩。浓缩菌液应抽样作无菌检验及活菌计数。

4)配苗与冻干

经检验合格的菌液，按规定比例加入保护剂配苗，充分摇匀后随即进行分装，分装量必须准确。分装好的菌苗迅速送入冻干柜进行预冻、真空干燥，冻干完毕后立即加塞、抽空、封口，移入冷库保存。最后，交由质检部门抽样检验。

5.3.3　细菌亚单位苗的制备

广义的亚单位疫苗是利用微生物的某种表面结构成分制成不含有核酸、能诱发机体产生抗体的疫苗，新型亚单位疫苗主要是将病原体保护性抗原基因导入体外表达系统高效表达后提取的保护性抗原蛋白，便于规模化生产。具体步骤如下：菌种复苏→培养基配制→菌液→亚单位分离制备→纯化→加佐剂→亚单位苗→检验。

下面，以大肠埃希氏菌4种黏附素（K88 + 、K99 + 、987P + 、F41 + ）为原料制备四价苗为例，讲述制备步骤。

1)菌株培养

将4种黏附素抗原菌株（K88、K99、987P、F41）分别接种于BBL、Minca、Slanetz和Minca培养基，37 ℃培养18 h后收获菌液。

2)黏附素提取

参考《中华人民共和国兽用生物制品制造及检验规程》（简称《规程》）的内容进行活菌计数。计数结束后，浓缩菌液至100×10^8 CFU/mL。将浓缩菌液用60 ℃水浴振摇30 min，使黏附素脱落，再以12 000 r/min的速度离心20 min，吸取上清即为粗提黏附素。采用反向间接血凝试验测定抗原含量。加入白油，按油水比2∶1的比例配制疫苗。

3)物理性状检验

按《规程》所列的方法进行剂型、稳定性及黏度检查。

4)无菌检验

按《规程》方法选用硫乙醇酸盐培养基、酪胨琼脂、葡萄糖蛋白胨汤、血琼脂斜面及马丁琼脂斜面各2支。一支置37 ℃下、另一支置25 ℃下培养5 d，观察（应无菌生长）。

5)安全检验

(1)小鼠的安全检验

5只小鼠（20 ~25 g）各皮下注射疫苗0.5 mL，观察14 d，记录小白鼠的存活情况（应全部健活）。

(2)猪的安全检验

4头猪（40 kg以上）各肌肉注射疫苗8 mL，观察10 d，看是否有不良反应（应无明显不良反应）。

6）效力检验

（1）小鼠的效力检验

选品种相同、身体质量一致（15～18 g）的小鼠进行效力检验。试验分3组进行，每组40只，且雌雄各半。第1组免疫1次，第2组于一免后隔15 d进行二免，第3组为对照组，不免疫。每次均皮下注射疫苗0.2 mL。二免后隔15d分别从3组中各挑选小鼠10只用确定的最小致死量腹腔注射攻毒，每个攻毒株均如此。观察24 h内小鼠的死亡情况，计算疫苗保护率。

（2）猪的效力检验

选品种相同、胎次及预产期一致的未免疫此疫苗的妊娠母猪进行效力检验。试验分3组进行，每组4头。第1组免疫1次，于产前30 d进行，第2组于产前30 d免疫后隔15 d进行二免，第3组为对照组，不免疫。每次均肌肉注射疫苗4 mL。仔猪出生后立即哺以初乳，然后分别从3组母猪所产仔猪中各挑选大小一致仔猪3头，用所确定的最小腹泻量口服攻毒，每个攻毒株均如此。每隔2 h观察1次，根据粪便硬度及形状进行评分，统计仔猪在48 h之内的腹泻情况，计算腹泻指数。

5.4 常用细菌性疫苗制备

细菌性疫苗种类很多，但目前在临床上使用较广的还是灭活苗与弱毒苗。与病毒性疫苗相比，细菌性的很多菌苗不尽理想。制苗时不同动物所用菌株有明显的差异，同一动物所用疫苗不仅弱毒苗与灭活苗所用菌种不同，制苗用菌种与效力检验时的菌种也不尽相同。效检安检所用的方法与实验动物都有特殊的规定，下面介绍几种细菌苗的制备方法。

5.4.1 常用猪细菌性疫苗制备

1）仔猪大肠杆菌病三价灭活疫苗

（1）菌种

制苗所用菌种为C83549、C83644、C83710菌株，检验用菌种为C83902、C83912、C83917菌株。接种在适宜改良Minca琼脂平板上培养，菌落光滑圆整。在改良Minca汤中培养，呈均匀混浊。用相应的987P因子血清做平板凝集反应，应达到强阳性反应。

（2）种子液制备

将冻干菌种接种改良Minca汤培养后，用改良Minca琼脂平板画线分离，选取典型菌落若干个，分别用相应的K88、K99和987P因子血清逐个做平板凝集反应。选取典型菌落，接种改良Minca汤三角瓶培养，平板凝集反应纯检合格后，作为一级种子。取一级种子按上述同样方法繁殖，经革兰氏染色镜检无杂菌后，即可作为二级种子。

（3）菌液制备

取3种纤毛抗原菌株分别进行连续通气培养，搅拌速度为600 r/min，通气量大于1:1。

第一代通气培养 7 h,取样检验合格,即收获,并按加入培养基的 3% ~5% 留作种子,然后加入培养基,通气培养 6 ~ 7 h。如此循环,连续通气培养,但最多不超过 10 代。培养温度为 36 ~37 ℃,消泡剂为 0.1% 的花生油。

（4）配苗与分装

按总量加入 20% 氢氧化铝胶,最后补加 PBS 和 0.01% 硫柳汞,每 1 mL 成品苗中应含有 K88 100 个抗原单位、K88 50 个抗原单位、987P 50 个抗原单位、菌数 <200 亿个。经无菌检验合格后,进行混合、组批、分装。

（5）成品检验

主要作以下检验:一为安全检验,用体重 18 ~22 g 小鼠 5 只,各皮下注射疫苗 0.5 mL,观察 10 d,应全部健活。也可用体重 40 kg 以上健康易感猪 4 头,各肌肉注射疫苗 10 mL,观察 7 d,应无明显不良反应。二为效力检验,用反向间接血凝（RIHA）试验测定疫苗中的 3 种纤毛抗原的 RIHA 效价,K88 及 K99 均 >40 倍、987P >160 倍时合格。

2）猪多杀性巴氏杆菌病灭活疫苗

（1）菌种

制苗用菌种为猪源多杀性巴氏杆菌 C44-1 强毒菌株,效检攻毒用菌种为猪源多杀性巴氏杆菌 C44-1 或 C44-8 强毒菌株。以 1 ~3 个活菌皮下注射体重为 1.5 ~2 kg 的健康家兔,应于 2 d 内死亡。以约 50 个活菌皮下注射体重为 15 ~ 25 kg 健康猪,应于 3 d 内死亡。C44-8 株对兔毒力同 C44-1 株,对猪毒力约为 600 个活菌。制造和检验用菌种应符合多杀性巴氏杆菌生物学特性,荚膜抗原型应为 B 型。在 0.1% 裂解红细胞全血及 4% 健康动物血清的马丁琼脂平皿上菌落呈 Fg 型,冻干菌种 2 ~8 ℃ 下保存期为 10 d。

（2）种子液制备

用 0.1% 裂解红细胞全血的马丁肉汤及其琼脂平皿培养,制备种子。

（3）菌液制备

各二级种子液等量混合,1% ~2% 的量接种于含 0.1% 裂解红细胞全血的马丁肉汤,通气培养 24h,进行纯粹检验和活菌计数。

（4）配苗与分装

收获培养液按 0.4% 的量加入甲醛,37 ℃ 温度下育 7 ~ 12 h。无菌检验合格后,按 5 份菌液加入 1 份氢氧化铝胶配苗,再按总量的 0.005% 加入硫柳汞或按 0.2% 的量加入苯酚。无菌检验合格后定量分装。

（5）检验

主要进行以下检验项目:一为安全检验,选用 18 ~22 g 小鼠 5 只,每只皮下注射疫苗 0.3 mL,观察 10 d,均应健活。也可选用 1.5 ~2.0 kg 健康家兔 2 只,分别皮下注射疫苗 5 mL,观察 10 d,家兔均应健活。二为效力检验,以 2 mL 疫苗皮下或肌肉注射 1.5 ~2 kg 健康兔 4 只,21 d 后,连同条件相同的对照家兔 2 只,各皮下注射致死量的 C44-1 强毒菌液或 C44-8 株 80 ~100 个活菌,观察 8 d,对照组家兔全部死亡,免疫组家兔保护 2 只以上。或选用 15 ~30 kg 的健康易感猪 5 头,分别皮下注射疫苗 5 mL,21 d 后,连同条件相同对照猪 3 头,分别皮下注射致死量的 C44-1 强毒菌液,观察 10 d,对照组猪应死亡 2 头,免疫猪

全部保护;或对照猪全部死亡,免疫猪保护4头以上。

3)猪败血性链球菌病活疫苗

(1)菌种

制苗用菌种为猪链球菌弱毒 ST171 株,效检用菌种 C74-63 或 C74-37。猪链球菌弱毒 ST171 株在缓冲肉汤中于 37 ℃ 下培养 10～18 h,菌液一致混浊,不形成菌膜;在鲜血马丁琼脂平板上,经 37 ℃ 下培养 24 h,其菌落圆形、湿润、光滑、半透明,呈 β 溶血。2～4 月龄的健康易感猪,各皮下注射活菌 100 亿个,观察 14 d,除允许有 2～3 d 体温升高但不超过常温 1 ℃ 的反应和减食 1～2 d 外,不应有其他临床症状。用体重为 18～22 g 的小鼠 5 只,每只皮下注射菌液 0.2 mL,含活菌 100 万个,观察 14 d 应全部健活。2～4 月龄的健康易感猪 4 头皮下注射 0.25 亿活菌菌液,14 d 后,静脉注射致死量猪链球菌强毒菌液,观察 14～21 d,免疫猪应全部保护。

(2)种子液制备

冻干菌种画线于含 10% 鲜血琼脂平板、缓冲肉汤[含 0.2% 葡萄糖和 1%～4% 裂解红细胞全血(或血清)]培养制成。

(3)菌液制备

将缓冲肉汤预热至 37 ℃ 左右,按培养基总量的 1%～4% 加入裂解红细胞全血(或血清)和 0.2% 葡萄糖,同时按 10%～20% 接种种子液,混匀后置 37 ℃ 下培养 6～16 h,进行活菌计数和纯粹检验。纯检合格的菌液按容量计算,菌液 7 份加蔗糖明胶稳定剂 1 份,充分混合均匀后,按规定头份定量分装,注射用每头份活菌不少于 0.5 亿个。

(4)检验

主要进行安全和效力检验。

安全检验用易感猪与实验动物同时检验。第一,用 2～4 月龄的健康易感仔猪 2 头,每头皮下注射 100 个使用剂量的疫苗,观察 14 d,除有 2～3 d 不超过常温 1 ℃ 的体温升高和减食 1～2 d 外,不应有其他临床症状。第二,用体重为 18～22 g 小鼠 5 只,每只皮下注射菌液 0.2 mL,含 1/50 的猪使用量,观察 14 d,应全部健活。若有个别死亡,可用加倍数小鼠重检 1 次,仍有个别死亡时,应判为不合格。

效力检验用 20% 铝胶生理盐水稀释疫苗,皮下注射 2～4 个月健康易感猪 4 头,每头 1/2 使用剂量,14 d,连同条件相同的对照猪 4 头,各静脉注射致死量强毒菌液,观察 14～21 d。对照猪应全部死亡,免疫猪至少保护 3 头;或对照猪死亡 3 头,免疫猪保护 4 头为合格。

4)布鲁氏菌 19 号活疫苗

(1)菌种

制苗菌种为牛种布鲁氏菌弱毒株 A19,其形态、染色、生化和培养特性、变异及血清学特性应典型。用生理盐水洗下 48 h 的固体培养物,制成每毫升含 10 亿活菌的悬液,皮下 1 mL 注射体重为 350～400 g 的豚鼠 5 只。14 d 后剖杀,脏器不应有肉眼可见的病变,每克脾脏含菌量不超过 20 万个。用体重为 350～400 g 的豚鼠 10 只,每只皮下注射活菌 25 亿～30 亿个。40～60 d 后,接种 1～3 个感染量的羊种布鲁氏菌强毒株 M28,观察 30～35 d 后剖杀,作细菌培养检查,80%以上豚鼠应无强毒菌出现。用其所制备的布鲁氏菌弱毒菌苗,应符合效力检验;效检用菌种为羊种布鲁氏菌强毒株 M28,其形态染色、生化和培养特性、变异及血清学特性应合格,对豚鼠最小感染量为 10 个细菌。

（2）种子液制备

冻干菌种移植于胰蛋白琼脂平板或其他适宜培养基上,于 36 ~ 37 ℃下培养 2 ~ 3 d,选取合格菌落,再次移植于上述培养基 48 ~ 72 h,作为种子。

（3）菌液制备

制苗用培养基为马丁肉汤或其他适宜培养基。将二级种子液按培养基总量的 1% ~ 2%接种,在 36 ~ 37 ℃下通气培养 36 h,期间于第 12、20、28 h 分别按培养基总量的 1% ~ 2%加入 50% 葡萄糖溶液。经纯粹检验及活菌计数后合格。

（4）配苗与分装

用 pH6.3 ~ 6.8 缓冲生理盐水稀释成 120 亿 ~ 160 亿/mL 的菌液,无菌分装即为湿苗;若制冻干菌苗,可根据总量的 0.2% ~ 0.4%加入羧甲基纤维素钠浓缩沉淀菌体。浓缩的菌液纯粹检验及活菌计数合格后,加入 pH7.0 的蔗糖明胶稳定剂(10% 蔗糖脱脂乳,或 1% ~ 2%明胶、10% 蔗糖液)进行配苗。为增加冻干疫苗的耐热性,也可加入硫脲,其最终含量为1% ~ 3%。定量分装,迅速冷冻真空干燥。

（5）检验

效力检验,一是进行画线接种肝汤琼脂平板,36 ~ 37 ℃下培养 72 h,用折光检查菌落或结晶紫染色后折光检查,R 型菌落不超过 5%;二是进行活菌计数,冻干苗按原量用生理盐水溶解后再用冻冷的蛋白胨水稀释进行活菌计数,液体苗含菌 100 亿 ~ 160 亿/mL,冻干苗核定头份数不应低于瓶签注明数。

安全检验,以含菌 10 亿/mL 稀释度皮下注射 0.25 mL 给体重为 18 ~ 20 g 的小鼠 5 只,观察 6 d 应全部健活,如有死亡应重检。

5.4.2　常用禽细菌性疫苗制备

1）鸡大肠杆菌病灭活疫苗

（1）菌种

制苗用菌种为病原性大肠杆菌 EC24、EC30、EC45、EC50、EC440 株。将各株冻干菌种分别接种于马丁肉汤中培养,然后画线接种于麦康凯氏琼脂平板上,35 ~ 36 ℃下培养24 h,肉眼观察呈粉红色或砖红色,菌落隆起,表面光滑。低倍显微镜下 45°折光观察,边缘整齐,呈鲜艳的金光。

（2）种子液制备

选取符合培养特性的典型菌落 10 个混合于少量马丁肉汤中,接种马丁琼脂斜面培养,作为一级种子。取一级种子接种于马丁肉汤中培养 20 ~ 24 h,纯粹检验合格后,作为二级种子。取含 0.1% 微量盐溶液的马丁肉汤 20 ~ 24 h 培养菌液 0.5 mL(含活菌 2×10^8 ~ 5×10^8 个),肌肉或腹腔注射 1 月龄健康易感鸡 5 只,应出现明显的临床症状,于 14 d 内死亡

或活鸡内脏有明显的病变,如心包积液、心包膜炎、纤维素性渗出,并与肝或胸膜发生粘连等。

（3）菌液制备

用玻璃瓶或培养罐通气培养,按容积装入70%培养基及花生油消泡剂。按培养基量的2%~4%接种二级种子液,EC24: EC30: EC45: EC50（或 EC44）各菌株混合比例为3:3:2:2。通气培养 10~14 h。

（4）配苗与分装

每5份菌液加1份氢氧化铝胶,同时按总量的0.005%加硫柳汞,充分振荡,于2~8 ℃下静置2~3 d,抽弃上清浓缩成全量的60%。无菌检验合格后,进行混合分装,分装时应随时搅拌混匀。

（5）检验

主要进行以下检验,一是安全检验,用1日龄的健康易感鸡5只,各在颈部皮下或肌肉注射疫苗2 mL,观察14d,均应健活;二是效力检验,按免疫原性的检验方法和判定标准进行,应符合规定。

2）禽多杀性巴氏杆菌病灭活疫苗

（1）菌种

制苗用菌种为鸡源多杀性巴氏杆菌 C48-2 强毒菌株,效检攻毒用菌种为鸡源多杀性巴氏杆菌 C48-1 强毒菌株。制造和检验用菌种应符合多杀性巴氏杆菌生物学特性,荚膜抗原型应为 A 型。C48-2 强毒菌株菌落应为 Fo 型。5~10 个活菌肌肉注射 3~6 月龄的健康易感鸡,3 d 内全部死亡。

（2）种子液制备

用0.1%裂解红细胞全血的马丁肉汤、鲜血琼脂斜面,分别制备一级种子和二级种子。

（3）菌液制备

二级种子液以1%~2%的量接种于含0.1%裂解红细胞全血的马丁肉汤,37~39 ℃下通气培养 14~20 h。收获培养菌液按0.15%的量缓慢加入甲醛,37 ℃下育灭活7~12 h。

（4）配苗与分装

无菌检验合格后,加入氢氧化铝胶、硫柳汞或苯酚。无菌检验合格后,定量分装。

（5）检验

主要进行以下检验:一是安全检验,选用4~12月龄健康易感鸡4只,各肌肉注射疫苗4 mL,观察 10 d 均应健活。二是效力检验选用4~12月龄健康易感鸡（鸭）4只,各肌肉注射疫苗2 mL,21 d 后,连同条件相同的对照鸡（鸭）2只,各肌肉注射致死量 C48-1 强毒菌液,观察 10~14 d,对照组鸡（鸭）全部死亡,免疫组鸡（鸭）保护2/4 以上。

3）禽多杀性巴氏杆菌病油乳剂灭活疫苗

制苗用菌种为鸡源多杀性巴氏杆菌 1502 强毒菌株。菌落应为 Fo 型,荚膜抗原型应为A 型。5~10 个活菌肌肉注射 3~6 月龄的健康易感鸡,应于 3 d 内全部死亡,免疫保护效力至少60%。培养菌液甲醛灭活后,按 5 份菌液加入 1 份氢氧化铝胶配苗,充分混匀,静置

2～3 d,吸弃上清液,浓缩至全量的1/2。再加入土温－80 作为水相,最后与白油佐剂乳化制成。

小　结

　　培养基是把细菌生长与繁殖所需要的各种营养物质合理地配合在一起制成的营养基质,其主要用途是促使细菌生长与繁殖,可用于细菌纯种的分离、鉴定和制造细菌制品等。生产兽医生物制品所用培养基的主要成分有水、肉浸液、蛋白胨、琼脂、明胶、酵母浸汁和化学试剂等。制备培养基主要包括调配、pH 调整、过滤与澄清、灭菌、无菌检验等步骤。在生产兽医生物制品的过程中,经常要进行细菌计数,细菌计数的方法有显微镜直接计数法、活菌计数法、比浊计数法。细菌性疫苗又分为细菌性活疫苗、细菌性灭活疫苗、细菌亚单位苗,它们的制造方法也有所不同。本章还讲述了一些常用细菌性疫苗的生产方法,供大家学习和参考。

复习思考题)))

1. 培养基有哪些种类?
2. 培养基中含有哪些营养物质,它们各有何种作用?
3. 简述配制培养基的基本过程。
4. 如何进行显微镜直接计数?
5. 活菌计数法有哪几种,分别简述其过程。
6. 比浊计数法的原理是什么?
7. 简述制造细菌性灭活疫苗、细菌性活疫苗的基本程序。
8. 猪常用的细菌性疫苗有哪些?
9. 家禽常用的细菌性疫苗有哪些?

第6章
病毒性疫苗生产技术

知识目标

◇了解动物选择的基本原则,了解对常见病毒敏感的动物。

◇了解选用禽胚的一般原则,了解对禽胚敏感的病毒。

◇熟悉生产毒种的制备方法。

◇掌握病毒性疫苗的生产工艺和流程。

◇熟悉常用病毒性疫苗的生产方法。

技能目标

◇能正确地选择实验动物、禽胚用于制备疫苗。

◇能进行病毒的动物培养。

◇能进行病毒的禽胚培养。

◇能进行常用的病毒性疫苗的生产。

6.1　实验动物或禽胚选择

　　培养病毒最早应用的方法是实验动物和鸡胚,但自从20世纪50年代简便、适用的细胞培养广泛应用于病毒培养以来,前两种方法已降到次要地位。然而,至今仍有部分病毒的分离、鉴定还离不开实验动物或鸡胚,特别是在免疫血清制备以及病毒致病性、免疫性、药物效检等方面。在禽类病毒病和流感、副流感类等病毒病的研究方面,鸡胚(含其他禽胚)仍具有重要的应用价值。

6.1.1　实验动物

　　实验动物是长期以来分离和增殖病毒、制造病毒抗原和病毒疫苗以及病毒病实验研究的常用材料和工具。但是,人们后来发现实验动物经常自身携带病毒,常混淆试验结果,并给病毒疫苗的生产带来严重的潜在危险。为了克服这个缺陷,目前已通过微生物控制手段,培育出无菌动物(germ free animal,简称 GF)、已知菌动物或称悉生动物(gnotobiotics,简称 GN)和无特定病原动物(specific pathogen free animal,简称 SPF)。GF 动物的体内和体外均检不出任何微生物、寄生虫或其他生命体。GN 是确知所带微生物的动物,只带一种菌的叫单菌动物,其次为双菌和三菌动物,四菌以上则称多菌动物。SPF 是指体内无特定微生物和寄生虫感染的动物。从微生物控制的程度讲,SPF 动物虽是这 3 类中最低的,但它无人畜共患病,无主要传染病,无对实验研究产生干扰的微生物,所以能满足病毒学一般实验的需要,比应用普通实验动物取得的结果更为科学与可靠。限于条件,某些实验室当前仍常应用普通实验动物,但也必须健康并使用纯系品种。一次实验使用的动物,在年龄、体重和营养状态等方面要尽量一致。

我国已在部分大城市建立实验动物中心,专门供应各种经过人工遗传控制和微生物控制育成的纯系高品位实验动物。虽然病毒学实验中应用实验动物的比重正在逐步降低,但是乳鼠至今仍是分离某些虫媒披膜病毒、柯萨奇病毒和呼肠孤病毒的主要工具。兽医学上除常应用家兔、小白鼠、大白鼠、豚鼠、仓鼠和鸡胚等进行病毒分离与疫苗生产以外,还常直接应用自然易感动物,如羊、猪、狗、鸡甚至马和牛等大动物做各该病毒的实验研究。

实验动物主要用于以下方面。

①分离病毒,并借助感染范围试验鉴定病毒。

②培养病毒,制造抗原和疫苗。

③测定各毒株之间的抗原关系,例如应用实验动物做中和试验和交叉保护试验。

④制备免疫血清和单克隆抗体。

⑤作病毒感染的实验研究,包括病毒毒力测定、建立病毒病动物模型等。

1)动物选择的基本原则

(1)年龄和体重

幼龄动物对于毒物感染等实验较成年动物敏感性高。但如无特殊要求,一般采用成年鼠,年龄与体重在同一品种或品系中基本上是成正比的(除去环境、营养不良等外界因素),如发现体重超过 10% 以上,则动物本身就存在差异,不宜选用。

(2)性别

同一品种或品系的不同性别动物对同一实验的反应不完全一致,雄性动物反应较均匀些,雌性动物则受性周期、怀孕、哺乳等因素影响较大。一般情况下常采用雌雄各半的原则,也有用同一性别进行实验,大多用雄性动物。

(3)生理状况

雌性动物在怀孕、哺乳期和动物在换毛季节时,不适合做实验。

(4)健康状况

当动物有疾病时不可用作实验。若为大动物待康复后再考虑是否使用;若为小动物则弃之。

(5)接种病毒应选用易感动物

同一个物种内的不同品种、品系由于生物学特性的差异,对同一试验反应结果存在着差异,有时同一品系的各亚系之间差异近似不同品系。目前,最常用的小鼠 BALB/c 国内至少有 5 个亚系,不同实验室制备出来的鼠源抗体的效价差异很大。

(6)微生物学级别

实验动物的微生物学级别对于实验的成功与否起着相当大的作用,它对实验背景的干扰比遗传等级要大得多。遗传等级一旦确定不会有多大改变,而微生物学级别控制随着设备和人为等因素,差异比较大。尤其是大鼠、小鼠等小动物的免疫学实验,必须用相应级别的实验动物,如 SPF 级动物、无菌动物,以保证实验的准确性。

2)对常见病毒敏感的实验动物

(1)口蹄疫病毒

豚鼠对该病毒敏感。将口蹄疫病毒接种于预先划破皮肤的跖部或作皮内注射,1 d 后可在感染部位见到小水疱,2 d 后豚鼠口腔内发生继发性水疱,豚鼠消瘦,并有部分死亡,常见心肌炎和胰腺炎。新生乳鼠对口蹄疫高度敏感,在皮下或肌肉注射后发生痉挛性截瘫,骨骼肌广泛坏死,心肌坏死也较常见。乳鼠适应株甚至可以感染成年鼠。6 日龄内的仓鼠也对口蹄疫病毒敏感。

(2)流感病毒

该病毒动物模型最好用雪貂,也可用小白鼠、豚鼠和猪。雪貂对甲、乙型流感均易感,病毒不经适应即能对雪貂致病,并易传播给其他雪貂和人。其临床表现与人相似,发热,并有上呼吸道感染,愈后血清中产生高滴度抗体。小白鼠对流感病毒敏感,但其症状与人不同,主要表现为下呼吸道感染,并死于肺炎。

(3)狂犬病毒

狂犬病毒的实验室感染常选用中国地鼠、小白鼠、豚鼠和兔,颅内接种比皮下或肌肉注射要好。小白鼠潜伏期一般为 8~14 d,表现为竖毛、弓背,后肢瘫痪,最后死亡。家兔发病初期瞳孔扩张,几小时后呼吸困难、瘫痪。乳鼠常被用于进行毒株的传代。

(4)痘病毒

家兔敏感于痘病毒。常用雄兔作皮肤划痕接种,感染后兔皮肤上出现明显的皮疹,局限于皮肤划痕处。

(5)乙型脑炎病毒

实验动物中以小鼠,特别是乳鼠对此病毒最为敏感,豚鼠、大鼠和家兔则不敏感。

(6)犬瘟热病毒

各种途径的实验性接种后,该病毒均可使雪貂、犬和水貂发生具有临床症状的感染。连续通过雪貂接种可增强其对雪貂的致病力,而对犬的毒力则逐渐减弱。

(7)水疱性口炎病毒

该病毒经尿囊腔、羊膜腔和卵囊途径接种,可在鸡胚内良好增殖,绒毛尿囊膜接种时引起痘样病变,感染鸡胚通常在接种后的 1~2 d 内死亡。给兔和豚鼠作舌部皮内注射,可在接种部位出现水疱;腹腔接种乳鼠以及脑内接种小鼠和豚鼠,则可引起致死性脑炎;给豚鼠足垫作皮内接种,很快出现类似口蹄疫的水疱,肝和肾也可能出现损害。

常用病毒及其敏感动物如表 6.1 所示。

表 6.1 常用病毒及其敏感动物

病　毒	易感动物	接种途径
口蹄疫病毒	幼龄豚鼠、乳小白鼠	足趾、脑内
狂犬病病毒	家兔、小白鼠、大白鼠、犬	脑内、皮下、脑内

续表

病　毒	易感动物	接种途径
猪流感病毒	小白鼠、雪貂	鼻内
新城疫病毒	鸽、鸭、鸡、鹅	脑内　鼻内、神经外
乙型脑炎病毒	小白鼠	脑内、腹腔、皮下

3)动物常见接种方法

（1）皮下注射

局部剪毛消毒，以左手拇指和食指提起皮肤，将注射器针头刺入皮下。

（2）皮内注射

剪毛消毒，用左手大拇指和食指固定皮肤并使之绷紧，将注射器针头紧贴皮肤表层刺入皮内，注射后可见皮肤表面有小皮丘。

（3）肌肉注射

选肌肉发达、无大血管的部位，垂直迅速刺入肌肉，回抽针栓无回血即可注射。

（4）腹腔注射

针头于下腹部刺入皮下（小鼠），再穿过腹肌，固定针头注入药液。家兔进针部位为下腹部距腹中线 1 cm 处。

（5）静脉注射

家兔选耳缘静脉，大、小白鼠用尾静脉，牛、羊在颈静脉。

6.1.2 鸡胚

鸡胚（包括其他禽胚）是正在发育中的机体，多种动物病毒能在鸡胚中增殖和传代，并可用鸡胚制备某些病毒抗原、疫苗和卵黄抗体等。禽胚的优点在于胚胎的组织分化程度低，又可选择不同的日龄和接种途径，病毒易于增殖；感染病毒的组织和液体中含有大量病毒，容易采集和处理，而且来源充足，设备和操作简便易行。应用鸡胚需要注意的首要问题是胚内可能携带细菌（如沙门氏菌等）和病毒，尤其是经母鸡垂直传递的病毒，如禽白细胞增生病病毒以及新城疫、禽脑脊髓炎和劳斯肉瘤病毒等。另外，胚胎中往往含有因母鸡免疫而产生的卵黄抗体，影响同种病毒的增殖。因此，理应选用 SPF 鸡群产的蛋。虽然饲喂添加抗生素饲料的母鸡生的蛋含有抗生素，但对病毒学实验通常无影响。病毒在鸡胚中增殖，除部分病毒产生痘斑，引起充血、出血、坏死灶和死亡等变化外，许多病毒缺乏特异性的感染指征，必须应用血清学反应或检查病毒抗原，以确定病毒的存在。

1)选用禽胚的一般原则

根据国家标准，禽胚不应含有鸡特定的 22 种病原体，可适用于各种禽疫苗的生产，如新城疫、马立克氏病、鸡痘、传染性法氏囊病和传染性支气管炎等疫苗。但由于 SPF 鸡饲养条件严格、价格昂贵，商品化种蛋供不应求，故常用非免疫鸡胚代替。这种蛋应无特定病原的母源抗体,如用于新城疫疫苗生产的鸡胚应无新城疫母源抗体,否则会影响新城疫病毒在胚内增殖。此外,不同病原对禽胚的适应性也不同,如狂犬病和减蛋综合征病毒在鸭胚中比在鸡胚中更易增殖;鸡传染性喉气管炎病毒只能在鸡和火鸡胚内增殖,而不能在鸭胚和鸽胚内增殖等。因此,实际应用时应加以严格选择。普通鸡胚由于可能带有鸡的多种病原体,故不适用于疫苗生产。某些异源性疫苗(如鸡减蛋综合征灭活疫苗等)生产时可选择无干扰抗体的健康鸭胚。

2)对鸡胚敏感的病毒

部分病毒对鸡胚敏感(表6.2)。现分述如下。

鸭肝炎病毒,弱毒苗给母鸭接种,疫苗株是将强毒株连续通过鸡胚致弱育成的,接种于鸡胚尿囊腔内,48~60 h后采集尿囊液作为疫苗。

鸡胚接种是培养传染性法氏囊病毒的最好手段。应选用无母源抗体的鸡胚进行。5~7日龄时作卵黄囊接种,9~11日龄的鸡胚作绒毛尿囊膜或尿囊腔接种,其中绒毛尿囊膜最为敏感。接种绒毛尿囊膜后,鸡胚通常在感染后4~6 d死亡。感染鸡胚发育阻滞,水肿和出血,绒毛尿囊膜则没有明显损害。

禽白细胞增生性病毒,禽白细胞增生性病毒的多数毒株在11~12日龄鸡胚中生长良好,许多毒株在绒毛尿囊膜上产生外胚层增生性病灶。静脉接种于11~13日龄鸡胚时,40%~70%的鸡胚在孵化阶段死亡。

犬瘟热病毒,鸡胚,适应于雪貂的病毒接种于鸡胚绒毛尿囊膜,第一代不产生肉眼可见的病变,经过3~10代后,于接种后5~7 d绒毛尿囊膜增厚。适应于鸡胚80~100代的病毒对犬和貂的毒力减弱,可用作弱毒疫苗株。

狂犬病病毒,狂犬病病毒可在鸡胚内增殖。应用5~6日龄鸡胚作绒毛尿囊膜接种,病毒可在绒毛尿囊膜和鸡胚的中枢神经系统内增殖。

乙型脑炎病毒,该病毒可在7~9日龄的鸡胚内增殖,病毒效价在接种后48 h左右达高峰,以胚体内病毒含量最高,鸡胚大都死亡。

表6.2 对鸡胚敏感的病毒及其接种途径

病　毒	接种日龄	接种途径	培养温度/℃	培养时间	繁殖特性	收获部位
流感	9~12	尿囊腔 羊膜腔	33~35	36~48 h	血凝	尿囊液 羊水
新城疫	9~11	绒毛尿囊膜 羊膜腔	32	4 d	死亡血凝	尿囊液 绒毛尿囊膜
水痘	10~13	绒毛尿囊膜	37	2~3 d	痘疱	绒毛尿囊膜
乙型脑炎	6~8	卵黄囊 绒毛尿囊膜	37	3 d	死亡	尿囊液 绒毛尿囊膜
狂犬病	7~9	绒毛尿囊膜	37	4~6 d	血凝	绒毛尿囊膜 羊水
鸡传支病毒	5~6 9~11	卵黄囊 绒毛尿囊膜	37 37	3~4 d 3~7 d	死亡或异常 死亡或异常	卵黄囊 尿囊液 绒毛尿囊膜

传染性支气管炎病毒,该病毒一般采用 9~11 日龄鸡胚的尿囊腔接种,最初几代鸡胚极少发生变化。随着传代次数的增加,鸡胚死亡率增高,鸡胚病变明显,至 10 代时,可使 80% 的鸡胚死亡。主要病变为鸡胚停止生长,卷曲呈球形。羊膜水肿增厚,紧贴鸡胚,尿囊液增量,卵黄囊皱缩,肾中尿酸盐沉着,鸡胚发生肝坏死、肺炎和肾炎。

新城疫病毒易在 10~12 日龄鸡胚的绒毛尿囊膜上或尿囊腔中生长,接种后 24~72 h 死亡,呈现出血性病变和脑炎。

3)常用鸡胚接种方法

鸡胚接种病毒时除了应选健康无病鸡群或 SPF 鸡群的新鲜受精蛋外,为便于照蛋观察,以来航鸡蛋或其他白壳蛋为好。用孵化箱孵化,要特别注意温度、湿度和翻蛋。孵化条件一般选择的相对湿度为 60%,最低温度为 36 ℃,一般为 37.5 ℃。每日翻蛋最少 3 次,开始时可以将鸡胚横放,在接种前 2 d 立放,大头向上,注意鸡胚位置,如胚偏在一边易死亡。

孵 3~4 d,可用照蛋器在暗室观察。鸡胚发育正常时,可见清晰的血管及活的鸡胚,血管及其主要分枝均明显,呈鲜红色,鸡胚可以活动。未受精蛋和死胚体固定在一端不动,看不到血管或血管消散,应剔除。鸡胚的日龄根据接种途径和接种材料而定。如卵黄囊接种,用 6~8 日龄鸡胚;绒毛尿囊腔接种,用 9~10 日龄鸡胚;绒毛尿囊膜接种,用 9~13 日龄的鸡胚;血管注射,用 12~13 日龄鸡胚;羊膜腔和脑内注射,用 10 日龄鸡胚。鸡胚的接种一般用结核菌素注射器注射,处理接种材料,照蛋以铅笔画出气室、胚胎的位置,若要作卵典囊接种或血管注射,还要画出相应的部位。注射完后均应用熔化的石蜡将接种孔封闭。

6.2　病毒性疫苗生产工艺流程

6.2.1　生产毒种制备

毒种是制造兽医生物制品的基础,其质量的优劣直接关系到制品的质量,合格的种子是生产高质量制品的前提和重要保证。毒种种子组成的均一性、传代的稳定性是通过建立种子批来实现的,因此,兽用生物制品生产企业必须建立完善的种子批管理制度,毒种应建立种子批。

我国在《兽用生物制品规程》(1992 年版)就规定,兽用生物制品的生产与检验用菌(毒)种实行种子批和分级管理制度。种子分 3 级:原始种子、基础种子和生产种子。原始种子由中国兽医药品监察所或其委托的单位负责保管;基础种子由中国兽医药品监察所或其委托的单位负责制备、鉴定、保管和供应;生产种子由生产企业制备、鉴定和保管,每级种子必须建立种子批。

1)毒种的分类

(1)原始种子

原始种子是指一定数量的,已验明其来源、历史和生物学特性,经系统鉴定,确认具有

良好免疫原性、繁殖特性、鉴别特征和纯净性的病毒株。原始种子用于制备基础种子。

当某一毒株经试验被选定用于兽用生物制品生产后,为确保能为制品的生产提供充足的质量均一的种子,应采用一定方法对选定的毒株进行纯培养,收获病毒培养物,制成单一批,称为原始种子批。为了保存和使用方便,通常将病毒的培养物分成一定数量、装量的小包装(如安瓿),在规定限度内,这些小包装具有组成均一性和同一质量。大多数毒种经冷冻干燥后,置适宜条件下保存。对原始种子批应进行系统鉴定。通常情况下,原始种子批应详细记录其背景,如名称、时间、地点、来源、代次、毒株代号和历史等,应对原始种子的繁殖或培养特性、免疫原性、血清学特性、鉴别特征和纯净性等进行全面鉴定。

(2)基础种子

基础种子是指来自原始种子、处于特定代次水平、具有一定数量、已经进行过全面鉴定、组成均一的活病毒培养物。基础种子用于制备生产种子。从原始种子批中取一定数量的病毒培养物,通过适当方式进行传代,达到某一特定代次、增殖到一定数量后,将该代次的所有培养物均匀混合成一批,分成一定数量、装量和成分一致的小包装(如安瓿),保存于液氮中或其他适宜条件下备用。这些小包装中的病毒培养物,一经全面鉴定合格,即为基础种子批,为了容易区分,每种基础种子批要有一个指定的代码。

基础种子批的制备应达到足够的量,以便保证相当长时间内的生产需要。基础种子批一旦全部用完,必须按规定方法重新制备培养物,制成种子批。基础种子批应按照规定项目和方法进行全面鉴定并合格后,才能作为基础种子使用。通常情况下,应对基础种子批进行含量测定、安全或毒力试验、免疫原性(或最小免疫剂量测定)试验、纯净性检验、鉴别检验等项目的系统鉴定。

一般不能用基础毒种传代5代以上或基础菌种传代10代以上的种子制备疫苗。如果将这种代次范围之外的基础种子用于生产,应通过进一步的试验加以证明。

(3)生产种子

生产种子是指从基础种子传代而得到、处于一定代次范围内的活病毒培养物。生产种子用于生产疫苗。取一定数量的基础种子,按照生产中的增殖方法进行传代增殖,达到一定数量后,均匀混合,定量分装,保存于液氮或其他适宜条件下备用,称为生产种子批。生产种子批的制备规模和分装量较大,一般保存时间较短。用生产种子增殖获得的病毒培养物,不得再回冻保存和再次用于生产。

必须根据特定生产种子批的检验标准逐项(一般应包括纯净性检验、特异性检验和含量测定等)进行检验,合格后方可用于生产。

生产种子批应达到一定规模,并含有足量活病毒,以确保用生产种子复苏后传代增殖以后的病毒培养物数量能满足生产一批或一个亚批产品。

生产种子批应详细记录代次、安瓿的存放位置、识别标志、冻存日期和库存量。

毒种应设专人管理,生产种子批和基础种子批应分别放置在生产区中相距较远的两处,多个容器存放,避免种子混淆和丢失。非生产用病毒应严格与生产用病毒分开存放。

6.2.2 病毒接种、培养和收获

病毒必须在活细胞内才能增殖,病毒的增殖培养技术包括动物增殖病毒技术、禽胚增

殖病毒技术和细胞增殖病毒技术。可参照 4.3 的内容进行。

6.2.3　半成品检验

检验的技术依据主要来源于《中华人民共和国兽药典》《兽用生物制品质量标准》《生物制品规程》。具体参照 8.1 的内容进行。

6.2.4　配苗与分装

1）配苗

（1）加佐剂

传统的病毒灭活苗所用佐剂有氢氧化铝佐剂、白油佐剂、蜂胶佐剂等,使用氢氧化铝和蜂胶时,毒液灭活后加入适量佐剂即可。使用白油佐剂时,要加入乳化剂,将灭活的病毒悬液与等量的含有一定比例土温和司盘的白油进行乳化。乳化过程为先将油相匀浆,然后滴加病毒悬液,最后高速乳化 3 min。

（2）加保护剂

保护剂常加在病毒性弱毒苗中,因为弱毒苗需要冻干保存。保护剂的作用是防止活性物质失去结构水和阻止结构水形成结晶,提供细胞复苏所需的物质,提高弱毒的存活率和制品的保存期。一般来说,每种微生物都有其最佳的冻干保护剂组成。病毒类疫苗的保护剂常用以下物质组合而成:明胶、血清、蛋白胨、蔗糖、乳糖等,在每一批病毒原液中按一定比例加入。

2）分装

经质量检定部门认可,符合质量标准的半成品方可进行分装(有专门规定者除外)。

（1）分装容器和场地

分装制品的玻璃容器,应一律为硬质中性玻璃制成,其检查方法及标准应符合《中国兽药典》规定。玻璃容器至少经高压蒸汽 120 ℃灭菌 1 h,或干热 180 ℃灭菌 2 h,或能达到同样效果的其他灭菌方式处理,不得有玻璃碎片掉下和碱性物质析出。凡接触制品的分装容器及用具必须单独刷洗。

分装应在 100 级洁净环境中进行。分装车间建筑须坚固,不易受到振动的影响。顶棚、地面、墙壁的材料及构造需不发生尘埃和便于清洁。管线应设在技术夹层内,并有防尘、防昆虫、防鼠及防污染的设施。不得设地漏。分装洁净室与其他区域应保持一定压差,并有显示压差的装置。分装车间应光线充足,但需避免光线直接射入。室内应经常保持干燥。冻干制品封品之洁净室的相对湿度不宜超过 60% 。分装车间内的设备、器具应力求简单,避免积藏尘埃、污垢。室内应不用竹、藤、木器,以防生霉。分装车间用的清洁器具应符合洁净室的要求。

（2）对分装人员的基本要求

直接参加分装的人员,每年至少健康体检一次。凡有活动性结核、急性传染性肝炎或

其他有污染制品危险的传染病患者,应禁止参加分装工作。

分装前应加强核对,防止错批、混批。分装规格、制品颜色相同而品名不同或活菌苗、活疫苗与其他制品不得在同室同时分装。全部分装过程中应严格注意无菌操作。制品尽量由原容器内直接分装(有专门规定者除外),同一容器的制品应当日分装完毕。原容器为大罐当日未能分装完者,可延至次日分装完毕。不同亚批的制品不得连续使用同一套灌注用具。制品分装应做到随分装随熔封。用瓶子分装者,需加橡皮塞并用灭菌的铝盖加封。分装活疫苗、活菌苗及其他对温度敏感的制品时,分装过程中制品应维持在25 ℃以下,分装后之制品应尽快采取降温措施(有专门规定者,按有关制品的要求进行)。含有吸附剂的制品或其他悬液,在分装过程中应保持均匀。分装时,可根据不同制品的具体情况,采取适当措施除去微量沉淀。

(3)对分装制品的要求

待分装之制品,其最后一次无菌试验不可超过6个月,超过6个月者,应由有关部门重新抽检。

制品的实际装量应多于标签标示量,分装2 mL者补加0.2 mL,分装5 mL者补加0.3 mL,分装10 mL者补加0.5 mL,分装20 mL者补加1 mL,分装50 mL者补加2 mL,分装100 mL者补加4 mL。抗毒素除上述规定外,按单位计算另补加10%或20%,保证做到每安瓿的抽出量不低于标签上所标明的数量。

(4)分装后的处理

分装后之制品要按批号填写分装卡片,写明制品名称、批号、亚批号、规格、分装日期等。立即填写分装记录,注明分装、熔封、加塞、加铝盖等主要工序中直接操作人员的姓名。

分装后制品每批或亚批(大罐分装的制品应以分装机为单位分为亚批)按《生物制品无菌试验规程》之规定,在分装过程的前、中、后3个阶段任意抽取样品,送质量检定部门检定。样品之瓶样、装量及分装情形须与同批内其他安瓿一致,不得选择。质量检定部门也可以到分装部门现场抽取样品。

3)冻干

弱毒苗加入冻干保护剂后,就需要在冻干机中进行冻干。

①预冻。温度最好要低于待处理物的共晶点温度5~10 ℃,要快速冷冻、产生冰晶小,对细胞影响小,活性高。事先要对产品的共熔点温度进行测定,得出预冻的合适温度。

②升华干燥。提供低温热源,在真空状态下,使冰直接升华为水蒸气而使物料脱水,升华温度要低于待处理物的共晶点温度,否则会出现熔化和干缩现象。

③解吸干燥。经上述处理后,产品内还存在10%左右的水分,水分还要继续除去,这时使产品的温度迅速上升到该产品的最高允许温度,并在该温度一直维持到冻干结束为止。迅速提高产品温度有利于降低产品残余水分含量和缩短解吸干燥的时间。产品的允许温度视产品的品种而定,一般为25~40 ℃。

④密封保存。产品在冻干箱内工作完毕之后,需要开箱取出产品,将干燥的产品进行密封保存。由于冻干箱内在干燥完毕时处于真空状态,因此产品出箱前可以选择放入高纯度氮气后再进行压塞,或在真空条件下压入冻干胶塞,放入无菌空气,打开箱门,取出产品。

6.3 常用病毒性疫苗的制备

6.3.1 猪瘟兔化弱毒兔体组织活疫苗

1)毒种

本品使用制备病毒为猪瘟兔化弱毒 C 株。注射家兔后的特征是发生定型热反应,体温超过常温 1~1.5 ℃,维持 18~24 h。

2)疫苗制备

①选择经测温、观察健康的体重为 1.5~3 kg 的家兔。用 20~50 倍生理盐水稀释的脾乳剂、活脾淋乳剂,静脉注射 1 mL,定期测定其体温。选择定型热反应兔(潜伏期 24~48 h、体温曲线上升明显、超过常温 1 ℃以上至少有 3 个温次,并稽留 18~36 h)和轻热反应兔(潜伏期 24~72 h,体温曲线有一定上升、超过常温 0.5 ℃以上至少有 2 个温次,稽留 12~36 h),并在其体温下降到常温后 24 h 内剖杀。

②在无菌条件下采取脾、淋巴结、肝、肺(有严重病变者不能采集),去除脂肪、结缔组织、血管、胆囊及病灶部,供生产混合苗用。

③制造混合苗时,肝脏用量不超过淋脾重量的 2 倍,将组织称重后剪碎,加入适量 5% 蔗糖脱脂乳保护剂,混合研磨后去除残渣,按实际滤过的组织液计算稀释倍数,加入余量保护剂为原苗。每毫升原苗可加青、链霉素各 500~1 000 IU,摇匀后置 4 ℃作用一定时间后即可分装、冻干。

3)检验

除按《成品检验的有关规定》进行检验外,还须做如下检验。

①无菌和支原体检验。如有菌生长,应进行杂菌计数,并作病原性鉴定。每头份疫苗含非病原菌应不超过 75 个,应无支原体生长。

②安全检验。疫苗冻干后,需用 SPF 猪作安全性检查,而且供检猪的血清中应无猪瘟病毒的中和抗体,常用中和试验来测定猪血清中是否含有猪瘟中和抗体。

③效力检验。每头份菌苗稀释 150 倍,肌肉注射无猪瘟中和抗体的健康易感猪 4 头,每头 1 mL。10~14 d 后,连同条件相同的对照猪 3 头,注射猪瘟石门系血毒 1 mL(10^5 最小致死量),观察 16 d。对照猪全部发病,且至少死亡 2 头,免疫猪全部健活或稍有体温反应,但无猪瘟临床症状为合格。如对照死亡不到 2 头,可重检。

6.3.2 猪伪狂犬病灭活疫苗

(1)毒种

本品毒种采用鄂 A 株,在 BHK21 细胞培养中毒价不应低于 10^{-6},对家兔或山羊的

LD_{50} 不应低于 10^{-6}。

（2）疫苗制备

种毒经 1:100 稀释后接种 BHK21 细胞单层，37 ℃条件下培养 24～48 h，CPE 达到 75% 以上时收获病毒液。加入 0.1% 甲醛溶液灭活，再加油佐剂乳化即制成灭活疫苗。

（3）疫苗检验

质量标准除按《成品检验的有关规定》进行检验外，还应作如下检验。

①安全检验。用体重 16～18 g 小鼠 5 只，各皮下注射疫苗 0.3 mL。观察 14 d，应健活；用体重 1.5～2 kg 家兔 2 只，各臀部皮下注射疫苗 5 mL，观察 14 d，应健活，且无不良反应。

②效力检验。用体重 10～20 kg 伪狂犬病抗体阴性的断奶仔猪 4 头，各颈部肌肉注射疫苗 3 mL，28 d 后，采血，分离血清，测定中和指数，免疫猪血清中和指数应不小于 316。

6.3.3　鸡新城疫 I 系活疫苗

1）毒种

种毒制苗用种毒为中等毒力毒株 I 系，应符合下列标准：对鸡胚的最小致死量应不低于 10^{-6}0.1 mL，接种鸡胚应在 24～72 h 死亡，胚胎有明显病变，血凝价 1:80～1:320；种毒对鸡的最小免疫量应不低于 10^{-6} mL；种毒 100 倍稀释肌肉注射 1 mL，对 2～4 月龄健康来航鸡应安全。

2）疫苗制造

将种毒 100 倍稀释 0.1 mL 接种鸡胚尿囊腔后，37 ℃条件下培养，将 24 h 内及 48 h 后死亡胚弃去不用，无菌操作收获 24～48 h 内死亡鸡胚尿囊液，加双抗后分装制成湿苗；或将鸡胚尿囊液、胎儿及绒毛膜混合研磨制成悬液，加入等量 5% 蔗糖脱脂乳，充分混合，过滤，加双抗后分装冻干。

3）检验

质量标准除按《成品检验的有关规定》进行检验外，安全检验与效力检验方法如下。

①安全检验。用 2～12 月龄来航鸡 3 只，每只肌肉注射 100 倍稀释疫苗 1 mL，观察 10～14 d，允许有轻微反应，但须在 14 d 内恢复健康，判为合格。如有 1 只鸡出现腿麻痹不能恢复时，可用 6 只鸡重检一次，重检结果如果 1 只鸡出现重反应，再用 6 只鸡作第 3 次检验，仍有 1 只鸡出现重反应，则判为不合格。

②效力检验。将苗用灭菌生理盐水稀释成 10^{-5}，尿囊腔接种 0.1 mL10 日龄鸡胚 5 只，鸡胚在 24～72 h 全部死亡，胎儿有明显病变，混合鸡胚液对 1% 鸡红细胞凝集价在 1:80 以上为合格。如不能在规定时间内致死，可重检 1 次。

6.3.4　马立克氏病火鸡疱疹病毒（HVT）活疫苗

1）毒种

种毒为 Fc126 毒株。应符合以下指标：对 1 日龄白洛克健康鸡 20 只肌肉接种 1 000 PFU，于 21 日龄时连同对照鸡 20 只，用京—1 株强毒 10^{-3}～10^{-2}0.2 mL 腹腔注射攻毒,观察 8 周,对照组 MD 阳性率不低于 60%,免疫组 MD 减少率应在 70% 以上;用 10 000 PFU 以上剂量由卵黄囊接种 4~5 日龄鸡胚,观察至 18~19 日龄,应不致死鸡胚;尿囊膜应有 HVT 典型痕斑,胚出现绿肝等特征性病变;用 1 日龄健康雏鸡 20 只,每只腹腔接种 1 000 个 PFU,观察 70~90 d,应全部无 MD 临床症状和肉眼病变;对 1 日龄雏鸡肌肉或腹腔种的最小感染量应低于 1 000 PFU,在 2 周龄以后扑杀接种,做肾细胞培养应出现典型的火鸡疱疹病毒细胞病变。

2)疫苗制造

用冻干或液氮保存的毒种于鸡胚成纤维细胞上复壮继代 1~2 代,选培养 48~72 h、CPE 达 70% 以上者,按种毒继代方法收获处理,作为种子毒液;以 1:60~1:100 细胞感染比接毒,37 ℃ 条件下培养 64~72 h,待 CPE 达 60% 时用 1:4~1:6 胰酶—EDTA 消化细胞,再加入适量营养液后离心收集沉淀细胞,再加入适量 SPGA 稳定剂悬浮细胞,用超声波裂解器进行裂解,即为原苗,后分装冻干。

3)检验

质量标准除按《成品检验的有关规定》进行检验外,还需作如下检验。

①安全检验。用 10 日龄的未免疫鸡胚 10 只,以 10 倍稀释的疫苗由尿囊腔接种 0.1 mL/胚,孵化 5 d 后收集尿囊液,其对鸡红细胞不凝集,接种后 24~120 h 内死亡胚不超过 20%,死亡鸡胚尿囊液对鸡红细胞不凝集,判为合格。

②效价测定。疫苗以 SPGA 液稀释,接种细胞单层,吸附后加入含 2% 犊牛血清的 199 营养液,继续培养 24 h,倒净营养液,覆盖含 5% 犊牛血清的 MEM 营养琼脂,继续培养 4~6 d,分别计算 PFU,每瓶冻干苗不应低于 50 000 PFU。

小 结

在进行兽医生物制品的研究、生产和检验时,经常需要使用实验动物。在选择实验动物时,要综合考虑年龄、体重、性别、生理状况、健康状况、易感程度、微生物学级别等多种因素。鸡胚(包括其他禽胚)是正在发育中的机体,多种动物病毒能在鸡胚中增殖和传代,并可用鸡胚制备某些病毒抗原、疫苗和卵黄抗体等。在选用禽胚时应注意一些基本原则,如应选择 SPF 鸡胚,若无 SPF 鸡胚,可用非免疫鸡胚代替,但普通鸡胚不适用于疫苗生产。病毒性疫苗的生产过程主要包括制备生产毒种、病毒接种、培养和收获、半成品检验、配苗、分装等。本章中还讲述了一些常用病毒性疫苗的制备过程,供大家学习和参考。

复习思考题 》》》

1.毒种分为哪几类,各有什么特点?

2.动物选择的基本原则有哪些?

3.动物接种方法有哪些?

4.如何选择合适的禽胚来生产病毒性疫苗。

5.对鸡胚敏感的病毒有哪些?

6.鸡胚接种方法有哪些?

7.简述病毒性疫苗的生产过程。

第7章
其他兽医生物制品制备技术

知识目标

◇了解寄生虫疫苗的制备技术。

◇掌握诊断用兽医生物制品的生产技术。

◇掌握免疫血清、卵黄抗体的制备技术。

◇掌握类毒素的制备技术。

◇了解兽医生物制品制造新技术。

技能目标

◇能进行诊断血清的制备。

◇能进行免疫血清的制备。

◇能进行卵黄抗体的制备。

7.1 寄生虫疫苗制备技术

随着多种生物学新技术,尤其是分子生物学技术在寄生虫研究领域的应用,寄生虫免疫学研究不断取得进展,各种虫体的抗原变异机理不断被揭示,保护性抗原分离及分子克隆不断取得突破,寄生虫基因工程虫苗也开始生产并崭露头角。寄生虫有着复杂的生活史,寄生虫抗原十分复杂,通过各种复杂方式如抗原变异、抗原伪装、表面抗原脱落与更新等来逃避或扰乱宿主的免疫防御反应,使宿主难以产生有效的保护性免疫反应,这些均给寄生虫疫苗的研制带来了困难。因此,研制有效寄生虫病疫苗是动物寄生虫防治工作者一项长期而复杂的任务。

7.1.1 致弱虫苗

从目前使用的兽医寄生虫疫苗类型来看,致弱活疫苗占有绝对优势,其保护机理主要是模仿自然感染,刺激机体产生免疫应答。寄生虫免疫多可带虫免疫,处于带虫免疫状态的动物对同种寄生虫的再感染均表现出不同程度的抵抗力。设法将强毒虫株致弱再接种易感宿主,可以提高抗感染能力。致弱寄生虫毒力的方法有如下3种。

1)筛选天然弱毒虫株

每一种寄生虫种群的不同个体或不同株的致病力不同,但其基因组成可能相同。有些致病力很弱的个体是天然致弱虫株,是制备虫苗的好材料。

2)筛选缺少某一生活阶段或生活周期缩短的虫体

如刚地弓形虫 S48 株就不能形成包裹;筛选生活周期缩短的虫体的例子有早熟艾美尔球虫苗。

3)人工传代致弱株

有些寄生虫虫株在易感动物或培养基上反复传代后,致病力不断下降,仍保持抗原性。所以,可以通过传代致弱获得弱毒虫株,用于制造寄生虫苗,如巴贝斯虫和锥虫。

(1)体内传代致弱

牛巴贝斯虫弱毒疫苗就是用牛巴贝斯虫在犊牛体内反复机械传代 15 代以上得到的。此时,虫体的毒力下降到不能使牛发病的程度。对球虫的早熟株则是通过鸡体内的反复传代使球虫的生活史短,在鸡体内的生存时间减少,从而达到降低毒力的目的。

(2)体外传代致弱

将虫体在培养基内反复传代培养,最后达到致弱虫体的目的。这种方法致弱的寄生虫苗有艾美尔球虫的鸡胚传代致弱苗和牛泰勒虫的淋巴细胞传代致弱苗。

除此之外,还有放射性致弱和药物致弱 2 种方法,但目前已很少使用。

7.1.2　抗原苗

制备寄生虫抗原苗首先要提取寄生虫的有效抗原成分,再加入相应的佐剂制成。该类虫苗的制备关键是确定和大量提取寄生虫的有效保护性抗原。

1)传统寄生虫抗原苗

寄生虫可溶性抗原(包括分泌抗原,即 ESA)的免疫原性较好,制备方法简便,如制备蠕虫可溶性抗原的常规方法是将其机械粉碎,提取可溶性抗原或虫体浸出物再通过浓缩即可。这种虫苗实际上是一种混合苗,它包括多种成分,在应用时往往需要佐剂和多次接种,而且病原体的培养要求较高,投入成本上较高。随着寄生虫(尤其是原虫)体外培养技术的建立,很多寄生虫可以体外大量繁殖,为提取大量的 ESA 奠定了基础。

2)分子水平寄生虫抗原苗

制备有效寄生虫疫苗的关键是获得大量的能刺激机体产生特异性免疫保护的功能抗原。随着分子生物学的发展,越来越多的生物技术引入寄生虫学研究,促进了寄生虫抗原的分离、纯化、鉴定及体外大量合成。分子克隆技术的应用让人们找到了一条能大量纯化寄生虫功能抗原的途径,进而可以制备出新一代寄生虫苗,主要是 DNA 疫苗和重组亚单位疫苗。

7.2　诊断用兽医生物制品生产技术

诊断制剂是指利用微生物、寄生虫培养物、代谢物、组分(提取物)和反应物等有效物

及动物血清等材料制成的,专门用于动物传染病和寄生虫病诊断和检疫的一大类制品,又称为诊断液。诊断制剂主要有诊断用抗原、诊断用抗体(血清)和标记抗体3类。对于诊断制剂的最基本要求是特异性强和敏感性高。诊断制剂用于诊断的原理,是基于抗原和抗体能特异性反应,以及抗原引起动物机体特异性免疫应答的基本特征。可以用已知抗原检测未知抗体,或用已知抗体检测未知抗原,也可进行动物疫病的诊断。

7.2.1　诊断用抗原

1)血清反应抗原

血清反应抗原是用已知微生物和寄生虫及其组分或浸出物、代谢产物、感染动物组织制成,用以检测血清中的相应抗体的制品。此类制剂可与血清中的相应抗体发生特异性结合,形成可见或可以测知的复合物,以确诊动物是否受微生物感染或接触过某种抗原。常用的抗原有凝集反应抗原、沉淀反应抗原和补体结合反应抗原、酶联免疫吸附试验抗原等。

(1)凝集反应抗原

颗粒状抗原(完整的病原微生物或红细胞等),在有电解质存在条件下,能与特异性抗体结合,经过一定时间形成肉眼可见的凝集现象。

凝集抗原制备的基本程序:首先是选择符合要求的合格菌株,接种于适宜的培养基上进行培养。用0.5%苯酚生理盐水洗下培养基上的细菌,经一定时间灭活,或用生理盐水洗下后加热灭活。将灭活的菌液过滤,除去大的颗粒,离心除去上清液,将沉淀用1%甲醛生理盐水或0.5%苯酚生理盐水稀释成每毫升含规定菌数。经无菌检验、特异性检验和标化合格者即为浓菌液。间接凝集抗原制备使用的载体多为红细胞。先取可溶性抗原,然后将抗原按量吸附于双醛化的载体红细胞上,使红细胞致敏,即为间接凝集抗原。

兽用凝集反应抗原主要有布鲁氏菌凝集反应抗原(试管、平板和全乳环状凝集反应抗原)、鸡白痢全血凝集反应抗原、鸡源支原体平板凝集反应抗原、马流产凝集反应抗原、猪传染性萎缩鼻炎Ⅰ相菌抗原等。

(2)沉淀反应抗原

为胶体状态的可溶性抗原,如细菌和寄生虫的浸出液、培养滤液、组织浸出液、动物血清和动物蛋白等,与相应抗体相遇,在二者比例合适并有电解质存在时,抗原抗体相互交联形成的免疫复合物达到一定大小时,即出现肉眼可见的沉淀。沉淀抗原为细微的胶体溶液,单个抗原的体积小而总面积大,出现反应需要的抗体量多,故试验时常稀释抗原加不稀释的血清,并以抗原的稀释度作为沉淀反应的效价。

由于使用方法不同,沉淀反应抗原又分为环状反应抗原,如炭疽动物脏器抗原;絮状反应抗原,如测定抗毒素效价的絮状反应抗原;琼脂扩散反应抗原,如鸡传染性法氏囊病琼脂扩散反应抗原;免疫电泳抗原等。根据病原体的不同和制备材料的不同,诊断抗原的制备方法也不同。

①细菌沉淀抗原制备。选择适宜的菌种接种于合适的培养基上培养,培养结束后收获细菌,灭菌,研磨成菌粉,加适当比例的0.5%苯酚生理盐水浸泡,过滤后的滤液即为沉淀抗原。也可将收集的细菌培养物直接加入适量的甲醛或酒精,静置一定时间;或加入适量醋

酸,100 ℃水浴30 min;或用裂解菌体等方法提取抗原,然后离心,收集上清液(有时也可使用离心沉淀物),必要时浓缩即成为沉淀抗原。

②病毒沉淀抗原制备。选择动物组织培养病毒。收获含病毒量高的动物组织制成匀浆,加入缓冲液或生理盐水,裂解细胞,置于40 ℃温度下浸毒。高速离心取上清液,灭活后即成沉淀抗原。也可进一步提取,加入硫酸铵后离心、取沉淀,加缓冲液或生理盐水使沉淀溶解,再进一步用免疫吸附柱吸附病毒,然后洗脱病毒,透析即成。

也可以采用细胞培养病毒方法制备抗原,接毒后使用不含血清的维持液培养,收集培养物,裂解细胞,3 000 r/min离心取上清液,浓缩即成。也有的用硫酸铵进一步沉淀、纯化抗原。

畜禽沉淀反应抗原有鸡传染性法氏囊病琼脂扩散反应抗原、马立克氏病琼脂扩散反应抗原和标准炭疽抗原等。

(3)补体结合反应抗原

补体是动物血清中的一种不耐热物质,用于补体结合反应。在补体的参与下可明显地提高抗原、抗体特异性反应的敏感性。可用已知抗原检测未知抗体,或用已知抗体检测未知抗原。补体结合反应中有两个不同的抗原抗体系统,第一个系统是被检测的抗原抗体系统(反应系统或检测系统),第二个是绵羊红细胞及溶血素(指示系统或溶血系统)。当补体存在时,如果第一系统中的抗原和抗体同源,则补体被结合形成抗原—抗体与补体复合物,就不再有补体为第二系统红细胞—溶血素复合物所结合,因而红细胞不溶血,是为阳性反应。相反,如果红细胞溶血,说明补体被结合于第二个系统中,说明第一个系统中抗原与抗体不同源,是阴性反应。在阳性反应时,尚可以根据抗原抗体用量作出定量评估。

补体结合反应抗原的制备,若是细菌性的,就先将合格的菌株在培养基上大量培养,然后用0.5%苯酚生理盐水冲下,收集菌液,高压灭菌或加温水浴灭活,或加甲醛灭活,然后离心除去上清液,将沉淀悬浮于0.5%苯酚生理盐水中,置冷暗处浸泡一段时间,收集上清液即为抗原。若是病毒性的,就先将病毒在细胞中大量增殖后,收获病毒液,冻融3次,以30 000 r/min的速度离心30 min,收集上清液,经适当处理即为抗原。

我国生产使用的兽用补体结合反应抗原有鼻疽补体结合反应抗原,牛肺疫补体结合反应抗原,布鲁氏菌补体结合反应抗原,马传染性贫血补体结合反应抗原,钩端螺旋体补体结合反应抗原及锥虫补体结合反应抗原等。

2)变态反应抗原

细胞内寄生菌(如布鲁氏菌、结核杆菌、鼻疽杆菌等)在传染过程中引起以细胞免疫为主的变态反应,即感染机体再次遇到同种病原菌或其代谢产物时出现一种具有高度特异性和敏感性的异常反应。据此,临床上常用以诊断某些传染病。

引起变态反应的抗原物质称为变应原(变态反应抗原),如鼻疽菌素、结核菌素和布鲁氏菌水解素等。

(1)布鲁氏菌水解素

布鲁氏菌水解素是变态反应原性良好的弱毒布鲁氏菌水解物,专用于绵羊和山羊布氏菌病的变态反应诊断。羊的皮肤变态反应在愈后1~1.5年才逐渐消失,所以对污染羊群检出率高于血清学方法。

（2）结核菌素

结核菌素是结核菌菌体成分，由科奇（Koch）于1890年首创的一种用于诊断结核病的生物制品，至今仍被广泛应用，此后许多学者采用不同方法又制备了50多种结核菌素，其中仅科奇的旧结核菌素（OT）及塞伯尔特（Seibert）制备的纯蛋白衍生物（PPD）诊断价值高。近年来，保罗（Poul）、桑坦福德（Stanford）又研制出一种新结核菌素。

（3）鼻疽菌素

动物在感染鼻疽菌后2～3周，即出现对变应原的变态反应，而且持续时间较长，一般可保持10年以上，有的可持续发生。鼻疽的变应原称为鼻疽菌素，有粗鼻疽菌素（老鼻疽菌素）和提纯鼻疽菌素两种。

变态反应抗原的制备，分粗变态反应抗原和提纯变态反应抗原两种方法。

①粗变态反应抗原制备。将合格的菌种接种于规定的培养基上培养一定时间，收获培养物，然后高压灭菌、过滤，滤液即为粗变态反应抗原。结合菌素还可用合成培养基制备，此培养基不含蛋白质，可减少非特异性物质。

②提纯变态反应抗原制备。将选好的菌种接种于不含蛋白质的合成培养基上进行培养，培养结束后收获细菌，高压灭菌、过滤，在滤液中加入4%三氯醋酸，离心洗涤3次，将沉淀物溶于pH7.4 PBS中，测定蛋白含量，分装备用或冻干保存。

7.2.2　诊断用抗体

1）诊断血清

诊断血清是利用血清反应以鉴别微生物、鉴定病原血清型或诊断传染病的一种含已知的特异性抗体的血清。通常以抗原免疫动物制成，有些则需再经吸收除去非特异性抗体成分后供诊断用。含有多种血清型抗体的血清称为多价诊断血清，只对应一个型的称为单价诊断血清或因子血清。单含鞭毛抗体成分的血清称为H血清，单含菌体成分的血清称为O血清，针对菌毛和荚膜的均称为K血清，还有抗毒素血清和抗病毒血清等。诊断血清的制备方法和要求与治疗用高免血清类似。

2）单克隆抗体

血清中的抗体一般是由多个抗原决定簇刺激不同B细胞克隆而产生的，故称为多克隆抗体。而由一个B细胞分化增殖的浆细胞产生的针对单一抗原决定簇的抗体为单克隆抗体。

7.2.3　抗体标记技术

具有示踪效应的化学物质与抗体结合后，仍保持其示踪活性和与之相应的抗原特异结合能力，此种结合物称为标记抗体。通过标记物的信号放大作用，可以提高免疫分析技术的敏感性。可借以示踪和检测抗原的存在及其含量，多用于鉴定抗原和诊断疾病。常用的标记物有放射性同位素、荧光素和酶。

1)放射性同位素标记抗体

免疫放射分析(IMRA)是米尔斯(Miles)等人首先提出的一种用放射性同位素标记抗体的新的分析技术。该技术利用同位素标记物的放大效应,改善了待测物的检测下限,具有高度敏感性、精确性;同时,以抗体作为结合试剂,大大提高了检测方法的特异性。目前多使用同位素碘作标记,^{125}I半衰期较长、同位素丰度大、辐射损伤小和计数率较高。

放射物标记中最常用的是外标记,碘标记的方法很多,最常用氯胺T法,抗体IgG比较稳定,碘化后架存期较长。

碘化IgG程序。先将提纯的免疫抗体IgG与同位素^{125}I置试管中,再加入氯胺T。由于碘化反应进行很快,故碘及氯胺T必须在搅拌下加入,以免碘化不均匀。约5 min后加入还原剂偏重亚硫酸钠,阻断氯胺T作用以终止碘化反应;再加入碘化钾作为碘离子的载体,以减少蛋白分子吸附试剂中数量不稳定的放射性碘离子。最后用过葡聚糖G_{50}柱等方法将游离碘及其他放射性杂质与标记抗体分开。

检测抗原的免疫测定法(IRMA)有两种。其一是待测抗原与可溶的标记抗体作用,将放射性复合物留在溶液中,未用完的标记抗体借一固相抗原第二次作用而除去。然后测定溶液中放射性,即可测得抗原量。其二是使待测抗原与固相载体上的特异性抗体结合,成为不溶复合物,再与可溶的标记抗体作用,生成不溶的标记复合物,未作用的游离标记抗体,经洗涤除去。此法又称两位点IMRA或IMRA夹心法。

2)荧光素标记抗体

以荧光标记的荧光免疫分析(FIA)是由科恩(Conn)等人首创于20世纪40年代的一种标记免疫学技术,其所用标记物是荧光素和荧光染料。荧光素是一种染料,在紫外光、蓝紫光等短波光照射下而被激发释放出波长较长的可见光,称为荧光。常用的荧光素有异硫氰酸荧光素(FITC)、四乙基罗丹明(RB200)和二氯三嗪氨基荧光素(DTAP)等。荧光抗体与相应抗原结合后,在紫外光或蓝紫光等照射下,标记抗体上的荧光素发出荧光,通过荧光显微镜检测荧光强度和荧光现象,可知抗原的存在及部位,依荧光强弱也可测知抗原量的差异。

荧光素与蛋白质结合的化学反应基团主要有3种类型,即酰基氯、异硫氰酸和重氮盐类,通过化学键作用于相应的抗体反应结合。目前标记方法主要是透析法和直接标记法两种。

荧光素标记抗体制造,以FITC为例,其标记方法:将提纯的抗体球蛋白用冷pH为7.2的PBS稀释成10~20 mg/mL的浓度,按蛋白量的1/100~1/80加入FITC,先用pH为9.5的0.5 mol/L浓度的碳酸盐缓冲液溶解FITC,于5 min内滴加到抗体球蛋白溶液中,最后补加碳酸盐缓冲液,使其总量为抗体球蛋白溶液量的1/10。在4 ℃搅拌标记12~15 h(20~25 ℃、1~2 h),用大量的PBS透析4 h。用葡聚糖凝胶滤除标记抗体中的游离荧光素,通过DEAE纤维素层析除去过高标记和未标记的蛋白分子,再经脏粉吸收除去荧光抗体中的异嗜性抗体。最后,测定效价和特异性,分装、保存。

3)酶标记抗体

以酶标记的酶免疫分析(EIA)是继放射性标记分析和FIA之后建立起来的一项将酶反应的高效性与免疫反应的特异性有机地结合起来的标记免疫学技术。以与底物结合后

能显色的酶与抗体连接后所制备的结合物称为酶标记抗体。主要是利用免疫复合物上的酶将特定的底物转化为特定的颜色,用分光光度计测定,根据有色产物的有无及浓度,可对抗原作定性、定位和定量检测。

用于标记的酶有辣根过氧化物酶(HRP),碱性磷酸酶(AP),β-半乳糖苷酶和葡萄糖氧化酶等。每种酶通过与自己的特殊作用底物反应,而产生典型的有色沉淀物。通过反应的颜色与被检测物的相关关系,从而对被检物进行定量分析。

酶标记抗体的常用方法有戊二醛一步法。戊二醛二步法和过碘酸钠氧化法 3 种。本文只介绍过碘酸钠氧化法,其原理是 HRP 含 18% 碳水化合物,过碘酸钠将酶分子表面的多糖链氧化为醛基,用硼氢化钠中和多余的过碘酸。酶上的醛基很活泼,可与蛋白质的氨基结合。标记步骤如下。

①称取 5 mg HRP 溶于 1.0 mL 新配制的 0.3 mol/L 浓度 pH 为 8.1 的 $NaHCO_3$ 溶液中。

②滴加 0.1 mL 1% 的 2,4-二硝基氟苯无水乙醇溶液,室温避光轻轻搅拌 1 h。

③加入 1 mL 0.06mol/L 的过碘酸钠水溶液,室温轻搅 30 min。

④加入 1 mL 0.16mol/L 乙二醇,室温避光轻搅 1 h,然后装入透析袋中。

⑤于 1 000 mL pH 为 9.5 的 0.01 mol/L 碳酸钠缓冲液中,4 ℃透析过夜,其间换液 3 次。

⑥吸出透析袋中液体,加入每毫升含 IgG 5 mg 的 pH 为 9.5 的 0.01mol/L 的碳酸钠缓冲液 1 mL,室温避光轻轻搅拌 2～3 h。

⑦加硼氢化钠 5 mg,置 4 ℃条件下 3 h 或过夜。

⑧逐滴加入等量饱和硫酸铵溶液,置 4 ℃条件下 1 h 后,4 000 r/min 离心 15 min,弃上清液,沉淀,再用 50% 饱和硫酸铵沉洗 2 次。

⑨沉淀物溶于少量 pH 为 7.4 的 0.01 mol/L 的磷酸缓冲盐水液,装入透析袋,以同样缓冲盐水液充分透析至无铵离子,1 000 r/min 离心 30 min,上清液即为酶标记抗体。

7.3 治疗用兽医生物制品制造技术

7.3.1 免疫血清

1)概念、机理及应用

将抗原注射于动物体,可刺激动物的 B 淋巴细胞转为浆细胞产生特异性抗体,待动物血清中积累大量抗体时,采集其血液,分离、析出血清,此即含抗体的免疫血清,或称抗血清。免疫血清种类很多,包括抗毒素、抗菌血清、抗病毒血清、抗 Rh 血清等。

由于免疫血清含有特异性的免疫球蛋白——抗体,所以具有预防和治疗急性传染病的作用。当将有高度免疫力的抗体输入动物体后,动物就被动地获得了抗体从而形成了免疫力,称为人工被动免疫。免疫血清具有很强的特异性,一种血清只对相应的病原微生物起作用。

特异性强、效价高的免疫血清可用于微生物的鉴定、传染病的诊断和治疗、抗原分析等，是一种非常重要的生物制品。免疫血清主要用作紧急预防接种，通常是在已经发生传染病或受到传染病威胁的情况下使用，其优点是注射后立即产生免疫。但是这种免疫力维持时间较短，一般仅2～3周。因此，在注射血清后2～3周仍需再注射一次疫苗，才能获得较长时间的抗传染能力。目前，免疫血清仍大量生产的仅有破伤风抗毒素及炭疽沉淀素血清等少数几种。

2）动物的选择与饲养

用于制备抗血清的动物主要是哺乳类和禽类，常用动物有马、羊、兔、猪、猴、豚鼠、鸡等。动物种类的选择主要根据抗原的生物学特性和所要获得的血清数量，用同种动物生产的称同源血清，用异种动物生产的称异源血清。制备抗菌和抗毒素血清多用异种动物，通常用马、牛等大动物制备；抗病毒血清的制备多用同种动物。总的看来，制备免疫血清用马较多，因为血清渗出率较高、外观颜色较好。由于动物存在个体差异，所以选定动物应有一定的数量，一个批次至少取用2只以上动物。选择制备免疫血清的动物必须是健壮、适龄、无感染的正常动物，体重最好为2～3 kg，年龄6个月以上，一般选择雄性动物。动物应在隔离条件下饲养，加强饲养管理，喂以营养丰富的饲料，杜绝高免时强毒及发病时散毒。应详细登记每头动物的来源、品种、性别、年龄、体重、特征及营养状况、体温记录和检疫结果等。在生产过程中，若发现动物的健康状况异常或有患病可疑时，应停止注射抗原和采血并进行隔离治疗。

3）免疫原

制备免疫血清的抗原，一般是微生物体或其毒素（类毒素）或微生物的提取物等纯化的完全抗原。因此，制备免疫血清所用的抗原，要根据病原微生物的培养特性，采用不同的方法生产。

制备抗菌免疫血清，基础免疫用抗原多为疫苗或死菌，而高度免疫的抗原，一般选用毒力较强的毒株。菌种接种于最适生长的培养基，按常规方法进行培养。如在固体培养基上繁殖，加适量灭菌生理盐水或缓冲盐水洗下菌苔，制成均匀的菌悬浮液；如用液体培养基培养，应在生长菌数对数期收获；通常活菌抗原需用新鲜培养菌液，并按规定的浓度使用。培养时间较死菌抗原稍短为好，多用16～18 h培养液，经纯粹检查，证明无杂菌者，即可作为免疫抗原。

抗病毒血清，用病毒免疫动物，取其血清精制而成。目前对病毒病的治疗尚缺乏特效药物。故在某些病毒病的早期或潜伏期，可考虑用抗病毒血清治疗。制造抗病毒免疫血清，如抗猪瘟血清，基础免疫的抗原，可用猪瘟兔化弱毒疫苗；高度免疫抗原，则用猪瘟血毒或脏器毒乳剂等强毒。其高度免疫抗原的制法如下：选用对猪瘟易感的体重为40～80 kg的猪，接种猪瘟强毒发病后5～7天，当出现体温升高及典型猪瘟症状时，由动脉放血，收集全部血液，经无菌检验合格后即可作为抗原使用。接种猪瘟强毒的猪，除血中含有病毒外，脾脏和淋巴结也有大量的病毒，可采集并制成乳剂，作为抗原使用。

制备抗毒素血清的免疫原，可用类毒素、毒素或全培养物（活菌加毒素），但后两者只有在需要加强免疫刺激的情况下才应用，一般多用类毒素做免疫原。将类毒素多次免疫动物（常用马）后，采取动物的免疫血清，经浓缩纯化后制得。主要用于治疗细菌外毒素所致

疾病,常用的有白喉抗毒素和破伤风抗毒素。

4)免疫程序的制定

免疫程序分为两个阶段,第一阶段为基础免疫,通常先用本病的疫苗(灭活苗或活苗)按预防剂量作第一次免疫,经1~3周再用较大剂量的灭活苗或活菌或特制的灭活抗原再免疫1~3次,即完成基础免疫。第二阶段为高度免疫,基础免疫后2~4周开始进行高度免疫。注射的抗原采用强毒制造,免疫剂量逐渐增加,每次注射抗原间隔时间为3~10 d,多为5~7 d。高免的注射次数要视血清抗体效价而定,有的只要大量注射1~2次强毒抗原,即可完成高度免疫;有的则要注射10次以上,才能产生高效价的免疫血清。

免疫周期随抗原和免疫方法的不同以及是否使用佐剂而变化。单次注射抗体产生缓慢、效价低、维持时间短,但抗体特异性高;多次注射无以上缺点,但抗体特异性有所降低。不同的免疫途径,抗原在体内的代谢速度不同,对免疫系统的刺激强弱也就不同,因而产生抗体的水平也就不同。抗原的注射途径可根据免疫动物个体的大小、抗原及抗体制备目的或要求不同,选用皮内、皮下、肌肉、静脉或腹腔等不同途径免疫。

免疫程序即具体的免疫实施方案。基础免疫水平、免疫原的强度、注射次数、注射间隔时间、前后程序的间隔等,都对免疫的成功与否、免疫应答水平的持久性以及动物体的健康状态有影响,需根据具体条件作适当调节,制订出最佳免疫实施方案。

5)血液采集与血清的提取

免疫动物经效价检测合格后即可采血。不合格者,再度免疫,多次免疫仍不合格者淘汰。高度免疫最后一次大剂量注射抗原后7~10 d进行第一次采血。采血可以全放血或多次采集。多次采血者,按体重每千克采血约10 mL的标准进行。采血前,为减少血清中的脂肪含量,动物应禁食24 h,但需饮水以防止血中出现乳糜。3~5 d后进行第二次采血。第二次采血后2~3 d,注射足量免疫原。如此循环免疫和采血。全放血者,在最后一次高免之后的8~11 d进行放血。豚鼠由心脏穿刺采血,家兔可以从心脏采血或颈静脉放血,家禽可以心脏穿刺采血或颈动脉放血,羊可以从颈静脉采血或颈动脉、颈静脉放血。采血需无菌操作,一般不加抗凝剂。

从采集的血液中提取血清有两种方法。一种是自然凝结加压法。将血液采入玻璃容器内,于室温下自然凝固,用无菌滴管吸取自然析出血清,于3 000 r/min离心15 min,取上清液,检验合格的抗血清加入终浓度为0.5%苯酚或0.01%硫柳汞防腐。无菌的血清,组批分装,保存于-20 ℃以下保存。另一种是枸橼酸盐血浆分离血清法。按每1 000 mL血液加入10%的枸橼酸钠35 mL,待红细胞沉集后提取血浆;每1 000 mL血浆加入30%氯化钙溶液1.3 mL,室温下静置澄清两昼夜后,经振荡脱去纤维,获得血清。

7.3.2 卵黄抗体

卵黄抗体(IgY)是指从免疫禽蛋中提取出的针对特定抗原的抗体。由于IgY化学性质稳定,母鸡易于饲养、成本低,收集鸡蛋方面符合现代动物保护原则,产生有效免疫反应所需抗原量小,以及动物种系发生学距离的优势,更适宜生产特异性抗体。卵黄抗体在兽医临床方面的应用包括防治大肠杆菌性疾病,防治小牛致死性伤寒沙门氏菌感染和防治家禽病毒病(传染性法氏囊病、鸡新城疫、小鹅瘟、鸭病毒性肝炎等)等。

一般选用健康无病的近交系蛋鸡,多用免疫原性良好的油佐剂灭活苗对开产前或已开产的蛋鸡进行肌肉、皮下、腹股沟等部位分点注射,每只鸡的注射剂量为 0.5 ~ 2 mL,至少免疫 2 次,间隔时间为 4 ~ 6 周。最后一次免疫后第 14 d 测卵黄抗体滴度,如果抗体滴度过低,可以再次免疫。将高免蛋用 0.5% 苯扎氯铵溶液浸泡或清洗消毒,再用酒精棉擦拭蛋壳,打取鸡蛋分离蛋黄。分离主要是去除卵黄中高含量的脂肪及脂蛋白,以获取水溶性组分;主要通过超滤法或沉淀法将大量 IgY 从水溶液中分离出来;为了满足不同的使用目的,大多数情况下需对提取的卵黄抗体进一步纯化,以去除其中的盐、蛋白、沉淀剂以及其他杂质。

7.4　类毒素的制备

7.4.1　细菌毒素和类毒素的概念

细菌毒素是致病性细菌产生的毒性物质的统称,分为外毒素和内毒素两类。外毒素是细菌分泌到菌体外的毒性物质,产生外毒素的细菌多是革兰阳性菌,少数为革兰阴性菌,将这些细菌的培养液过滤除菌即可获得外毒素。外毒素的毒性较强(如 1 mg 纯化的肉毒梭菌外毒素可杀死 2 000 万只小鼠)。外毒素属蛋白质,一般容易被热、酸及消化酶灭活。类毒素又称减力毒素、变性毒素,是指细菌在生长与繁殖过程中产生的外毒素,经化学药品(如甲醛)处理后,成为失去毒性而保留免疫原性的生物制剂。内毒素一般指革兰阴性菌细胞壁的外部结构而言,其成分是磷脂—多糖—蛋白质复合物,这些成分仅在菌体自溶或人工裂解后才释放出来。内毒素性质稳定、耐热、抗原性弱,不能被甲醛脱毒为类毒素。

7.4.2　作用原理

某些细菌外毒素用甲醛等处理后,毒性虽消失,但免疫原性不变,仍然能刺激人体产生抗毒素,故对某疾病具有自动免疫的作用。如白喉类毒素、破伤风类毒素、葡萄球菌类毒素、霍乱类毒素等,可以把它们注射到动物体内用于制备抗毒素。

常用的处理细菌外毒素的甲醛溶液的浓度是 0.3% ~ 0.4%。它可使细菌外毒素的电荷发生改变,封闭其自由氨基,产生甲烯化合物(CH_2=N^-)。其他基团(如吲哚异吡唑环)与侧链的关系也可改变,成为类毒素。常用的类毒素有白喉类毒素和破伤风类毒素。

该类制剂在体内吸收较慢,能较长时间刺激机体,使机体产生高滴度抗体,增强免疫效果。类毒素也可与死疫苗混合制成联合疫苗,如百白破三联疫苗。类毒素在预防由外毒素引起的传染病中起着重要作用,可用于人和动物的免疫接种,使其通过人工自动免疫获得抗病能力;还可用来免疫动物,再从动物血液中提取含抗毒素的血清,将此抗血清注入人体后,可使人体通过被动免疫的方式,立即获得相应的特异性免疫力。

7.4.3　细菌产毒能力

毒素是由产毒性细菌产生的,为了获得更多的毒素,必须选择毒力强而且稳定的菌种。例如白喉杆菌 PW8 株就是在 19 世纪末由帕克斯(Parks)及威廉姆斯(Williams)最早分离的菌株之一,迄今仍为国际最常用的产毒株。其他如破伤风梭菌 Harvard A47 株、Haffkin株、罗马尼亚 L 株和 Toronto 株等均为产毒力较强的菌株。

产毒菌株保持其产毒稳定性至关重要。细菌变异能使产毒力丧失,经常连续传代不利于保持产毒的稳定性,应尽量避免。冷冻或冻干保存可使其比较稳定。产毒力一旦降低或丧失,可通过易感动物使其恢复。培养基的成分对细菌产毒有较大影响,应选择最适当培养基。铁对于白喉毒素、锌对于魏氏梭菌毒素的产生都至关重要。此外,糖类、金属、维生素、氮源、pH 等条件均应予以考虑。培养温度及时间对毒素的产生也有影响。

7.4.4　类毒素的制造流程

细菌类毒素的一般制造流程如下:菌种复苏→培养基制备→菌液→毒素分离→脱毒→纯化→精制→吸附→检验。

1) 菌种与毒素

应选用中监所分发或批准的产毒效价高、免疫力强的菌株,必要时可对菌种进行筛选。菌种应定期作全面性状检查(如细菌形态、纯化试验、糖发酵反应、产毒试验及特异性中和试验等),并有完整的传代、鉴定记录。菌种应用冻干或其他适宜方法保存于 2～8 ℃下。选择适宜的培养基制造种子菌及毒素。毒素制造过程应严格控制杂菌污染,经显微镜检查或纯化试验发现污染者应废弃。毒素须经除菌过滤后方可进行下一步制造程序,也可灭菌后进行精制。

2) 脱毒

毒素自然或人为地变为类毒素的过程称之为脱毒。目前采用的最可靠的脱毒方法仍是甲醛溶液法,温度控制在 37～39 ℃,终浓度控制在 0.3%～0.4%。脱毒后的制品即成粗制的类毒素。经检验合格者,置 2～8 ℃下保存,有效期可达 3 年。

3) 精制

用人工培养法所制得的粗制类毒素液含有大量的非特异性杂质,而毒素含量较低。因此,有必要对类毒素进行浓缩精制,以获得纯的或比较纯的类毒素制品。

(1) 物理学方法

可用冷冻干燥、蒸发、超滤、冻融等方法除水浓缩;也可用氧化铝和磷酸钙胶等固相吸附剂吸附。

(2) 化学沉淀法

有酸沉淀法(盐酸、硫酸、磷酸、三氯醋酸等)、盐析法(硫酸盐、硫酸钠及磷酸盐缓冲液等)、有机溶剂沉淀法(甲醇、乙醇及丙酮等)和重金属阳离子沉淀法(Mg^{2+}、Ca^{2+}、Zn^{2+}、

Ba^{2+} 等,其中以氯化锌应用最广)。

(3)层析法

有凝胶过滤和离子交换层析法。

类毒素精制后应加终浓度0.01%硫柳汞防腐,并尽快除菌过滤。保存于 $2\sim8$ ℃下,有效期为3年。

7.5　兽医生物制品制造新技术

兽用生物制品是根据免疫学原理,利用微生物、寄生虫及其代谢产物或免疫应答产物制备的一类生物制剂。从狭义上讲,它包括用于动物疾病诊断、检疫、治疗和免疫预防的诊断液、疫苗和抗病血清;从广义上讲,它又涉及血液制品、脏器制品和非特异性免疫制剂。它是控制和消灭畜禽传染病的重要武器,也是保障人和动物健康的必要条件,主要应用于动物疫病的预防、诊断和治疗。

近年来,随着我国畜牧业的不断发展,畜禽品种和数量有了大幅度的增加。与此同时,我国畜禽疾病的种类和发生频率也在大大增加,一方面旧的疫病未能控制并不断出现新的变异(毒力增强或抗原性改变),另一方面一些新病又在不断增加。这些疾病给我国的畜禽业造成了巨大的经济损失。然而,目前能快速、特异、敏感、简便的诊断试剂品种极少,尤其是针对新的畜禽传染病的疫苗和诊断制品缺乏。能预防新的重大禽病的疫苗、抗多种疾病的联合疫苗和抗超强毒或变异株的疫苗缺乏,用于种禽免疫接种的高质量疫苗严重不足,远不能适应当前畜禽养殖业的需要。宠物疫苗、细菌疫苗和寄生虫疫苗等方面的研究也亟待加强。需要研究者根据各种疾病的流行特点和免疫机理研制出安全、有效的疫苗,以有效防制这些疾病及更多的新病。随着现代免疫学、分子生物学、分子遗传学的研究不断取得进展,现代新工艺、新材料的不断发展和完善,给传染病诊断、预防提供了新的手段,开辟了新的途径。

7.5.1　新型预防用兽医生物制品及制备

传统疫苗也称常规疫苗,是指以传统的方法,用细菌、病毒培养液、含毒织织制成的弱毒疫苗或灭活疫苗,包括全病毒(菌、虫)灭活疫苗与弱毒疫苗、同源与异源疫苗、多价与多联疫苗等。传统疫苗为我国动物疫病的防控作出了巨大贡献,目前依然是我国控制动物传染病的主要手段。但是,在动物疫情日渐复杂以及新病原和变异株不断出现的新形势下,传统疫苗在生产和应用过程中的局限性越来越明显,导致新型兽用疫苗应运而生。新型疫苗主要指利用基因工程技术制备的疫苗,包括基因工程亚单位苗、基因工程活载体苗、基因缺失苗和核酸疫苗,通常也习惯地将合成肽苗、抗独特型疫苗、转基因植物可食疫苗以及微胶囊疫苗等包括在新型疫苗的范畴之内。

1)基因工程疫苗

基因工程技术最早出现于20世纪80年代,它不仅使人们摆脱了传统的疫苗研究策

略,也为研制新一代的疫苗提供了崭新的方法。兽用基因工程疫苗是利用基因工程方法或分子克隆技术对病原微生物的基因组进行改造,以降低其致病性,提高其免疫原性;或者将病原微生物基因组中的一个或多个对防病治病有用的基因克隆到无毒的原核或真核表达载体上,制成疫苗,接种动物,使其产生免疫力和抵抗力,达到防控传染病的目的。在病原方面涉及细菌、病毒和寄生虫,疫苗使用对象包括猪、马、牛、羊、犬、禽、兔、鱼和其他野生动物等。

(1)亚单位苗

它是利用微生物的一种或几种亚单位或亚结构制成的疫苗,也称为亚结构苗。致病性细菌、病毒经理化方法处理后,除去毒性物质,提取有效抗原成分;或根据这些有效免疫成分分子组成,通过化学合成,制成亚单位疫苗。该类疫苗中只含有产生保护性免疫应答所必需的免疫原成分,便于鉴别、诊断。

制备的技术路线如下:目的抗原基因的选择与分离→目的基因与载体重组→将重组DNA导入受体细胞(原核或真核细胞)→表达编码抗原→重组抗原的提纯与纯化→加佐剂,制苗。

在研制基因工程亚单位疫苗时,首先要明确编码具有免疫活性的特定抗原的DNA(目的抗原基因)。一般选择病原体表面糖蛋白编码基因,而对于易变异的病毒,则可选择各亚型共有的核心蛋白的主要保护性抗原基因序列。其次,还必须有合适的表达系统来生产基因产物,每一系统的目标都是为了达到所需基因产物的高水平表达。用于基因工程亚单位疫苗生产的表达系统主要有大肠埃希氏菌、枯草杆菌、酵母、昆虫细胞、哺乳类细胞、转基因植物以及转基因动物等。

大肠埃希氏菌K88、K99抗原和LTB类毒素单价或多价亚单位疫苗已在我国、美国、加拿大等国家被批准上市。该疫苗用基因工程技术构建成不产生肠毒素而产生K88、K99和或LTB抗原的大肠埃希氏菌株培养物,经灭活后制成。获得批准注册的亚单位疫苗还有传染性生血坏死性病毒gP和Vp2抗原亚单位灭活疫苗、绵羊绦虫亚单位灭活疫苗等。我国对日本血吸虫病亚单位疫苗、牛流行热亚单位疫苗、牛布鲁氏菌亚单位疫苗和牛传染性鼻气管炎亚单位疫苗等的研究也取得了较大的进展。

(2)基因工程活载体苗

它主要以弱毒为载体,通过基因工程方法使之携带并表达某种特定病原体的主要免疫原基因,构建成重组病毒或细菌,再经培养后制备成疫苗。商品化的载体活疫苗主要以痘病毒、火鸡疱疹病毒、新城疫病毒、大肠杆菌和沙门氏杆菌载体为主。

基因工程载体疫苗制备的技术路线如下:目的抗原基因的选择与分离→插入疫苗载体系统(细菌、病毒)→重组载体体外培养扩增→收获培养物及后处理。

哈尔滨兽医研究所研制的鸡传染性喉气管炎重组鸡痘病毒基因工程疫苗和禽流感重组鸡痘病毒载体活疫苗(H5亚型)已通过了新兽药注册,应用效果良好,并且对两种疫苗联合免疫的程序进行了探索。另以新城疫病毒为载体构建了表达H5亚型禽流感病毒HA的重组NDV,可以抵抗新城疫以及H5亚型禽流感强毒的攻击,以此为基础研制的禽流感、新城疫重组二联活疫苗(rLH5株)已通过新兽药注册。

(3)基因工程缺失苗

它是将病原菌或病毒致病力相关的基因删除后构建成的活疫苗,是野毒株发生定向缺失性突变的活苗。缺损病毒株难以自发地恢复成强毒株,但并不影响其增殖和复制,且保持其良好的免疫原性,从而制备成免疫原性好且十分安全的基因缺失苗,而且缺失的基因及其编码产物可作为一种用于区别免疫与自然感染动物的鉴别、诊断标志。基因缺失苗具有良好的应用前景。

制备的技术路线如下:选择靶基因→定向缺失靶基因的某一片断→基因缺失菌、毒株培养增殖→收获细菌或病毒及后处理。

该类疫苗中最有代表性的例子是猪伪狂犬病毒(PRV)糖蛋白 E 基因缺失(gE^-)的活疫苗。该疫苗的免疫力不仅与常规的弱毒苗相当,而且由于 gE 基因的缺失,使其成为一种标记性疫苗,即接种该疫苗免疫的猪在产生免疫力的同时不产生抗 gE 抗体,而自然感染的带毒猪具有抗 gE 抗体。这一优点使欧共体国家在实施根除伪狂犬病计划时只允许采用这种 gE^-基因工程 PRV 活疫苗。国内学者在这方面也取得了很多成果,如由哈尔滨兽医研究所引进并已在国内推广应用多年的伪狂犬病活疫苗是 gE/gI 双基因缺失的 Bartha-K61 株;华中农业大学研制的 TK/gG 双基因缺失猪伪狂犬病活疫苗(HB-98 株)与四川大学研制的 TK/gE/gI 三基因缺失猪伪狂犬病活疫苗(SA-215 株)均通过了新兽药注册。

(4)核酸疫苗

核酸疫苗是继灭活疫苗、减毒疫苗和基因工程重组蛋白疫苗之后的第三代疫苗。核酸疫苗又称 DNA 疫苗或基因疫苗,是将编码某种抗原蛋白的基因置于真核细胞表达系统的控制下,构成重组表达质粒 DNA,将其通过肌肉注射或基因枪等方法注射到动物体内,通过宿主细胞的转录翻译系统合成抗原蛋白,从而诱导宿主产生对抗原蛋白的免疫应答,以达到预防和治疗疾病的目的。核酸疫苗的种类包括 DNA 疫苗和 RNA 疫苗,目前研究最多的是 DNA 疫苗,因为它不需要任何化学载体,所以又称为裸 DNA 疫苗。

该类疫苗具有所有类型疫苗的优点,它安全,能诱导广泛的细胞免疫和体液免疫反应,稳定性提高,免疫持续期长,大规模生产时不需要传染源、成本低廉。它能对目前没有疫苗免疫的疾病进行免疫预防,也可能对存在母源抗体的动物产生免疫保护。

制备的技术路线如下:目的抗原基因的选择与分离→目的基因与载体 DNA 连接→转入宿主扩增质粒→重组质粒提取、纯化及后处理。

现在,犬的黑色素瘤与西尼罗河热核酸疫苗在美国已注册成功。目前,我国相继开展了鸡新城疫、猪瘟、狂犬病、鸡马立克氏病和禽流感等 DNA 疫苗的研究工作,并取得了较好的进展。

2)合成肽苗

合成肽疫苗也称为表位疫苗,是一种完全基于病原体抗原表位或者抗原决定簇氨基酸序列特点开发设计的一类疫苗。该疫苗是依据天然蛋白质氨基酸序列一级结构,用化学方法人工合成包含抗原决定簇的小肽(20～40 个氨基酸),通常包含一个或多个 B 细胞抗原表位和 T 细胞抗原表位,特别适用于不能通过了体外培养方式获得足够量抗原的微生物病原体或虽能进行体外培养但生长滴度低的微生物。目前,对合成肽疫苗的研究主要集中于口蹄疫疫苗。中牧实业股份有限公司和美国联合生物医学有限公司研制的猪口蹄疫 O 型合成肽疫苗通过了新兽药注册。疫苗抗原为纯化的中和性抗原多肽,不易产生过敏反应,对动物的副作用小,对增重的影响小。此疫苗设计的抗原序列覆盖了众多 O 型 FMDV 的

抗原位点序列,比灭活疫苗具有更强的抗流行毒株的能力,同时可以进行鉴别、诊断。

3)抗独特型疫苗

抗独特型疫苗是免疫调节网络学说发展到新阶段的产物。抗独特型抗体可以模拟抗原,刺激机体产生与抗原特异性抗体具有同等免疫效应的抗体。由此制成的疫苗称为抗独特型疫苗,又称内影像疫苗或抗体疫苗。它不仅能诱导体液免疫应答,也能诱导细胞免疫应答。当用这种疫苗接种时,动物虽然没有直接接触病原微生物抗原,却能产生对相应病原微生物抗原的免疫力,故又将这种抗体疫苗称为内在抗原疫苗。该类疫苗在制备方面较其他类型疫苗复杂,首先需要制备多克隆抗体或单克隆抗体,并进行抗体纯化和鉴定。因此,该类疫苗主要适用于目前尚不能培养或很难培养,产量很低的病原体,直接用病原体制备疫苗有潜在危险性的病原体;免疫原性弱,且不能用重组 DNA 技术生产的多糖类抗原。

目前,在兽医领域的研究较为活跃,并显示出广泛的发展前景。我国研制的牙鲆鱼溶藻弧菌、鳗弧菌、迟缓爱德华菌病多联抗独特型抗体疫苗通过注册,这标志着在抗独特型抗体疫苗的研发和产业化方面已取得突破,并且在鱼用制品研究领域走到国际前列。

4)转基因植物可食疫苗

转基因植物可食疫苗是将某些致病微生物的抗原蛋白基因通过转基因技术导入某些植物受体细胞中,并使其在受体细胞中表达,从而使受体植物直接成为可抵抗相关疾病的疫苗。利用转基因植物生产疫苗是一种安全、经济和方便的方法。目前,已成功地应用于转基因研究的植物有烟草、马铃薯、拟南芥、苜蓿、白羽扁豆、菠菜、莴苣、番茄和香蕉等。已有一些细菌和病毒等病原抗原编码基因在植物中成功地得到了表达,并且保留了自身的免疫特性,通过口服或非经肠道免疫能刺激免疫反应,甚至有保护作用。

5)微胶囊疫苗

微胶囊疫苗也称可控缓释疫苗,是指使用微胶囊技术将特定抗原包裹后制成的疫苗,是一种使用现代材料和工艺技术改进现有疫苗的剂型,也是一种简化免疫程序、提高免疫效果的新型疫苗。微胶囊技术具有以下优点。

①最大限度地保护被包裹物料的原有性能、生物活性和免疫原性,防止抗原性及其他有效成分被破坏。

②控制有效成分的释放速度,将有效成分长效化,达到缓释、控释的目的。

③微胶囊技术可以使物质产生物态变化,改变物质重量、体积、状态和表面性能,降低挥发性和毒性,提高产品稳定性和适应性。

④微胶囊具有靶向性,可将被包裹的物料按照设计要求运送到靶器官。

微胶囊包裹的疫苗,由于两种酯类的比例不同,注入动物机体后可在不同时间有节奏地释放抗原,释放的时间持续数月,高抗体水平可维持两年。因此,微胶囊是一个疫苗释放系统,可起到初次接种和加强接种的作用。

7.5.2 新型诊断用兽医生物制品及制备

随着分子生物学技术的发展,新型诊断技术不断涌现,与之相配套的生物技术诊断制剂也应运而生,尤其是基于分子水平的诊断制剂发展迅猛。生物技术诊断制剂大致包括基因工程重组表达抗原、核酸图谱分析、核酸探针、聚合酶链反应(PCR)和基因芯片等。

1)基因工程抗原

基因工程抗原是指用 DNA 重组技术,将编码特定抗原的基因插入原核或真核表达细胞,再转入宿主细胞中使其高效表达。然后,利用生物化学分离、纯化技术,提取表达产物,最后制成诊断用重组表达抗原。

基因工程抗原具有高特异性、高纯度、均质性好、重复性强、成本较低并可大批量生产等优点,尤其是应用这一技术获得了常规方法无法制备的诊断抗原。对人畜共患病病原体(如免疫缺陷病毒、结核分枝杆菌、炭疽杆菌等)的诊断抗原制备,应用生物技术具有无可比拟的优点。

2)核酸图谱分析

核酸图谱分析包括核酸电泳图谱、核酸酶切图谱、寡核苷酸指纹图谱等。适用于这些诊断技术的试剂,主要是核酸提取、酶切、电泳等生物化学和分子生物学试剂,商品化程度已很高。

(1)核酸电泳图谱分析

核酸电泳图谱分析是指分离纯化的核酸,由于相对分子质量的差异在电泳中具有不同的迁移速率并形成不同的带型,通过带型的分析可确定生物体间的遗传关系。质粒图谱分析和 RNA 图谱分析都是电泳图谱分析。

多种细菌含有大小和数量不等的质粒,具有相对稳定性。质粒图谱分析是细菌分型和流行病学调查的重要方法,具有诊断意义。该法简便、特异、快速、可靠,缺点是对一些无质粒或质粒不稳定的菌株,以及质粒相对分子质量相同而核苷酸序列不同的菌株无分辨能力。

根据不同 RNA 片断相对分子质量具有一定差异,在 PAGE 电泳中的迁移速率有所不同,染色后显示出不同的电泳图谱,因而可对不同的病毒或相同病毒的不同毒株的基因型加以分析、比较。此法多用于分节段 RNA 病毒的电泳图谱分析。

(2)核酸酶切图谱分析

染色体 DNA、质粒 DNA 或 RNA 经反转录形成 cDNA,经限制性内切酶切割产生的不同片断,经琼脂电泳后形成不同的带型,即核酸酶切图谱,又称 DNA 指纹图谱。用相同的限制性内切酶消化的 DNA 所产生片断的异同程度,直接反映生物体之间的遗传关系。用不同的限制性内切酶消化 DNA 可分析基因间的连锁关系。由于 DNA 指纹图谱具有多位点性、高变异性、简单而稳定的遗传性,因而自其诞生起就引起了人们的重视,表现出巨大的实用价值。

DNA 指纹图谱法的基本操作步骤:从生物样品中提取 DNA。然后,酶切成 DNA 片断,经琼脂糖凝胶电泳,按分子量大小分离后,转移至尼龙滤膜上。然后,将已标记的小卫星 DNA 探针与膜上具有互补碱基序列的 DNA 片段杂交,用放射自显影便可获得 DNA 指纹图谱。

(3)寡核苷酸图谱分析

寡核苷酸图谱分析是指核酸或核酸片段经 T1 核酸酶消化后,产生许多理化特性和大小不同的寡核苷酸片断,经聚丙烯酰胺凝胶双相电泳分离后,少数较大分子量的酶切核酸

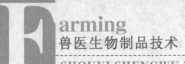

片段在聚丙烯酰胺凝胶上分布特点的比较。因为它是通过少数核酸片段来了解整个核酸的特征,如同根据指纹特点判断案情一样,因此又称为指纹图分析。该法的最大优点为比较简便、敏感性高,能显示出核酸间细小的差别,但缺点是无法对差别大的两条来源不同的核酸进行比较。目前,该种方法已在病毒学研究中得到了广泛的应用,特别是对 RNA 病毒分类、鉴定病毒遗传变异等的研究,且在流行病学调查中具有重要意义。

3)核酸杂交

用放射性同位素、地高辛、生物素或荧光素等标记核酸分子或其片段的一条链作为核酸探针,与处理样本中存在的互补链结合为双链,这个反应就称为核酸杂交。核酸杂交用于疾病诊断的原理是细菌、病毒等病原体的基因组 DNA 或 RNA,在变性解链后,只能与互补的单链 DNA 或 RNA 结合,如将这种互补的核酸用放射性同位素或低高辛等标记,就可用来检测感染动物的组织或媒介是否相关的病原体。

4)聚合酶链式反应(PCR)

PCR 技术是 DNA 体外扩增技术,适于检测不宜培养或含量极微的样品中病原体特定基因片段的有无,或分析不同样品中基因片段的异同。为了检测 RNA 样品,可以先进行反转录,然后进行 PCR 扩增 DNA,这就是 RNA 的反转录—聚合酶链反应(RT—PCR)。PCR与酶切图谱分析和分子杂交技术联合应用可获得更好的效果。另一方面,PCR 技术也不断革新,如定量 PCR、荧光定量 PCR、单链构象多态性 PCR、巢式 PCR 以及多重 PCR 等的问世,使 PCR 用途越来越广。主要应用于疾病诊断、转基因检测、遗传病诊断和性别鉴定等。

5)基因芯片

基因芯片又称 DNA 芯片或 DNA 微阵列,是指将许多特定的寡核苷酸片段或基因片段作为探针,有规律地排列、固定于支持物上。然后,与待测的标记样品中的基因按碱基配对原理进行杂交。再通过激光共聚焦荧光检测系统等对芯片进行扫描,并配以计算机系统对每一探针上的荧光信号作出比较和检测,从而迅速得出所要的信息。它可应用于基因表达谱分析、新基因的发现、基因突变与多态性分析、基因组文库作图、疾病的诊断与预测、药物筛选以及司法与刑侦、环境与食品卫生监督等。

7.5.3 新型抗体及生产技术

1)单克隆抗体

(1)单克隆抗体的概念

单克隆抗体(McAb)是指由一个 B 细胞分化、增殖的子代细胞(浆细胞)产生的针对单一抗原决定簇的抗体。1975 年,科勒尔(Kohler)和米尔斯坦(Milstein)建立了淋巴细胞杂交瘤技术,他们把用预定抗原免疫的小鼠脾细胞与能在体外培养中无限制生长的骨髓瘤细胞融合,形成 B 细胞杂交瘤。杂交瘤细胞承袭了两个亲代细胞的遗传性,既保存了瘤细胞无限迅速增殖传代的能力,又继承了免疫淋巴细胞合成、分泌特异性抗体的能力。经过克隆化培养后,成为单克隆杂交瘤细胞系(单一纯化的无性繁殖细胞系)。这种细胞只产生单一的高度纯的特异性抗体,即 McAb。单克隆抗体具有高特异性、高纯度、均质性好、亲和力不变、重复性强、效价高、成本低并可大量生产等优点。

（2）单克隆抗体的应用

①在血清学技术方面。单克隆抗体用于血清学技术,大大提高了血清学技术的特异性、重复性、稳定性和敏感性,同时也使一些血清学技术得到标准化和商品化,即制成诊断试剂盒。

②在抗原纯化方面。将单克隆抗体吸附在一个惰性的固相基质上,并制备成层析柱。当样品流经层析柱时,待分离的抗原可与固相的单克隆抗体发生特异性结合,其余成分不能与之结合。将层析柱充分洗脱后,改变洗脱液的离子强度或 pH,欲分离的抗原与抗体解离,收集洗脱液便可得到欲纯化的抗原。此技术可与基因工程疫苗的研究相结合,即先用单克隆抗体作为探针,筛选出保护性抗原成分或决定簇,然后再通过 DNA 重组技术表达目的抗原。

③在免疫学基础研究方面。单克隆抗体用于抗体结构和氨基酸顺序分析,促进了对抗体结构的进一步探讨;用于对淋巴细胞表面标志以及组织细胞相容性的分析,极大地推动了免疫学的发展,如通过单克隆抗体对淋巴细胞 CD 抗原分析,可对淋巴细胞进行分群。

④在肿瘤免疫治疗方面。采用杂交瘤技术,可制备出肿瘤细胞特异性抗原的单克隆抗体,然后与药物或放疗药物连接,利用单克隆抗体的导向作用,将药物或放疗物质携带至靶器官,直接杀伤靶细胞,在肿瘤的临床治疗上已显示了广阔的前景。此外,将放射性标记物与单克隆抗体连接,注入体内可进行放射免疫显像,协助肿瘤的诊断。

（3）单克隆抗体的制备

淋巴细胞杂交瘤技术的主要步骤包括动物免疫,细胞融合、杂交瘤细胞的筛选与单抗检测,杂交瘤细胞的克隆化、冻存、单抗的鉴定等。具体步骤如下。

①动物免疫。

a. 抗原制备。从纯度上说虽不要求很高,但高纯度的抗原使得到所需单抗的机会增加,同时可以减轻筛选的工作量。

b. 免疫动物的选择。根据所用的骨髓瘤细胞,可选用小鼠和大鼠作为免疫动物。所有的供杂交瘤技术用的小鼠骨髓瘤细胞系均来源于 BALB/c 小鼠,所有的大鼠骨髓瘤细胞都来源于 LOU/c 大鼠,所以一般的杂交瘤生产都是用这两种纯系动物作为免疫动物。

c. 免疫程序的确定。免疫是单抗制备过程中的重要环节之一,其目的在于使 B 淋巴细胞在特异抗原刺激下分化、增殖,以利于细胞融合,从而形成杂交细胞,并增加获得分泌特异性抗体的杂交瘤的机会。一般免疫 2~3 次,间隔 2~4 周。为达到最高的杂交瘤形成率,需要有尽可能多的浆母细胞,所以在最后一次加强免疫后第 3 d 取脾进行融合较适宜。

②细胞杂交融合。

a. 培养液。无抗生素无血清 DMEM（也可用 1640 培养基）:980 mL 超纯水加 DMEM 原粉一袋（13.7 g）和 $NaHCO_3$ 3.7 g,用 1 mol/L 的盐酸调节 pH 至 7.2,超纯水定容至 1 000 mL,0.22 μm 滤膜过滤除菌。

10% DMEM 基础培养基（无抗生素）:每 90 mL 无抗生素无血清 DMEM,加入 10 mL 小牛血清或者胎牛血清。

HT 培养基:每 100 mL 的基础培养基 10% DMEM（无抗生素）加 100×HT 贮存液 1 mL。

HAT 培养基:每 100 mL 的基础培养基 10% DMEM(无抗生素)加 50 × HT 贮存液 2 mL。

b. 细胞悬液:

● 脾淋巴细胞。最后一次免疫后 3 ~ 4 d,取已经免疫的 BALB/c 小鼠,摘除眼球采血,并分离血清作为抗体检测时的阳性对照血清。同时通过颈脱位致死小鼠,取出脾脏,压出脾细胞,经洗涤后配成细胞悬液。

● 骨髓瘤细胞。冻存的细胞在复苏后要 2 周时间才能处于适合于融合的状态。将处于对数生长的骨髓瘤细胞维持在含 10% 小牛血清的培养基中,方法是用 6 个装 5 mL 培养基的培养瓶,接种 10 倍系列稀释的骨髓瘤细胞。1 周后,将细胞相当密而又未长过的一瓶重新移植。典型的倍增时间为 14 ~ 16 h。

● 饲养细胞。在细胞融合后选择性培养过程中,由于大量骨髓瘤细胞和脾细胞相继死亡,此时单个或少数分散的杂交瘤细胞多半不易存活,通常必须加入其他活细胞使之繁殖,这种被加入的活细胞称为饲养细胞。目前普遍使用的是小鼠腹腔巨噬细胞,按 $2 \times 10^5/mL$ 稀释于培养液中,也可应用脾细胞,胸腺细胞等。取 8 周龄左右 ICR 小鼠 1 ~ 2 只,摘取眼球获得阴性血清,经断颈椎处死,置 75% 酒精中浸泡 5 ~ 10 min;无菌揭开腹部皮肤,暴露腹膜,用注射器将约 10 mL HAT 培养基注入小鼠腹腔,轻轻按摩腹部并吹打数次。最后将含有小鼠腹腔细胞的培养基抽出,移入 100 mL 玻璃瓶或者其他容器中置 4 ℃ 冰箱备用。

c. 细胞融合步骤。

将 1×10^8 脾细胞与 $(2 ~ 5) \times 10^7$ 骨髓瘤细胞(SP2/0)混合于 50 mL 的融合管内,1 000 r/min 离心 5 ~ 10 min 后弃上清液。将融合管置手掌心轻轻摩擦使细胞沉淀松散,置 40 ℃ 水浴中于 45 s 内加入 1 mL 浓度为 50% 的 PEG(40 ℃ 水浴中预热),边加边轻轻摇动融合管。再于 90 s 内先慢后快地加入无抗无血清 DMEM 培养基 20 ~ 30 mL,27 ~ 30 ℃ 静置 10 min。1 000 r/min 离心 10 min 后弃上清液。用 5 mL HAT 培养基轻轻悬浮细胞沉淀,补加含小鼠腹腔细胞的 HAT 培养基至 80 ~ 100 mL,混匀后滴加于 96 孔细胞培养板,置 37 ℃、5% ~ 6% CO_2 细胞培养箱中培养。5 d 后将原孔一半体积的培养基换为新鲜配制的 HAT 培养基,然后每天观察 SP2/0 和脾细胞对照孔,当 SP2/0 和脾细胞全部死亡时,用新鲜配制的 HT 培养基全部置换出 HAT 培养基。逐日观察,待融合的杂交瘤细胞生长至孔底的 1/10,且上清变黄时可吸取小孔中的培养液检测抗体。

③检测抗体。检测方法主要有免疫琼脂扩散试验、免疫电泳、间接血凝、放射免疫测定、放射免疫测定、免疫酶测定、免疫荧光试验等。具体应用时要根据抗原性质、抗体类型及灵敏度等加以选择。如抗原为可溶性、要求灵敏度不高时,可用简便的免疫琼脂扩散试验;要求灵敏度高时,则应用免疫电泳、间接血凝、放射免疫或免疫酶测定法等。当抗原为细胞或其他不溶性颗粒时,除用放射免疫和免疫酶测定外,还可采用免疫荧光测定法。

④杂交瘤细胞克隆化培养。当检测有抗体产生的杂交活性细胞后,应立即进行克隆培养,以防不产生抗体的杂交细胞过度生长而淹没抗体产生细胞。克隆化的阳性细胞,需要再次或多次克隆化培养方能稳定产生单克隆抗体的能力,一般需 3 ~ 5 次克隆培养。

克隆培养的方法,根据分离单个细胞手段的不同,大体上可分为显微操作法、软琼脂平板法、有限稀释法及荧光激活细胞分类仪分离法等,其中以有限稀释法和软琼脂平板法最常用。

⑤单克隆抗体制备。有两种方法可大量制备抗体。一种方法是体外用旋转管或培养

瓶培养单克隆细胞,然后从培养液中分离单克隆抗体。该法具有不易除去培养液中的牛血清、抗体含量较低,以致细胞易于死亡或丧失原有活性等缺点。另一种方法是小鼠腹腔内培养,即先给同系小鼠腹腔注入降植烷或其他矿物油使小鼠致敏,再注入单克隆杂交细胞繁殖,于接种后两周腹腔出现大量抗体的腹水,可反复抽出。两种方法产生的抗体,都含有些不相关的蛋白或非特异性 IgG 分子,必须用硫酸铵盐或免疫亲和层析进一步纯化。

⑥杂交瘤细胞的冷冻保存。为使建立的专一性单克隆抗体的杂交瘤细胞株不致死亡丢失,可将对数生长期的杂交细胞液氮保存,使用时经复苏后又可传代培养。

2)基因工程抗体

随着分子生物学研究和抗体分子结构功能的深入研究,利用细胞工程和遗传工程对抗体分子进行改建并赋予其新的功能,进而开发了新的抗体应用领域,使单克隆抗体技术又向前发展了一步。基因工程抗体是继多克隆抗体和单克隆抗体之后的第三代抗体,它是应用基因工程技术将免疫球蛋白基因结构与功能同 DNA 重组技术有机结合起来,在基因的水平上将免疫球蛋白分子进行重组后导入转染细胞后表达的抗体。基因工程抗体的制备主要包括两部分:一是对已有的单克隆抗体进行改造,包括单克隆抗体的人源化(嵌合抗体、人源化抗体)、小分子抗体(Fab,ScFv,dsFv, minibody 等)以及抗体融合蛋白的制备;二是通过抗体库的构建,使得抗体不需抗原免疫即可筛选并克隆新的单克隆抗体。

（1）基因工程抗体的优势

基因工程抗体具有分子小、免疫原性低、可塑性强及成本低等优点。基因工程抗体是按人类设计所重新组装的新型抗体分子,可保留或增加天然抗体的特异性和主要生物学活性,去除或减少无关结构(如 Fc 片段),从而可克服单克隆抗体在临床应用方面的缺陷(如鼠源性单克隆抗体在人体内使用会引起抗鼠抗体产生而降低其效果,Fc 片段的无效性和副作用等)。因此,基因工程抗体更具有广阔的应用前景。

（2）基因工程抗体制备的技术路线

基因工程抗体的制备过程首先从杂交瘤或免疫脾细胞、外周血淋巴细胞等中提取mRNA,反转录成 cDNA。再经 PCR 分别扩增出抗体的重链及轻链基因,按一定的方式将两者连接克隆到表达载体中,并在适当的细胞(如大肠杆菌、CHO 细胞、酵母细胞及昆虫细胞等)中表达并折叠成有功能的抗体分子,筛选出高表达的细胞株,再用亲和层析等手段纯化抗体片段。

（3）基因工程抗体类型

①嵌合抗体。它是应用 DNA 重组技术将鼠源单抗的可变区(V 区)基因与人免疫球蛋白的恒定区(C 区)基因相连接,构建成嵌合基因,插入适当质粒,转染相应宿主细胞表达产生的,又称杂种抗体。至今构建的嵌合抗体多为"人—鼠"类型,也就是抗体的 $F(ab)_2$ 或 Fab 来源于鼠类,而 Fc 片段来源于人。

②重构抗体。为进一步减少鼠源蛋白在嵌合抗体内的含量,将鼠抗体的超变区基因嵌入人抗体 Fab 骨架区的编码基因中,再将此 DNA 片段与 Ig 恒定区基因相连,然后转染杂交瘤细胞,使之表达嵌合的 V 区抗体。实际上也就是在人抗体可变区序列内嵌入鼠源抗体的高变区基因序列,通过这种置换为人类抗体提供了一个新的抗原结合部位。

③单链抗体。单链抗体又称 FV 分子,是用基因工程方法将抗体重链和轻链可变区通

过一段连接肽连接而成的重组蛋白,是保持了亲本抗体的抗原性和特异性的最小功能型抗体片段,具有分子小、免疫原性低、无 Fc 端、不易与具有 Fc 受体的靶细胞结合、对肿瘤组织的穿透力强等特点。肽连接物还可将药物、毒素或同位素与单链抗体蛋白相融合。目前,单链抗体已被广泛用于肿瘤细胞消灭、血栓溶解等临床疾病的治疗中。

④Ig 相关分子。可将抗体分子的部分片段(如 V 区或 C 区)连接到与抗体无关的序列上(如毒素),就可创造出 Ig 相关分子。例如,可将有治疗作用的毒素或化疗药物取代抗体的 Fc 片段,通过高变区结合特异性抗原,连接上的毒素可直接运送到靶细胞表面,起"生物导弹"的作用。

⑤噬菌体抗体。这是一类近年刚开始研究的基因工程抗体。它结合了噬菌体展示与抗体组合文库技术,将已知特异性的抗体分子的所有 V 区基因在噬菌体中构建成基因库,用噬菌体感染细菌,模拟免疫选择过程,具有相应特异性的重链和轻链。这种抗体作为研究和治疗用试剂,具有广阔的应用前景。

3) 催化抗体

(1) 催化抗体的概念

催化抗体,也称抗体酶,是一类具有催化活性的免疫球蛋白。它兼具抗体的高度选择性和酶的高效催化性。因而,催化抗体制备技术的开发预示着可以人为生产适应各种用途的高效催化剂,无论是在理论探索还是实践应用方面都具有极其广阔的前景,尤其在医学、生物学、制药学等学科中将产生重要的影响。

(2) 催化抗体的应用

自从 1986 年史崔特兹(Schultz)和勒灭尔(Lemer)首次证实由过渡态类似物为半抗原,通过杂交瘤技术产生的抗体具有类似酶的催化活性以来,短短 20 年,催化抗体已显示出在许多领域的潜在应用价值,包括许多困难和能量不利的有机合成反应、前药设计、临床治疗、材料科学等多个方面。抗体酶的出现,不仅为酶作用机理研究提供了有利的工具,而且在病毒病和肿瘤治疗方面显示出诱人的前景。在肿瘤治疗方面,目前正在发展一种称为抗体介导前药治疗技术,即将能水解前药、释放出肿瘤细胞毒剂的酶和肿瘤专一性抗体相耦联,这样酶就会通过和肿瘤结合的抗体而存在于细胞表面。静脉给药后,当药物扩散至肿瘤细胞的表面或附近,抗体酶就会将前药迅速水解,释放出抗肿瘤药物,从而提高肿瘤细胞局部药物浓度,增强对肿瘤的杀伤力。用病毒特异蛋白质片段的过渡态模拟物免疫动物,产生能特异水解病毒蛋白质的抗体酶,使病毒无法繁殖,从而达到预防和治疗的目的。

小 结

寄生虫疫苗主要有致弱活疫苗和抗原苗。从目前使用的兽医寄生虫疫苗类型来看,致弱活疫苗占有绝对优势,其保护机理主要是模仿自然感染,刺激机体产生免疫应答。制备寄生虫抗原苗首先要提取寄生虫的有效抗原成分并加入相应的佐剂。该类虫苗的制备关键是确定和大量提取寄生虫的有效保护性抗原。

诊断制剂是指利用微生物、寄生虫培养物、代谢物、组分(提取物)和反应物等有效物及动物血清等材料制成的,专门用于动物传染病和寄生虫病诊断和检疫的一大类制品,又称为诊断液。主要有诊断用抗原、诊断用抗体(血清)和标记抗体3类。其中诊断抗原又分为血清反应抗原、变态反应抗原。标记抗体可分为放射性同位素标记抗体、酶标记抗体、荧光素标记抗体。

治疗用兽医生物制品有免疫血清和卵黄抗体。将抗原注射于动物体,可刺激动物的B淋巴细胞转为浆细胞产生特异性抗体。待动物血清中积累大量抗体时,采集其血液,分离、析出血清,此即含抗体的免疫血清,或称抗血清。免疫血清种类很多,包括抗毒素、抗菌血清、抗病毒血清、抗 Rh 血清等。卵黄抗体(IgY)是指从免疫禽蛋中提取出的针对特定抗原的抗体。

类毒素又称减力毒素、变性毒素,是指细菌在生长与繁殖过程中产生的外毒素,经化学药品(如甲醛)处理后,成为失去毒性而保留免疫原性的生物制剂。

新型预防用兽医生物制品主要有基因工程疫苗、合成肽苗、抗独特型疫苗、转基因植物可食疫苗、微胶囊疫苗。新型诊断用兽医生物制品主要有基因工程抗原、核酸图谱分析、核酸杂交、聚合酶链式反应、基因芯片。新型抗体主要有单克隆抗体、基因工程抗体、催化抗体。

复习思考题)))

1. 致弱寄生虫毒力的方法有哪些?

2. 简述凝集反应抗原制备的基本过程。

3. 标记抗体有哪几种?

4. 简述免疫血清的制备过程。

5. 如何制备卵黄抗体?

6. 简述类毒素的制造流程。

7. 兽医生物制品制造的新技术都有哪些?

第8章
兽医生物制品质量管理

知识目标

◇掌握兽医生物制品的质量检验方法。

◇熟悉兽医生物制品的质量管理体系。

◇熟悉菌(毒、虫)种和标准品的管理。

◇熟悉防止散毒的原则与措施。

◇熟悉兽医生物制品的保存和运输办法。

技能目标

◇能对兽医生物制品进行无菌检验、安全检验、效力检验、物理性状检验。

◇能正确地保存、运输兽医生物制品。

8.1 质量检验

兽医生物制品的质量检验是兽医生物制品质量管理的重要程序,是保证生物制品质量的关键。各类兽医生物制品的质量检验必须按照《中华人民共和国兽药典》(以下简称《兽药典》)的规定严格执行。

检验应从菌(毒、虫)种鉴定、原材料检验开始,到生产程序和半成品检查直至最终的成品检验结束。检验的项目主要包括物理性状检验、无菌检验或纯粹检验、活菌计数或病毒含量测定、支原体检验、外源病原体检验、鉴别检验、安全检验、效力检验(效价或特异性检验)、真空度测定、剩余水分测定,甲醛、苯酚或汞类防腐剂残留量的测定等。上述检验项目主要应用于成品检验,有些检验项目同时也应用于半成品,如无菌检验或纯粹检验。个别检验项目只应用于某类制品,如真空度检验和剩余水分测定,只用于冻干制品。活菌计数和病毒含量测定只用于弱毒活疫苗。

8.1.1 无菌检验或纯粹检验

根据《兽药典》规定,兽医生物制品(除另有规定者外)都不应有外源微生物污染,灭活疫苗不应含有活的本菌或本毒。各类生物制品必须按规定进行抽样作无菌检验或纯粹检验,全部操作应在无菌条件下进行。

1)抽样

对制造疫苗的各种原菌(毒)液和其他配苗组织乳剂、稳定剂及半成品,按每瓶(罐)分别抽样,抽样量为 2～10 mL。成品按每批瓶数的 1% 随机抽样,最少不少于 5 瓶,最多不超过 10 瓶。

2)检验用培养基

厌氧及需氧细菌检验用含硫乙醇酸盐培养基(T.G)及酪胨琼脂(G.A);真菌及腐生菌检验用葡萄糖蛋白胨培养基(G.P);活菌纯粹检验用适于本菌生长的培养基;杂菌计数用马丁琼脂或 G.A;病原性鉴定用 T.G 或其他适宜培养基。

3)检验方法及结果测定

(1)细菌原菌液及活菌苗半成品的纯粹检验

取供试品接种 T.G 小管及适于本菌生长的培养基斜面各 2 支,每支 0.2 mL,分别置 37 ℃、25 ℃下培养,观察 3～5 d,应为原纯菌体而无杂菌生长。

(2)病毒原液和其他配苗组织乳剂、稳定剂及半成品的无菌检验

检验方法同上,斜面培养基选用 G.A,判定结果应无细菌生长。

(3)含甲醛、苯酚、汞类等防腐剂和抗生素制品的无菌检验

取供试品(冻干制品先做 10 倍稀释)1 mL,接种 50 mL 的 T.G 培养基中,置 37 ℃下培养。3 d 后取上述培养物分别接种 T.G 小管和 G.A 斜面各 2 支,每支 0.2 mL,分别置 37 ℃、25 ℃下培养;另取 0.2 mL 接种 1 支 G.P 小管,置 25 ℃下培养 5 d,应无菌生长。

如制品允许含一定数量的非病原菌,应进一步作杂菌计数和病原性鉴定。

(4)细菌性活疫苗(冻干制品恢复原量)及不含防腐剂、抗生素的其他制品的检验

取供试品接种 T.G 小管、G.A 斜面或适于本菌生长的培养基各 2 支,每支 0.2 mL,分别置 37 ℃、25 ℃下培养;另取 0.2 mL 接种 1 支 G.P 小管,置 25 ℃下培养 5 d,细菌性活疫苗应纯粹,其他制品应无菌生长。

(5)血液制品和混浊制品的检验

如未加防腐剂或抗生素,可直接接种无琼脂的 T.G 小管和 G.A 斜面,接种量、培养条件及判定同细菌性活疫苗(冻干制品恢复原量)及不含防腐剂、抗生素的其他制品的检验;如加防腐剂或抗生素,检验方法和判定同含甲醛、苯酚、汞类等防腐剂和抗生素制品的无菌检验。如培养后混浊不易判定时,可移植 1 次,再判定。

(6)判定结果

上述各项检验,每批抽检的样品(除允许含一定数量非病原体外)必须全部无菌或纯粹(无杂菌)生长。如发现个别样品有杂菌或结果可疑时,可重检,重检结果为无菌或无杂菌生长,判为无菌或纯粹通过;重检结果仍有杂菌,应抽取加倍数量的样品再检,如仍有杂菌,则作为污染杂菌。

4)杂菌计数及病原性鉴定

某些兽医生物制品,如绵羊痘活疫苗、猪支原体肺炎活疫苗、鸡新城疫低毒力活疫苗等,按《兽药典》规定允许存在一定数量的非病原性杂菌。故经无菌或纯粹检验证明有杂菌时,则必须对该制品进行病原性鉴定和杂菌计数后,才能对该制品作出合格与否的结论。其鉴定方法如下。

（1）杂菌计数

抽取每批污染制品3瓶,分别用肉汤或蛋白胨水按组织量货50倍稀释,接种于含4%血清及0.1%血红素的马丁琼脂或G.A平板上。每个平皿接种0.1 mL,每个样品接种2个平皿,置36 ℃下培养48 h。再移置室温培养24 h,分别记录杂菌菌落数(CFU),最后计算出杂菌数。如污染为真菌时,也记为杂菌数。任何1瓶制品的非病原性杂菌不应超过《兽药典》的规定。

（2）污染杂菌的病原性鉴定

①污染需氧性细菌的检查。将污染杂菌培养物移植T.G小管或马丁肉汤中,置相同条件培养24 h,取培养物0.1 mL用蛋白胨水稀释100倍,接种于3只体重18～22 g的健康小鼠,每只皮下注射0.2 mL,观察10 d。

②污染厌氧性细菌的检查。将污染杂菌管延长培养至96 h,取出置65 ℃水浴加温30 min后移植T.G管或厌气肉肝汤中,置相同条件下培养24～72 h。如有细菌生长,将培养物接种于2只体重350～450 g的健康豚鼠,每只肌肉注射1 mL,观察10 d。

③判定结果:上述接种动物均应健活。如有死亡或发生局部化脓、坏死,证明该批制品污染病原菌,应废弃全部制品。

此外,有些生物制品根据需要,还要进行禽沙门氏菌的检验、支原体检验、外源病毒检验等。

8.1.2 安全检验

各种生物制品的安全检验必须按《兽药典》的规定严格检验,安检合格者方可出厂。检查内容:制品中外源性细菌污染;灭活疫苗和类毒素的灭活或脱毒状况;弱毒疫苗残余毒力或毒性物质;有的制品还要检查对胚胎的致畸情况和致死毒性。成品的安全检验是利用动物进行接种试验,将生物制品按要求量接种到动物后,观察数日,动物应健康存活。

所用的实验动物如兔、豚鼠、地鼠和大白鼠应符合国家规定的一级(普通级)标准;小白鼠应符合二级(清洁级)标准;鸡、鸡胚应符合三级(SPF级)标准;猪应无猪瘟病毒、猪细小病毒、伪狂犬病病毒、口蹄疫病毒、弓形虫感染和体外寄生虫;犬应无狂犬病病毒、皮肤真菌感染和体外寄生虫。上述动物还应无本制品的特异性病原和抗体。

（1）动物的选择

安检要选择敏感动物,并有一定的品种、品系、日龄等要求。凡能用小动物作出正确判断者,则多用实验小动物,如猪丹毒弱毒疫苗用鸽子和10日龄小鼠做试验;禽用疫苗可直接用鸡或鸡胚做安检。

（2）生物制品的安检剂量

安全剂量应大于使用剂量,通常高于免疫剂量的5～10倍,以确保其安全性。必要时还要用同源动物进行复检。

（3）安检要点及结果判定

各种制品安检时,每批样品任抽3瓶充分混合,按各制品标准中的规定进行检验和判定。如猪丹毒灭活疫苗的安检,用体重18～22 g小白鼠5只,各皮下注射疫苗0.3 mL,观察 10 d,均应健活。如在安全检验期内,安检动物有死亡,应及时剖检取样培养,确属意外死亡时,作无结果论;如检验结果可疑,难以判定,应以加倍动物数进行重检;如不安全,则该批制品应予以报废。

凡规定用多种动物进行安检的制品,多种动物都要合乎检验标准,否则不得出售。

8.1.3　效力检验

生物制品的效力检验的目的在于评定制品的实际使用价值。效力不好的制品,如为疫苗和类毒素,则无法有效地控制疫病;如为治疗用的血清,则无法治愈患病动物;如为诊断制品,则影响诊断的正确性。

1)检验内容

(1)免疫原性与免疫的持续期

菌(毒)种的免疫原性对疫苗的免疫效果和免疫的持续期起决定性作用,必须经过周密的实验测定。如制造猪丹毒灭活疫苗,应选择具有良好免疫原性的 2 型菌株。将此种疫苗接种到猪体即产生可靠的免疫力,免疫期可持续一年以上。理想的疫苗应具有较长的免疫持续期,免疫持续期过短的应考虑增加免疫接种的次数。

(2)抗原量的测定

任何疫苗接种动物时均需含有足够的抗原量,才能刺激机体产生免疫应答,形成免疫力。若抗原量不够,则达不到免疫效果。所以,常以测定抗原量来检查疫苗的效力,疫苗的抗原量即为疫苗的最小免疫量。抗原量常以半数保护量(PD_{50})或半数免疫量(IMD_{50})表示。在测定时,细菌或病毒的量应以菌落形成单位或病毒蚀斑形成单位(PFU)作为疫苗分装时的剂量单位,而不是以稀释度为标准,例如鸡马立克氏病火鸡疱疹病毒活疫苗以 2 000 PFU 作为一个最小免疫量。

(3)生物制品的热稳定性

一般灭活疫苗、血清和诊断制品的热稳定性较好,弱毒疫苗热稳定性较差。其热稳定性与生物制品的种类、加入冻干保护剂的种类或制备工艺有关。

2)检验方法

(1)动物保护力试验的含义

是兽用生物制品,特别是疫苗类制品最常用的检验方法。所用动物依制品而异。其试验方法很多,多采用攻毒方法,并设立对照组。注射强毒的动物必须在固定的隔离舍内饲养,强毒舍必须有严格的消毒设施,并有专人管理。凡使用敏感小动物与使用对象动物有平行关系者,均使用小动物;禽苗或没有相应小动物的则使用对象动物做检验。

①定量免疫定量强毒攻击法。将待检制品接种动物,经 2～3 周后,用强毒攻击,观察动物被攻击后的存活或不感染的比例、来判定该制品的效力。如鸡新城疫灭活疫苗的效力检验,用 1～2 月龄健康易感鸡(HI ≤ 4)10 只,各皮下或肌肉注射上述疫苗 20 μL。21～28 d 后,连同条件相同的对照鸡 5 只,各肌肉注射 10^5 ELD_{50} 强毒液,观察 14 d,免疫鸡应存活 7 只以上,对照鸡全部死亡,则判为合格。

②定量免疫变量强毒攻击法。设免疫组和对照组动物,各组又分为相等的若干小组,每小组的动物数相等。免疫组动物用同一剂量的待检制品接种免疫,经 2～3 周建立免疫后,连同对照组动物,用不同稀释倍数的强毒攻击,比较免疫组与对照组动物的存活率。按 LD_{50} 计算,如对照组攻击 10^5 倍稀释强毒有 50% 的动物死亡,而免疫组只需攻击 100 倍稀释强毒得到同样结果,即免疫组对强毒的耐受力比对照组高 1 000 倍,也就是免疫组有 1 000 个 LD_{50} 的保护力。狂犬病疫苗效力检验常采用此方法。

③变量免疫定量强毒攻击法。即将疫苗稀释为不同倍数的免疫剂量分别接种动物,经 2～3 周建立免疫后,连同对照组动物,用同一剂量的强毒攻击,观察一定时间后存活和死亡数,用统计学方法计算能使 50% 的动物得到保护的免疫剂量。

④抗病血清的抗体效力测定。即将免疫血清注射易感动物后,用相应的强毒攻击,检测免疫血清中特异性抗体效价,来衡量其免疫力或效力。

(2)活菌计数与病毒量的滴定

①活菌计数。某些弱毒疫苗的菌数与保护量之间有着密切而稳定的关系,可以不用动物检测保护力,只需要进行细菌计数即可。如果活菌计数已达到使用剂量的规定值,即可保证免疫效力。如无毒炭疽芽孢苗,计算每毫升含活芽孢数在 1 500 万～2 500 万个;猪多杀性巴氏杆菌活疫苗,每头份含活菌数应大于 5 亿个,均可获得理想的免疫保护力。

②病毒量的滴定。用细胞培养生产的疫苗多采用蚀斑计数、半数细胞感染量测定病毒量。

(3)血清学试验

即以血清学方法检验生物制品的抗原活性或抗体水平,主要用于诊断用制品的检验。检验方法有凝集试验、沉淀试验、中和试验、补体结合试验、类毒素单位测定法等。如用凝集试验检验布鲁氏菌虎红平板凝集抗原和阳性血清的效价;用类毒素单位测定法检验破伤风类毒素的效力等。

8.1.4 其他检验项目

1)物理性状检验

各类制品的外观必须符合其规定要求,如血清制品应为淡黄色或微红色透明液体,不应有异物、沉淀物、霉团、杂质等;冻干制品应为微白、微黄或微红色海绵状疏松团块,无异物和干缩现象,加稀释液后迅速溶解。

同时注意检查瓶装量是否准确,封口是否严密,瓶签有无差错及不清等。

2)剩余水分的测定

冻干制品均需测定水分含量。按《兽药典》规定,每批样品任抽 4 个,各样品剩余水分均不应超过 4%。如不符,可重检 1 次,重检后如有 1 个样品超过规定,该批制品应判为不合格。其测定方法可采用真空烘干法或费休氏法。

(1)真空烘干法

样品测定前,先将洁净的称量瓶置于 150 ℃ 干燥箱烘干 2 h,放入盛无水氯化钙的干燥器中冷却后称重。迅速打开被检样品瓶,将样品倒入称量瓶内盖好称重。每批做 4 个样品,每个样品的重量为 100 ~ 300 mg。称后立即将称量瓶置于含有五氧化二磷的真空干燥箱内,打开瓶盖,关闭真空干燥箱,抽真空度达 2.67 kPa 以下,加热至 60 ~ 70 ℃ 干燥 3 h。待温度下降后,打开箱门,迅速盖好称量瓶,取出所有的称量瓶,移入干燥器中,冷却后称重。然后再移回真空干燥箱继续烘干 1 h,两次烘干达到恒重,减失的重量即为含水量。含水量计算公式:含水量(%) = (样品干前重量 – 样品干后重量)/样品干前重量 × 100% 。

(2)费休氏法

是利用化学方法来测定制品的含水量。原理是水分能与碘、二氧化硫发生作用,1 分子水与 1 分子碘化合成碘化物,溶液由原来的棕色变为无色。以此来判定终点,计算制品的含水量。

3)真空度检验

冻干制品在入冷库保存时和出厂前两个月应由质检部门检测真空度。无真空的制品,应予以报废,不得重抽真空。对于用玻璃容器盛装的真空冻干制品,目前采用高频火花真空测定器进行测定,如果制品容器内出现白色、粉色或紫色辉光,真空度为合格。

此外,有些生物制品还需要做甲醛、苯酚或汞类等残留量的测定。

8.2 质量管理

兽医生物制品是一类特殊药品,它主要用于动物疫病的诊断、预防或治疗。其质量的优劣与动物疫病的控制或扑灭有着密切的联系。

8.2.1 兽医生物制品的质量管理体系

1952 年,我国对兽医生物制品实行全面管理,由农业部颁布了第一部《兽医生物药品制造及检验规程》(简称《规程》),统一了兽用生物制品的质量标准,建立了兽医生物制品监察制度,设立了中国兽药监察所(简称"中监所"),负责监督、执行《规程》。

1987 年,国务院发布了《兽药管理条例》(简称《条例》),此《条例》是我国兽药管理的最高法规,2004 年 11 月进行了修订。新《条例》规定了新兽药的研制、兽药生产、兽药经营、兽药进出口、兽药使用、兽药监督管理和法律责任等方面的内容。由国务院兽医行政管理部门负责全国的兽药监督管理工作,国家实行兽用处方和非处方药分类管理制度、兽药储备制度。

许多国家对兽用生物制品的生产采用许可制度,有经营许可证、生产许可证、新兽药注册证书、进口兽药登记许可证等。我国规定,凡生产兽用生物制品的单位必须经国务院兽医行政管理部门批准,取得"兽药生产许可证"和当地工商行政管理机构批准发给的"营业执照",方可生产;生产的各种制品必须取得国务院兽医行政管理部门核发的"兽药产品批准文号"。新生物制品的研制、生产必须向国务院兽医行政管理部门提出申请,提交申报资料,经评审通过后(新生物制品生产须取得"新兽药注册证书"),才能进行研制、生产。外国企业首次向我国进口的生物制品,由进口国驻中国境内的办事机构或其委托中国境内代理机构向我国国务院兽医行政管理部门申请注册,并提交申请资料,同时提供菌(毒、虫)种、细胞等有关材料和资料,经质量复核合乎标准,取得"进口兽药登记许可证",才能准许进口,并在我国境内销售。我国出口生物制品,须符合进口国的质量要求,并报国务院兽医行政管理部门批准。国内防疫急需的疫苗,可限制或者禁止出口。

为了提高我国兽药生产水平,规范兽药生产活动,保证兽药质量,1989 年农业部发布了《兽药生产质量管理规范(试行)》(简称"兽药 GMP 规范"),2002 年 3 月进行了修订。2002 年 6 月 19 日—2005 年 12 月 31 日是实施《兽药 GMP 规范》的过渡期,自 2006 年 1 月 1 日起强制实施《兽药 GMP 规范》。

我国加入世贸组织之后,为了进一步加强我国兽用生物制品标准化工作,使我国兽用生物制品质量管理体系与国际接轨,我国重新修订和出版了 2000 年第 8 版《规程》、2001 年第 2 版的《中华人民共和国兽用生物制品质量标准》(简称《标准》)和 2005 年版《中华人民共和国兽药典》(简称《兽药典》)。国家根据《标准》和《兽药典》对兽用生物制品施行质量监督,禁止生产、销售和应用不符合国家标准的生物制品。

8.2.2　菌(毒、虫)种和标准品的管理

兽医微生物的菌(毒、虫)种是国家重要的生物资源,世界各国对这项资源都极为重视,并设置各种专业性的保藏机构。

(1)我国对兽医生物制品制造和检验用的菌(毒、虫)种等的管理制度

均实行种子批和分级管理制度。种子分 3 级:原种、基础种子和生产种子。原种由中监所或中监所委托单位负责保管;基础种子由中监所或中监所委托的单位负责制备、鉴定、保管和供应;生产种子由生产企业自行制备、鉴定和保管。各级种子均应规定使用代次,并有详细的鉴定记录。鉴定记录由鉴定人签字后存档。

(2)菌(毒、虫)种的保管

①用于制造和检验制品的细菌(病毒、寄生虫)原种(包括委托分管的)由中监所统一编号立案。

②各级菌(毒、虫)种的保管必须有专人负责。各菌(毒、虫)种应分别保存于规定的条件下。存放的容器应加锁或加封,并备有详细的分类清单,严防错乱,避免丢失。

③各级菌(毒、虫)种的保管必须有严密的登记制度,建立总账及分类账,并有详细的菌(毒、虫)种登记卡片和档案。新收到的菌(毒、虫)种,应立即进行登记,注明收到日期、数量及收到时菌(毒、虫)种的状况,记载名称、编号、历史、来源、特性、用途、编号、批号、传代、冻干日期等。保管过程中,凡传代、冻干、分发均应及时登记,并及时核对库存量。

④菌(毒、虫)种使用、移植继代以及其他工作,均应随时作详细记录。不再使用的菌种培养物及病毒材料应及时进行消毒处理。无保存价值的菌(毒、虫)种,淘汰时,须经本单位主管批准。委托分管的菌(毒、虫)种,如需淘汰,须经中监所同意。

⑤基础种子的保存期,除另有说明外,均为冻干菌(毒、虫)种的保存期限。

(3)菌(毒、虫)种及标准品的索取与分类

①索取生产检验用基础菌(毒、虫)种、标准品须有企业介绍信。供制造及检验用菌

（毒、虫）种、标准品,有产品批准文号者,可由生产企业直接向中监所或分管单位领取并保管。未批准生产牛瘟、口蹄疫、狂犬病、猪瘟、炭疽、马鼻疽、破伤风、C 型肉毒梭菌中毒症、布鲁氏菌病、结核等产品的制造单位需用强毒菌（毒、虫）种,须经农业部批准,方可领取。

②除中监所和受委托的分管单位外,生产企业和其他任何单位不得分发或转发生产用菌（毒、虫）种。

③寄发菌（毒、虫）种和标准品时,应按有关部门的要求办理,必须装入金属筒内密封,妥善包装。一般菌（毒、虫）种和标准品可以航寄,烈性传染病或人畜共患传染病的强毒菌（毒、虫）种,必须派专职技术人员领取。

④分发菌（毒、虫）种和标准品,应附有负责人签名的颁发证书。

⑤企业收到中监所或分管单位发给的基础菌（毒、虫）种、标准品后,应填写回执,注明收到日期、数量、有无破损等情况,寄回中监所或分管单位。

⑥企业内部制备和领取的生产与检验用菌（毒、虫）种应作好记录。

8.2.3　防止散毒的原则与措施

兽医生物制品的制造和检验,涉及很多活的细菌、病毒或其他病原体,其中有些是人畜共患病的病原体。因此,生产兽用生物制品的企业或研究所,如不采取严格的防止散毒措施,就有可能成为危害人畜的疫源地。所以,防止散毒是各国 GMP 和监察制度的主要内容之一。《标准》已明确规定防止散毒办法。

①生物制品的生产区、检验区与其他区均应有适当的隔离设施。

②生产区内及靠近生产区的地方,严禁饲养非生产及非试验用的家畜及家禽,严防犬、猫、飞禽、鼠类等进入各工作场所。

③成品、半成品和生产用的实验动物原材料应分区管理,生产用的冷库、冰箱严禁存放与生产无关的物品。

④制造、检验或试验研究用动物的粪便,应进行无害化处理,污水必须经过无害化处理后方可排放。

⑤所有感染疫病死亡的动物,应全部化制或焚毁;注射强毒耐过的动物,试验结束后必须宰杀,高温处理。

8.2.4　生物制品的保存和运输办法

兽医生物制品的保存和运输时要求有特定的条件。一般生物制品耐冷怕热,应严防高温、暴晒和冻融。

不同生物制品需要不同的保存温度和方法,如冻干疫苗多数要求在 -15 ℃下保存,温度越低,保存时间越长;灭活疫苗、诊断液及血清常在 $2\sim8$ ℃保存。因此,各生产生物制品企业和经营、使用单位必须设置相应的冷藏设备,指定专人负责,按各制品的要求与条件严格管理,定时检查和记录保存温度。各成品、半成品和原材料也应分别保管,经检验不合格的制品、超过规定保存期的半成品或已过有效期的成品,应及时销毁。

无论用何种工具运输生物制品,应以最快方法,尽量缩短运输时间,运输过程严防日光

暴晒。凡需低温保存的活疫苗,可将制品放入冷藏箱或盛有冰块的保温瓶内运送。要求2~8 ℃保存的制品,宜在同样温度下运送。若在严冬运输液体制品,须采取防冻措施,避免制品的冻结。

8.2.5　新生物制品与进口生物制品的管理

(1)新生物制品的管理

新生物制品是指我国创制或首次生产用于畜禽等动物疾病预防、治疗和诊断用的生物制品。对已批准的生物制品所使用的菌(毒、虫)种和生产工艺有根本改进的,也属于新制品管理范畴。根据管理的需要,《兽用新生物制品管理办法》对新生物制品进行了如下划分。

第一类:我国创造的制品;国外仅有报道而未批准生产的制品。

第二类:国外已批准生产,但我国尚未生产的制品。

第三类:对我国已批准的生物制品使用的菌(毒、虫)种和生产工艺有根本改进的制品。

新生物制品应经过实验室试验、田间试验、中间试生产及区域试验等研究过程,取得完整数据。由研制单位提出新产品制造检验试行规程草案,连同有关技术资料报农业部,预审合格后,组织有关专家进行初审。初审合格后,评审办公室将申报材料提请兽药审评委员会进行审评。符合规定的,提出技术审评意见及规程草案、质量标准及使用说明书送农业部审批。农业部审查批准的新制品,发给"新兽药证书"。持有此证书者,方可进行技术转让。接受转让的生产企业,经农业部审查批准后发给试生产批准文号。接受转让的生产企业在新生物制品试生产期内,生产单位要与原研制单位继续考核新制品的质量,完善质量标准。当中监所抽样检查,发现在使用过程中有严重反应或效果不明确者,应向国务院兽医行政管理部门报告,令其停止生产及使用。

(2)进口制品的管理

为保证进口兽用生物制品质量,根据《兽药管理条例》的规定,对进口的兽用生物制品一律报农业部注册和审批。获得"进口兽药登记许可证"后,才能准许进口,并在我国销售。注册审批程序:资料申请→农业部药政处预审→评审委员会初审→中监所质量复核、临床试验→新兽药评审委员会审议→农业部审批→颁发"进口兽药登记许可证"。为科学研究试验或为积累临床资料进行试验而进口的生物制品可不需注册,但需向农业部审报批准。

8.3　经营和使用管理

经营和使用生物制品的单位收到生物制品后,应立即清点,尽快放到规定的温度下保存,设专人保管。如发现包装不合格、批号不清、货单不符等现象,应及时与生产企业联系。

使用生物制品时,应严格遵守说明书及瓶签上的各项规定,不得任意更改。使用时注意制品的有效期、物理性状与说明是否相符。使用由细菌制成的活疫苗时,动物在接种前 7 d 和接种后 10 d,不应饲喂或注射任何抗生素类药物;用活疫苗饮水免疫时,不得使用含氯等消毒剂的水稀释疫苗;稀释后的疫苗必须在规定的时间内用完。

小　结

兽医生物制品的制造和检验,涉及很多活的细菌、病毒或其他病原体,其中有些是人畜共患病的病原体,因此,生产兽医生物制品的企业或研究所,必须要能有效地防止散毒。质量检验是兽医生物制品质量管理的重要程序,是保证生物制品质量的关键。各类兽医生物制品的质量检验必须按照《中华人民共和国兽药典》的规定严格执行。检验的项目主要包括无菌检验或纯粹检验、安全检验、效力检验(效价或特异性检验)、物理性状检验、真空度测定、剩余水分测定等。

兽医微生物的菌(毒、虫)种是国家重要的生物资源,世界各国对这项资源都极为重视,并设置各种专业性的保藏机构。我国对于兽医生物制品制造和检验用的菌(毒、虫)种等均实行种子批和分级管理制度。

与兽医生物制品研制、生产、经营、使用等有关的法律法规主要有《兽医生物药品制造及检验规程》《兽药管理条例》《兽药生产质量管理规范》《中华人民共和国兽药典》。

复习思考题 》》

1. 简述无菌检验的方法。

2. 如何进行杂菌计数?

3. 怎样对污染菌进行病原性鉴定?

4. 安全检验的内容有哪些?

5. 效力检验的内容有哪些?

6. 效力检验的方法有哪些?

7. 如何对生物制品进行物理性状检验?

8. 如何对冻干制品进行剩余水分测定?

9. 如何对兽医生物制品的质量进行有效管理?

10. 防止散毒的原则与措施有哪些?

第9章
兽医生物制品GMP管理

知识目标

◇了解 GMP 的基本内容。

◇掌握 GMP 对人员、硬件、软件的基本要求。

技能目标

◇能按照 GMP 的要求进行兽用生物制品的生产实践。

9.1　GMP 的基本内容

GMP 是英文 Good Manufacturing Practices 的缩写,可直译为"良好生产规范"。1962 年,美国 FDA(食品药品管理局)首先提出 GMP 作为药品质量管理的法定性文件。1969 年,世卫组织公布了药品管理的 GMP,即"Good Practices for the Manufacture and Quality Control of Drugs(药品生产和质量管理规范)"。此后,世界上许多国家相继制定了本国的 GMP,实行药品生产的 GMP 管理制度。我国于 1989 年颁布了《兽药生产质量管理规范(试行)》;为了贯彻和落实,于 1994 年又颁布了《兽药生产质量管理规范实施细则(试行)》;2002 年 3 月重新修订发布了《兽药生产质量管理规范》,并于同年 6 月实施。

GMP 是指在兽用生物制品生产全过程中,用科学合理、规范化的条件和方法来保证生产优质兽药的整套科学管理规范,是兽用生物制品生产和质量管理的基本准则,涉及机构与人员、厂房与设施、设备、物料、卫生、验证、文件、生产管理、质量管理、产品销售与收回、自检等方面的全面管理。GMP 的执行者是兽药生产企业。概括起来,GMP 包括以下 3 个方面。

①人员。

②硬件。如厂房、环保设施、设备、仪器、仓储、原材料、实验动物等。

③软件。如管理制度、生产工艺、规章制度、档案记录、检验程序与规程等。

9.2　GMP 对人员的基本要求

人是生产的基本要素,在整个质量控制过程中占据非常重要的位置。各个国家的 GMP

对人员都作了详细的要求,特别是对生产、管理、质检等部门的关键人员提出了具体要求。我国GMP对人员的要求如下。

①兽药生产企业必须配备一定数量,与兽药生产相适应的具有专业知识和生产经验的管理人员、专业技术人员和生产人员。

②负责兽药生产和质量管理的企业领导人,必须具有制药或相关专业大专以上学历,有兽药生产和质量管理的工作经验。

③负责兽药生产管理部门和质量管理部门的人员,必须具有兽医、制药或相关专业大专以上学历,对兽药生产和质量管理有丰富的实践经验,有能力对兽药生产和质量管理中出现的实际问题作出正确的判断和处理。由专职人员担任,不得兼任。

④直接从事兽药生产操作和质量检验的人员,应具有高中以上文化程度,并受过有关专业培训。质量检验的人员还应经省级兽药监察所培训,取得合格证后方可上岗。从事兽药生产辅助性工作的人员,应具有初中以上文化程度。

⑤对从事兽药生产的各级人员应按GMP要求进行有计划的技术培训和考核。特别是对从事高生物活性、高毒性、强污染性、高致敏性及与人畜共患病有关或有特殊要求的兽药生产操作人员和质检人员,进行相应专业的技术培训和考核,建立培训档案,并归档保存。

9.3　GMP对硬件的基本要求

良好的生产环境、相应的配套设备和设施是生产合格兽医生物制品的重要物质基础。

9.3.1　厂房与设施

1)厂址选择

生产厂址应选择在远离市区、通信交通方便、空气洁净、地势高的地区,周围不应有影响兽药产品质量的污染源;有电源和充足的水源,水质应符合生产要求;便于污水的排放和净化;有足够的面积和可持续发展的空间。

2)厂房建设与布局

厂房建设与布局有如下要求。

①厂房建筑的总体布局应合理,生产区、仓储区、行政区、生活区和辅助区要分开,质量控制实验室应与生产区分开。

②厂区的道路应宽敞,地面、路面应选用整体性好、发尘量少的覆面材料,厂区内的交通运输不应对兽药生产造成污染。

③厂房建筑应采用高清洁标准的材料,建筑表面力求光滑无缝隙,门窗造型简单,门框不设门槛。洁净室墙角、墙与地面交界处应做成弧形,地面平整光滑,便于进行清洁和消毒。

④厂房应按生产品种、规模、工艺流程及所要求的空气洁净度级别进行设计、建设和布

局。具体要求如下。

a.生产区域的布局要减少生产流程的迂回、往返。同一生产区和邻近生产区进行不同制品的生产工作,不得相互妨碍和污染。

b.人流、物流要分开,物料和成品的出、入口也要分开,保持单向流动。

c.不同生物制品应按微生物类别和性质的不同分开生产,使用强菌(毒)种进行生产和检验的场所应与其他生产区严格隔离,并设置专用的消毒设备。

d.洁净厂房应设在厂区内环境清洁,人流、物流较少穿行地段,洁净厂房的窗户、天棚及进入室内的管道、风口、灯具与墙壁或天棚的连接部位均应密封;洁净度级别高的房间宜设在人员最少到达、干扰少的位置,洁净级别相同的房间和无菌室均应相对集中;洁净区与非洁净区之间应设缓冲室、气闸室或空气吹淋等防止污染的设施;人员和物料进入洁净厂房要有各自的净化室和设施。

e.操作区内只允许存放与操作有关的物料,用于生产、贮存的区域不得用作非区域内工作人员的通道。

f.厂房及仓储区应有防虫、防鼠和防污染设施。

g.生产兽用生物制品应有生产和检验用的动物房舍。实验动物房舍应与其他区域严格分开,其设计建造应符合国家的有关规定。

3) 空气处理系统

空气处理系统是洁净厂房最重要的配套设施之一,有集中式和分散式两种。洁净厂房应尽量采用中央空调集中式空气处理系统,其作用是防止外面空气中的尘埃、昆虫等污染物进入洁净室。同时,具有调节室内温度、湿度、空气压力等功能,并保持空气一定的流向,防止兽用生物制品的污染或散毒。

4) 给水、排水及照明系统

(1) 给水、排水系统

厂房内的给水、排水管均应布置在技术夹层或地沟槽内,进入洁净室的管道需要暗装,并采取可靠的密封措施。兽用生物制品在生产和检验过程中,会产生大量含有病原微生物及非病原微生物的污水,必须经无害化处理后才可排放。厂房内的下水管道应当分为两个网系,一个为正常排水网系,另一个为无害化处理的废水排水网系。

(2) 照明系统

洁净厂房的建筑多是单层、大跨度、少窗或无窗,室内部分或全部采用人工照明。为使照明系统满足生产和环境控制等要求,应当做到以下几点。

①洁净室的配电设备、电线均应暗装,灯具结构便于清洗,以保障洁净厂房所要求的洁净度。

②洁净厂房应根据生产要求提供足够的照明,主要工作室的最低光照度不得低于150 lx,厂房内其他区域的光照度不得低于100 lx。对有特殊要求的生产部位可增加局部照明。

③洁净厂房应设有应急照明设施,设置备用电源和照明灯。此外,还应设置与室外联系的通信和报警装置。

5）仓储设施

①仓储区建筑应符合防潮、防火、防动物出入的要求,各储存库之间应有符合规定的消防间距和交通通道。

②仓储区应有与生产规模相适应的面积、空间、照明和通风设施,使保存的物料和产品保持干燥、清洁。对温度、湿度有特殊要求的物料应配有调控设施。

③待检、合格、不合格的物料和产品应严格分库或分垛保存,并有明显标记。

④对兽用麻醉药品、精神药品、毒性药品及其他易燃易爆危险品应严格按照国家的有关规定,分别保存在指定的仓库内。

9.3.2　设备

兽药生产企业必须具备与生产兽药品种相适应的生产和检验设备,其性能和技术参数要能保证生产的正常进行和兽药产品质量控制的要求。

（1）设计、选型

设备的设计、选型应符合兽药生产的需要,便于使用、维修和保养,易清洗和消毒。直接接触兽药的设备表面力求光洁、平整、耐腐蚀,不应与兽药发生化学反应,不吸附兽药。

（2）安装

所有设施、设备应尽量按可移动方式安装,需拆卸清洗的部件必须易于拆卸。当设备安装需跨越两个不同洁净度级别的区域时,应采取密封的隔断装置。用于设备的冷却剂、润滑剂不得对药品或容器造成污染。

（3）管理

建立设备使用、维修、清洁和保养管理制度。设专人负责,定期检查,记录设备的状态,并在设备上标有明显的状态标志。生产和检验用仪器、仪表、量具、衡器等应定期经法定计量部门校验,并贴有检定合格证。

9.3.3　物料

物料是指兽医生物制品生产所需的原料、辅料、菌种(毒、虫)、包装材料等。物料的质量直接影响产品的质量,因此,对物料的购入、贮存、发放、使用等必须制定严格的管理制度。

1）物料的购入与储存

物料应从符合规定的单位购入,应符合兽药标准、包装材料标准、兽用生物制品规程;物料应按规定的使用期限储存,无规定使用期限的,其储存一般不超过 3 年,期满后复验。

2）菌(毒、虫)种

用于制造和检验制品的菌(毒、虫)种应采用同一编号,实行种子批制度,分级制备、鉴定、保管和供应。菌(毒)种的验收、贮存、保管、使用和销毁应按国家有关微生物菌种保管的规定执行。

3)兽药的标签、说明书管理

兽药的标签、使用说明书必须与畜牧兽医行政管理部门批准的内容、式样和文字完全相同,其内容应符合兽用生物制品规程的要求,包括兽用标志、兽药名称、主要成分、性状、作用用途、用法用量、注意事项、有效期、生产批号、生产厂名等。标签和说明书应由专人保管,计数发放;使用数、残损数及剩余数之和应与领用数相符;印有批号的残损或剩余标签及包装材料应由专人负责计数销毁,同时备注。

9.4 GMP 对软件的基本要求

9.4.1 卫生管理

(1)制定制度、规程

为保证在生产过程中严格执行卫生标准,兽药生产企业应有防止微生物、杂质污染的卫生措施,制定环境、工艺、厂房、人员等各项卫生管理制度,并由专人负责;车间、工序、岗位应制定清洁操作规程(清洁方法、程序、间隔时间,使用的清洁剂或消毒剂)。生产人员应有良好的卫生习惯,建立健康档案,直接接触兽药的生产人员每年定期体检。

(2)生产区卫生规定

整个生产区应经常保持清洁、整齐,无废物及垃圾堆放。洁净室(区)应定期消毒,使用的消毒剂不得对设备、物料和成品产生污染。利用波长为 254 nm 紫外线灯杀菌,灯管离地面高度为 2.0 m,每次杀菌时间为 1~2 h。洁净室的人员数量应严格控制,无菌操作人员必须严格执行无菌操作细则。

(3)对工作服的规定

工作服的选材、式样及穿戴方式应符合生产操作和洁净室等级的要求,并有不同的标志,不得混用。无菌工作服应包盖全部头发、眉、胡须及脚部。不同洁净室使用的工作服应分开清洗、消毒,进行病原微生物培养或操作区域内使用的工作服应先消毒、后清洗。

9.4.2 文件与验证

1)文件

文件是指一切涉及兽药生产、管理的书面标准和实施中的记录结果,包括药政文件、产品生产管理文件、产品质量管理文件、各类管理制度、记录等。兽药生产企业用各类文件全面反映生产过程的各项活动,统一全体员工的行为规范,明确每个产品的技术标准,制定各类管理制度,记录各项工作情况。文件管理在生产的全过程具有非常重要的作用。这里重点介绍产品生产管理文件,主要包括生产工艺规程、岗位操作法或标准操作规程、批生产记录。

（1）生产工艺规程

每种兽用生物制品都应制定相应的生产工艺规程,兽用生物制品的生产工艺操作必须遵循农业部颁布的《兽用生物制品制造及检验规程》。生产工艺规程的主要内容包括产品的名称、剂型、规格、处方;生产的详细操作规程;物料、半成品、成品的质量标准和各项技术参数;物料平衡的计算方法;成品容器、包装材料的要求等。

（2）岗位操作法或标准操作规程

是按生产工艺操作规程针对各工序而制定的,用以指导操作的通用性文件或管理办法。可由车间技术人员组织编写,经批准后执行。

岗位操作法的内容包括生产操作方法和要点;重点操作的复核及复查;半成品质量标准及控制;设备使用、维护与清洗;异常情况的处理和报告;安全防火和劳动保护;工艺卫生与环境卫生等。

标准操作规程的内容包括规程名称与编号;制定人与制定日期;审核人与审核日期;批准人与批准日期;颁发部门、生效日期、标题、正文等。

（3）批生产记录

产品在生产前需要按批准备生产记录,这种以批次为单位的详细、完整的生产记录,称为批生产记录。

批生产记录是记录一个批号的产品生产过程中所用原、辅材料与所进行操作的文件,包括生产过程中控制的细节。批生产记录应由操作人员认真填写,字迹清晰、内容真实、数据完整、不得任意涂改,由操作人、复核人签字,按批号归档。

2）验证

是指证明任何程序、生产过程、设备、物料、活动或系统确实能达到预期结果的有文件证明的一系列活动。通过验证,可以考查工艺、方法及设备的有效性,预防生产事故,保证生产质量的稳定性。验证的主要内容有设备验证、工艺验证、原辅材料验证等。例如,对无菌分装机的验证,按世界卫生组织要求,无菌分装培养基1 000瓶,培养14 d,污染率应低于0.3%;按美国FDA要求,污染率应低于0.1%。

9.4.3　生产管理

1）生产批号的编制

每批产品均应编制生产批号。在规定的期限内具有同二性质和质量,并在同一连续生产周期中生产出来的一定数量的兽药为一批。批号可以由一组数字或字母加数字所组成。

2）工艺用水管理

工艺用水可分为饮用水、纯化水和注射用水3种。饮用水是指符合饮用标准的水,可用于内包装材料、容器具的初洗;纯化水采用蒸馏法、离子交换法制得,是供药用的水,不含任何附加剂;注射用水为纯化水经蒸馏制得,并符合《兽药典》注射用水标准,供无菌药品的配制及容器的终洗。

工艺用水应定期进行检验,建立检验记录。注射用水、纯化水的储罐和输送管路应定

期清洗与消毒。注射用水应在80 ℃以上保温、65 ℃以上保温循环或4 ℃以下存放,贮存时应防止微生物的滋生和污染。

3)防止在生产过程中药品被污染及混淆的措施

每批产品的每一生产阶段完成后应对生产场所彻底进行清场,以防混药。同一生产操作车间不得生产不同品种和规格的产品;有数条包装线同时包装时,应采取隔离或其他有效防止污染或混淆的设施。生产操作间、设备、容器应设明显标志,标明现生产品种的名称、规格、批号等。杜绝物料、产品因产生的气体、喷雾物等引起的交叉污染,杜绝尘埃的产生和扩散。

9.4.4　质量管理

企业的质量管理部门受企业负责人直接领导,负责兽药生产全过程的质量管理和检验。配备有一定数量的质管、质检人员,并有相应的场所、仪器和设备。

质量管理部门的主要职责如下。

①制定、修订有关制度或规程。包括企业质量责任制;质管、质检人员的职责;物料、中间产品和成品的内控标准和检验操作规程;取样留样观察制度;设备、仪器、消毒剂、实验动物等管理方法。

②决定物料、中间产品的使用;决定成品的发放;审核不合格品处理程序。

③评价物料、中间产品、成品的质量稳定性,并对其进行取样、检验、留样,出具检验报告。

④监测生产洁净区尘粒数和微生物数;监测工艺用水的质量。

⑤负责产品质量指标的统计、考核,建立产品质量档案;负责组织质管、质检人员的专业技术及本规范的培训和考核。

⑥对主要物料供应商质量体系进行评估。

9.5　国内、外实施 GMP 的概况

9.5.1　国外 GMP 的概况

自1963年美国颁布了第一部药品 GMP 之后,人们对药品 GMP 生产提出了更高的要求。1978年,美国再次颁布经修订的 GMP。据报道,美国已开始提出 GRE(无纸化 GMP)概念。并且 FDA 还引入了 QSR(Quality System Regulation)概念,强调了质量在药品生产中的作用,并将食品、药品和化妆品的 GMP 统规于 QSR 体系之中。

欧盟于1972年制定了《GMP 总则》,并于1983年对《GMP 总则》进行了较大的修改,1992年再次进行修改。目前,欧盟在 *The Rules Governing Medicinal Products in the European Union* 中的第四卷对人药和兽药的 GMP 作了规定。

日本于1973年,由日本制药工业协会提出了自己的GMP,并由日本政府于1974年颁布,于1980年正式实施。1988年制定了原料药GMP,1990年正式实施。目前由MHLW颁布了GMP规范(2003版),对药品GMP进行管理。

加拿大目前使用的是2003年2月1日开始执行的 *Good Manufacturing Practices Guidelines* 版本。这个版本参照了其他国家、世界卫生组织、PIC/S和ICH的相关规定,同时结合本国实际对药品GMP进行管理。

在澳大利亚的GMP规范中,人药和兽药是分开的,在人药的规范中,GMP是由TGA负责制定实施,而兽药的则是由APVMA制定实施,并于1999年颁布了《兽药制剂生产质量管理规范》。

世界卫生组织于1967年在《国际药典》的附录中收载了GMP。1969年第22届世界卫生大会上,世界卫生组织建议各成员国的药品生产采用GMP制度,以确保药品质量和参加"国际贸易药品质量签证体制"(简称"签证体制")。1969年,颁布了世贸组织的GMP标准,于1975年正式公布,并于1990年和1992年对GMP进行了两次修订。在世界卫生组织药物制剂规格专家委员会第36份报告中,提出了"鼓励向有关部门和决策者提倡生产质量管理规范(GMP)的基本内容并通过了供使用的基本信息"。

随着药品GMP的不断发展,国际间药品贸易的加强,人们又开始希望能够有一部国际间通行的GMP标准来规范国际的药品质量。20世纪90年代,国际管理机构和药品生产厂商逐步认识到了统一药品质量规范的重要性。来自英国、日本、美国等国专家组成的ICH,开始致力于这方面GMP文件的制定,其第一部关于有效药物成分(APIS)的规定已得到了广泛认可,并被英国和美国采用。另一个致力于将各个国家和地区间对GMP的规定进行统一的组织是PIC/S,这个机构已经出版的关于GMP的指导文件,其中包含了GMP的基本原理并逐条指导,对于其会员国来说非常有用。

9.5.2　国内GMP的概况

20世纪60年代之前,我国还没有专业的兽药生产企业,所谓"兽药"仅是人药代"兽药",或者干脆是不合格的人药即为"兽药",当时对于兽药的安全性根本无从谈起。直至20世纪60年代,我国逐步创建了一些专业的兽药生产企业,并开始筹建兽药质量体系。20世纪80年代初,是我国兽药行业快速发展的时期,企业数量和兽药品种大幅度增长。为了规范兽药生产、经营活动,保证产品质量,国务院先后发布了《兽药管理暂行条例》(1980年)和《兽药管理条例》(1987年),明确各级兽药药政、药检部门的工作职责。

改革开放以后,我国畜牧业快速发展,兽药作为支持产业也得到了迅速发展,并逐步形成了一个独立产业。然而,随着畜牧业的发展,多数兽药企业因为人员素质、技术落后、规模小、质量无法保障等问题已无法适应发展的需要。而兽药质量问题和滥用兽药的问题也使动物疾病控制受到影响,养殖产品药物残留超标,不仅造成了经济损失,影响人类健康,同时也影响我国的国际声誉。在此形势下,1989年农业部颁布了我国第一部兽药GMP,并大力推行,以解决兽药质量问题。

自兽药GMP颁布以后,其认证经历了从最初开始实施、认识、初步了解这一管理制度到逐步适应兽药GMP的要求,并投入到生产过程中去的过程。人们的观望态度也因兽药

GMP 认证高峰的到来而有所改变,并积极加大对本企业兽药生产 GMP 改造的投入。同时,兽药 GMP 本身也经历了 1989 年颁发《兽药生产质量管理规范(试行)》、1994 年颁发《兽药生产质量管理规范实施细则(试行)》、2002 年修订发布新的《兽药生产质量管理规范》(简称《兽药 GMP 规范》)的历程。对于进口兽药的相关规定,我国农业部于 1998 年 1 月 5 日颁布的《进口兽药管理办法》第二章第九条中明确规定,申请进口药品者需提供"生产企业所在国(地区)政府签发的企业注册证书和兽药管理机关批准的生产、销售证明以及企业符合兽药生产质量管理规范(GMP)的证明文件"。农业部"关于发布《兽药生产质量管理规范实施细则(试行)》(农牧发〔1994〕32 号)的通知"规定,凡在 2005 年 12 月 31 日前未取得《GMP 合格证》的兽药生产企业,将被吊销生产许可证,不得继续进行兽药的生产、销售。

通过这十几年的努力,我国的兽药企业从规模上得到了发展,整个兽药 GMP 正朝着规范化、现代化、国际化的方向发展。

小　结

本章从 GMP 的基本内容入手,详细介绍了 GMP 对人员、硬件及软件的基本要求,概述了国内、外实施 GMP 的概况。

复习思考题)))

1. 什么是 GMP?
2. GMP 主要包括哪些内容?
3. GMP 对厂房与设施有哪些要求?
4. GMP 对人员有哪些基本要求?
5. GMP 对卫生管理有哪些要求?

第10章
兽医生物制品的保藏与应用

知识目标

◇了解兽医生物制品运输及保藏条件。

◇掌握疫苗的接种途径。

◇熟悉疫苗的接种注意事项。

◇掌握影响免疫作用的因素。

◇掌握免疫血清的使用方法。

技能目标

◇能进行疫苗的免疫接种。

◇能正确使用免疫血清。

10.1 兽医生物制品的运输与保藏

10.1.1 运输

无论使用何种运输工具运输兽医生物制品时,都应注意防止高温、暴晒和冻融。运输前,生物制品要逐瓶包装,衬以厚纸或软草,然后装箱。活疫苗需要低温保存,或按制品要求的温度进行包装运输:少量运输时,可先将疫苗装入盛有冰块的保温瓶或保温箱内运送;大量运输时,应用冷藏车运输,要以最快的速度运送生物制品。在运送过程中,要避免高温和直射阳光。北方寒冷地区应避免液体制品冻结,尤其要避免由于温度高低不定而引起的反复冻结和融化。切忌把制品放在衣袋内,以免由于体温较高而降低生物制品的效力。

10.1.2 保藏

一般生物制品怕热,特别是活疫苗,都必须低温冷藏。兽医生物制品生产经营企业应设置相应的冷库,动物防疫部门也应根据条件设置冷库、冰柜或冰箱。

冷冻真空干燥的疫苗,多数要求放在 $-15\ ℃$ 以下保存,温度越低,保存时间越长。如猪瘟兔化弱毒冻干苗,在 $-15\ ℃$ 可保存 1 年以上,在 $0\sim8\ ℃$ 只能保存 6 个月;若放在 25 ℃左右,至多 10 d 即失去效力。实践证明,一些冻干疫苗在 27 ℃ 条件下保存 1 周后有 20%

151

不合格,保存 2 周后有 60% 不合格。多数活湿苗,只能现制现用,在 0 ~ 8 ℃ 下仅可短时间保存。灭活苗、血清、诊断液等保存在 2 ~ 15 ℃,不能过热,也不能低于 0 ℃。冻结苗应在 -20 ℃ 以下的低温条件下保存。

　　不同生物制品必须坚持按规定温度条件保存,不能随意放置,防止高温存放或温度忽高忽低,以免损害疫苗的质量。同时还应注意分类、分批次存放,不要将不同种类、不同批次的疫苗混放,以免用错和使用过期失效的生物制品,从而造成浪费。

10.2　疫苗的使用

10.2.1　疫苗预防接种的类型

疫苗是用于免疫预防的生物制品。疫苗的预防接种可以分为以下几种情况。

1) 定期预防接种

定期预防接种是将疫苗强制性有计划地反复投给易感动物全群。此种接种类型多为全国性的,如中国的猪瘟疫苗和鸡新城疫疫苗接种、日本的猪瘟疫苗接种。

2) 环状预防接种(包围预防接种)

环状预防接种又称包围预防接种,是以疾病发生地点为中心,划定一个范围,对范围内的所有易感动物全部免疫。

3) 屏障预防接种

屏障预防接种是以防止病原体从污染地区向非污染地区侵入为目的而进行的,对接触污染地区境界的非污染地区的易感动物进行免疫。如南非共和国的 Kruger 国家公园是口蹄疫常发地,所以在公园周围约 30 km 以内给所有易感动物投给疫苗,以形成屏障,控制疾病扩散。

4) 紧急接种

紧急接种是在发生传染病时,为了迅速控制和扑灭疫病的流行,而对疫区和受威胁区尚未发病的动物进行的应急性接种,与环状接种接近,只是受到威胁的地区均应接种,接种地区不一定呈环状。

10.2.2　疫苗接种途径

　　疫苗的接种途径对免疫的效果有着显著的影响,疫苗接种途径的选择应考虑到疫苗的安全性、疫苗的价格和使用的方便性。

　　疫苗接种途径的选择主要考虑 3 个方面:一是要考虑疫苗接种的人工成本,对大规模饲养的动物很难实施对每一动物个体分别进行接种,应考虑气雾免疫或口服免疫等方法。二是病原体的侵入门户及定位,要尽量使免疫途径符合自然情况,不仅全身的体液免疫系统和细胞免疫系统可以发挥防病作用,同时局部免疫也可尽早发挥免疫效应。三是考虑疫苗的种类和特点,特别是疫苗的安全性、价格和使用方便,如新城疫Ⅰ系弱毒苗多用注射途径,人的痘苗只能皮肤划痕。虽然天花是呼吸道传染病,但痘苗却不能用气雾法免疫,因为此种疫苗病毒可以通过黏膜感染,进入眼内可以造成角膜感染,甚至失明,故只能皮肤划痕。

1) 注射免疫

(1) 注射免疫的方法与特点

注射免疫的方法主要包括皮下注射、肌肉注射和皮内注射3种方法。3种方法的免疫效果因疫苗而异,如狂犬病疫苗肌肉注射的效果要远好于皮内注射,而犬瘟热疫苗皮下注射和肌肉注射的效果相差不多。皮内注射由于接种量较少,因而成本相对较低,但所引起的免疫反应一般也较肌肉注射和皮下注射为差,它对细胞免疫重要的疾病可能具有较好的免疫保护力,如人的卡介苗、B型肝炎疫苗、狂犬病疫苗等。以注射的方法免疫动物,疫苗接种剂量准确,免疫反应一致、持久。但注射免疫都需要捕捉动物,耗费人工成本,同时动物的应激反应也最大,影响生产力。

皮下注射是主要的注射免疫途径,凡引起全身性广泛损害的疾病,以此方法免疫为好。此方法的优点是免疫效果好、吸收快,缺点是疫苗用量较大,副作用也比皮内注射大。

皮内注射目前仅适用于羊痘苗和某些诊断液等。皮内注射的优点是使用疫苗或诊断液少,注射局部副作用小,产生的免疫力比相同剂量的皮下注射高;缺点是操作需要一定的技术和经验。

肌肉注射的优点是操作简便、吸收快;缺点是有些疫苗会损伤肌肉组织,如果注射部位不当,会引起动物跛行。

(2) 注射免疫的注意事项

注射免疫时操作者应注意个人的防护,最好戴手套操作;定期校正注射器的刻度,以确保注射剂量;疫苗使用时应恢复至室温(21~25 ℃),以免温度过低刺激接种部位组织,影响吸收与免疫效果;注射时应随时摇动稀释过的疫苗,以保持均匀;群体免疫时,应注意更换针头,以减少可能的污染;注射针头的大小应适宜,针头过大容易引起疫苗回流,而无法达到良好的免疫效果。

肌肉注射时应注意避开肌腱、韧带与骨骼。对食用动物肌肉注射时还需考虑到屠体肌肉的健全,肌肉中如有吸收不完全的佐剂存在将会影响屠体的食用。疫苗在实际使用时,应依照疫苗说明书上的接种途径进行免疫,不要随便更改。

2) 滴鼻、点眼免疫

(1) 滴鼻、点眼免疫的特点

滴鼻、点眼免疫是活疫苗的各种免疫方法中效果最好的一种免疫途径。许多国家对点眼免疫途径较为多用,滴鼻与点眼免疫效果相同,比较方便、快速。但此法相当费时,适用于需个体投予的特定疫苗,如牛传染性鼻气管炎、马腺疫、猫鼻气管炎、猫杯状病毒感染、鸡新城疫、鸡传染性喉气管炎等疫苗。在牛、马等较大型动物的鼻腔内接种疫苗,通常是以鼻腔内喷雾的方式给予。鼻腔黏膜下有丰富的淋巴样组织,能产生良好的局部免疫。家禽眼部的哈德尔氏腺呈现局部免疫应答效应,不受血清抗体的干扰,因而抗体产生迅速。

（2）滴鼻、点眼免疫注意事项

疫苗必须以灭菌的稀释液、生理盐水或纯化水来稀释配制，一次只可配制足够 30 min 的使用量。夏天应注意避免手持操作，以免温度升高而影响疫苗的效力。所有的容器及器具应进行煮沸消毒，不能使用消毒剂消毒，以防消毒剂破坏疫苗。接种时应确认疫苗是否完全吸入，以免影响疫苗接种的免疫效果。

3）气雾免疫

通过气雾发生器，用压缩空气将稀释的疫苗喷射出，使之形成雾化粒子浮游在空气中，疫苗通过动物口腔、呼吸道黏膜等部位吸收以达到免疫作用，此种免疫方法称气雾免疫。

（1）气雾免疫的方法

气雾免疫包括气溶胶和喷雾两种方法，主要的是气溶胶免疫。气溶胶根据粒子大小及运动的性质可分为 3 种。

①低分散度气溶胶。低分散度气溶胶粒子直径在 10～100 μm，粒子大，在空气中易下沉。

②中分散度气溶胶。中分散度气溶胶又称浮游性气溶胶，粒子直径为 0.01～10 μm，粒子的布朗运动和重力下降作用相平衡，在空气中飘浮较稳定。

③高分散度气溶胶。高分散度气溶胶又称蒸发性气溶胶，雾粒直径在 0.01 μm，粒子随空气布朗运动而上升。

（2）气雾免疫的特点

气雾免疫的优点是能群体免疫，省时省力，免疫成本低，不受或少受母源抗体的干扰。但疫苗必须确实散布于整个群体才能达到免疫的效果，且由于疫苗接种反应，应该只针对健康群体实施，气雾免疫的缺点是容易激发潜在的慢性呼吸道疾病，且这种激发作用与粒子大小成负相关，粒子越小，激发的危险性越大。

4）经口免疫

（1）经口免疫的方法

①饮水免疫。饮水免疫是将疫苗混入动物的饮用水中，通过动物饮水进行免疫。在饮水疫苗中常添加干燥脱脂乳粉，因为乳蛋白可中和少量可能存在于水中的清洁剂（如氯离子）和金属离子等的干扰，并且可保护抗原。本法适用于肠道疾病的免疫，但常因饮水量不均而影响疫苗免疫抗体的整体度，而饮水中的杂质或残留物也会影响免疫效果，饮水免疫前的断水期可能对动物造成应激。因此，此方法只有在良好的管理与监控下才会有好的免疫效果。

②拌饲免疫。拌饲免疫是将疫苗混入动物的饲料中，通过动物摄取饲料而进行免疫。目前，有供喷洒在饲料上的鸡球虫疫苗。在马来西亚、印度等国家有供拌饲免疫预防鸡新城疫的疫苗，但免疫效果并不一致。在欧美国家，为了控制狂犬病，在食饵中加入疫苗后，将食饵撒布在狐狸、狼等野生动物的行经路径以进行免疫。在水产动物方面，也有将疫苗加在颗粒性饲料中对鱼进行免疫的研究。

③可食疫苗免疫。利用基因工程技术，将病原体的部分抗原基因植入农作物食品中，使人或动物食入后产生免疫力。如美国德州的 ProdiGene 公司已成功地研发出了可经玉米表达的猪传染性胃肠炎病毒口服疫苗。可食疫苗研制成功后，将成为一种方便、易被接受、

易储存及使用,并且成本低的疫苗。

(2)经口免疫的特点

经口免疫的方法省时省力,简单方便,反应也最小,适用于一些活毒疫苗的群体免疫用,饮水或拌料口服均可。但饮水比拌料效果好,因为饮水并非只进入消化道,还要与口腔黏膜、扁桃体等接触,而这些部位有丰富的淋巴样组织。由于个体饮水和采食量的差异,每头动物所获得的疫苗量不同,因而,免疫程度不同、疫苗的用量大、抗原易受外界环境的影响等是经口免疫的主要不足。

(3)经口免疫注意事项

经口免疫的疫苗必须是活疫苗,且要加大疫苗的用量。一般认为,口服疫苗的用量应为注射用量的10倍以上。灭活疫苗的免疫力差,不适宜口服。

疫苗应避免高温及阳光的直接照射,投放疫苗不可使用金属或石棉、水泥制造的水(饲)槽,以防降低免疫效果。疫苗应与饮水或饲料混合均匀,最好在饮水中加入脱脂奶粉,以保护抗原。

经口免疫前,被免疫动物应停饮或停饲适当时间,以保证每个动物在规定时间内尽可能摄入足够的疫苗剂量。饮水免疫前的停水时间应根据外界温度与湿度决定,天热时,一般在疫苗投予前停止供水1~2 h,天冷时则可停水2~4 h,而且最好在清晨进行。

与疫苗混合的饲料不能过酸或温度过高,否则会影响抗原的活力。饮水器必须清洁,饮水不可含消毒剂、清洁剂等,以免破坏疫苗抗原。疫苗使用前三天至使用后一天,应停止在饮水或饲料中添加任何消毒剂、药品等。同时,投给疫苗后要保证足够的饮水、采集空间,防止动物争食饮水。同是饮水免疫,不同动物的饮水习性造成免疫效果也不相同,如鸭的饮水免疫效果要比鸡好,因为鸭饮水常将整个鼻部浸在水中,增加了鼻咽黏膜接触疫苗的机会。

5)其他免疫途径

(1)皮肤刺种

皮肤刺种主要用于预防禽痘,方法是用接种针或蘸水笔尖浸入疫苗中,然后在皮肤刺种,接种疫苗于皮内。刺种时应注意避开血管,刺种针要干净、锐利且注意消毒。操作者在接种之前和开始接种后每隔30 min都应该清洁及消毒双手。接种疫苗后7~14 d之内,应观察接种部位有无疫苗反应,以确保鸡群得到理想的保护力。

(2)浸泡免疫法

对鱼虾类水产动物疫苗接种的方法有浸泡、口服、注射、喷雾等方法,但以浸泡法最为常用,疫苗可由鳃和皮肤吸收。浸泡法免疫成功的关键在于鱼的大小(>4 g)与水温(>6 ℃),每只鱼应至少浸泡20 s。

(3)卵内接种

这是一种针对18日龄鸡胚接种马立克氏病疫苗的系统,每小时可接种20 000~30 000个蛋。目前在美国已有马立克氏病、鸡传染性法氏囊病等疫苗经核准使用此方法。使用此方法的工作人员必须先接受训练才能操作设备,而且孵化场的卫生也需达到高标准,以获得满意的存活率。

10.2.3 疫苗接种注意事项

1)掌握疫情和接种时机

在疫苗接种前,应了解当地疫病发生和流行情况,有针对性地做好疫苗和血清的准备工作。注意接种时机,不宜过早也不宜过晚,应在疫病流行季节之前1~2个月进行预防注射。如夏初流行的疾病,应在春季注苗。最好在疫病的流行峰升高以前完成全程免疫,当流行高峰时节到来时,动物的免疫力也达到最高水平。

2)合理的免疫程序

免疫程序受多种因素,尤其是母源抗体及疫苗性质的影响。因此,必须根据生产实际制定合理的免疫程序,否则必然影响免疫效果。

3)提高接种密度

预防接种首先是保护被接种动物,即个体免疫。对动物群体进行预防接种,使其对某一传染病产生免疫抵抗的动物数达到75%~80%时,免疫动物群就形成了一个免疫屏障,从而可以保护一些未被免疫的动物不受感染,这就是群体免疫。

4)疫苗与流行的病原体型别一致

使用生物制品时,应注意病原有无型别问题。如口蹄疫病毒分为 A、O、C、SAT-1、SAT-2、SAT-3、Asia-17 个主型,将近 70 个亚型。主型之间交叉免疫性差,甚至于同一主型的不同亚型也不能完全交叉免疫。因此如果有型的区别,则需要使用相同型的疫苗或多价苗。

5)注意消毒灭菌

使用疫苗所需的用具如注射器、针头等,都要清洗灭菌后使用。注射器和针头尽量做到每头动物换一个,绝不能用一个针头连续注射。要用清洁的针头吸药,使用完毕,要将疫苗空瓶、多余疫苗及用具一起消毒灭菌。

6)注意疫苗的外观和理化性状

首先应注意疫苗是否过期,要使用有效期内的疫苗。疫苗使用前,要逐瓶检查,剔除破损、封口不严制品。疫苗的色泽、外观、透明度、异物等应与说明书相符。此外,还要注意疫苗的储存条件是否与说明书相符。

7)稀释后的疫苗要及早用完

需要稀释后使用的冻干疫苗,要用规定的稀释液稀释。稀释后的疫苗要振荡摇匀后抽取使用,并尽可能及早使用完毕。气温15 ℃左右当天用完;15~25 ℃,6 h 内用完;25 ℃以上,4 h 内用完,过期废弃。有些疫苗要求稀释后 1 h 内用完。

8)注意被免疫动物体质及疫病情况

给健康的成年动物使用弱毒疫苗时,其残留的毒力可被动物健全的免疫系统所控制。但对于孕畜,弱毒可能进入胎儿体内,引起流产、死胎或畸形,此种情况曾见于羊蓝舌病疫苗、人的风疹病毒疫苗和某些猪丹毒疫苗。

被免疫动物的体质、年龄以及是否怀孕等都会影响免疫效果。年幼、体弱或有慢性病的动物,由于抵抗力差,可能会引起明显的免疫反应。怀孕动物由于追赶和捕捉,可能导致流产,如果没有受到传染的威胁,这类动物可以暂时不注苗。

9)注意抗菌药物的干扰

在使用由细菌制成的活苗(如巴氏杆菌苗、猪丹毒杆菌苗)时,动物前、后10 d内不能使用抗生素和磺胺类药物,也不能饲喂含抗菌药物的饲料,以免造成免疫失败。

10)疫苗剂量与免疫次数

疫苗剂量低于一定限度,会影响机体免疫应答,抗体不能形成或检测不到,达不到应有的免疫效果。接种一次灭活苗,往往产生抗体量低而且消失快,如果在第一次接种后2~4周再接种一次,抗体量能迅速升高,3~5 d即达到高峰,持续时间也长(再次应答)。所以,灭活苗最好接种2次,以获得理想的免疫效果。

10.2.4 影响免疫作用的因素

疫苗接种是预防动物传染病的有效方法,但免疫接种能否成功,不仅取决于疫苗的质量、接种途径和免疫程序等外部条件,还取决于动物机体的免疫应答能力这一内部因素。接种疫苗后的机体免疫应答是一个复杂的生物学过程,许多内、外环境因素都可影响机体免疫力的产生、维持和终止。所以,接种过疫苗的动物不一定都产生坚强的免疫力,甚至有些动物虽然接种了各种各样的疫苗,但还会有传染病的爆发和流行,给养殖业造成了很大的经济损失。影响疫苗免疫作用的因素主要有以下几方面。

1)母源抗体

(1)母源抗体的概念

母源抗体是指新生畜禽通过胎盘、初乳、蛋黄等途径从母体获得的抗体。由于母源抗体的存在,幼小动物或雏禽对某些疾病具有较强的抵抗力。它们能在初生后几天或相当长一段时间内得到保护,免受某些传染病的感染。例如新生仔猪在两三个月内对猪丹毒杆菌,新生羔羊对布氏杆菌具有较强的不感受性,关键在于获得了母源抗体。母源抗体不仅在抗病免疫中具有重要意义,而且对疫苗接种后机体的免疫应答也有严重干扰,因而在制定动物免疫程序时应当引起注意。

(2)母源抗体的转移途径

母源抗体从母体到达胎儿的途径,取决于胎盘屏障结构的组成。犬和猫的胎盘是内皮绒毛膜型的,胎儿与母体之间组织层次为4层,这些动物能从母体获得少量IgG,大量抗体也来自初乳。反刍兽的胎盘呈结缔组织绒毛膜型,胎儿与母体之间组织层次为5层;而马、驴和猪的胎盘则为上皮绒毛膜型,胎儿与母体之间的组织层次为6层。具有这两种胎盘的动物,免疫球蛋白分子通过胎盘的通路全被阻断,母源抗体必须从初乳获得。禽类的抗体可以经卵传给下一代。产卵前一周,母鸡的抗体通过卵胞膜进入卵黄,因此产卵时抗体(IgG)在卵黄内。鸡卵孵化的第4 d,抗体转移到卵白内,12~14 d抗体在鸡胚中出现。出壳后的3~5 d内,初生鸡继续从残余的卵黄中吸收剩余的抗体。因此,母源抗体滴度的高

峰在出壳后的第3天左右。人和其他灵长类动物的胎盘是血绒毛膜型的,也就是母体血液直接和滋养层相接触。这种类型的胎盘允许 IgG 通过,而不允许 IgM、IgA 和 IgE 转移到胎儿。母体的 IgG 可以经胎盘进入胎儿的血液循环,母乳中含量较少(5% ~ 10%)。

未吃奶的新生动物其正常血清中只含极低水平的免疫球蛋白。成功地吸收了初乳免疫球蛋白的动物,立即得到免疫球蛋白供应,尤其是 IgG,使其接近于正常成年动物的水平。在出生后的 12 ~ 24 h,初生动物的血清中免疫球蛋白的水平达到高峰。在吸收终止后,这种被动获得的抗体水平,通过正常的降解作用开始下降,下降的速度取决于免疫球蛋白的种类;而降到无保护力的水平所需的时间,也因为原有的浓度的不同而不同。

从初乳中最早获得的 IgG 是幼畜抵抗败血性疾病所必需的。继续摄取 IgA 到肠管中则可以保护幼畜免于发生肠道疾病。以上任何一种免疫球蛋白吸收量小或吸收失败都会导致幼畜发生感染。

(3)母源抗体的持续期

未吃初乳的新生动物,正常情况下其血清内只含有极低水平的免疫球蛋白。吮吸初乳的动物,血清免疫球蛋白的水平迅速升高,尤其是 IgG,接近于成年动物的水平。由于肠壁上皮细胞吸收的特性,故在其出生后 24 ~ 36 h,其血清 IgG 的水平达到高峰。在吸收终止之后,这种被动获得的抗体,通过正常降解作用立即开始下降,下降的速度因动物种类、免疫球蛋白的类别、原始浓度及半衰期的不同而异。

母源抗体的持续时间并不等于能耐受强毒攻击的时间,耐受强毒攻击要求抗体保持在一定滴度之上。一般 ND 的 HI 抗体滴度为 1:16 ~ 1:32 时可耐受强毒攻击,而当 HI 滴度为 1:8 时弱毒疫苗接种后可以产生主动免疫。一般说来,母源抗体水平与免疫力有一定的相关性,对于动物的早期抗感染和免疫程序的制定具有重要作用。

母源抗体在初生畜禽体内的持续时间及依靠母源抗体所获得的免疫保护的持续时间,对免疫程序的制定至关重要。

2) 免疫程序

免疫程序是指根据动物疫病种类、疫苗的性质、动物机体的免疫反应以及免疫工作的实际条件等因素而制定的计划免疫的具体实施程序。免疫程序的内容包括疫苗的种类、接种对象、方法、剂量、次数等。由于各地的疫病流行情况、动物种类、饲养管理条件等不同,目前没有一个通用的免疫程序,各地区应根据实际情况来制定和实施。要达到合理的免疫程序和实施方案,主要考虑以下 6 个方面的因素。

①本地区内发生疫病的种类、流行情况。一般情况下,常发病、多发病而且有疫苗可预防的应重点安排,而本地从未发生过的疫病,即使有疫苗,也应慎重使用。

②各种不同用途品种间的差异。对于种用鸡等饲养周期较长的动物,其免疫程序应综合考虑系统免疫,而且各种疫苗的免疫接种时间,应尽可能地在产仔(蛋)前全部结束。

③各个不同品种畜禽群间的免疫基础。种畜禽群的免疫状况决定了幼畜禽群的母源抗体的水平,因而决定了疫苗首次免疫的日龄。

④单位的管理水平和环境控制的程度。管理制度严格,各种防疫措施有力,环境控制得较好,各种疫源入侵的机会相对减少,即属于相对安全区域;反之,管理松散,防疫制度名存实亡,各种疫病常发,则属于多发病区域。这两种不同区域的免疫程序和疫苗种类的选

择是根本不同的。

⑤为使免疫更合理、更科学化，并通过实际的免疫效果检验免疫程序，应考虑建立免疫监测制度，根据免疫监测修正免疫程序，使畜禽免疫更科学、更合理。

⑥选用疫苗的免疫特性，产生免疫力的时间，免疫期的长短。各种疫苗的免疫期及产生免疫力的时间是各不相同的。一般情况下，应首先选用毒力弱的疫苗进行基础免疫，然后再用毒力稍强的疫苗进行加强免疫。

3）疫苗的种类和质量

（1）疫苗的种类

同种传染病可能有多种不同的疫苗预防，而产生的免疫应答也各不相同。如鸡新城疫疫苗有低毒型Ⅱ系（B1株）、Ⅲ系（F株）、Ⅳ系（Lasota株）、N79、NGM88、克隆30、克隆70和中毒型Ⅰ系（Muktesmr株）、Roakin株、Komarov株等。鸡传染性支气管炎疫苗有荷兰型H52、H120及美国型M41等。若在生产中选择不当，常会导致免疫无效或严重反应，甚至诱发其他疾病。

（2）疫苗的质量

疫苗质量是免疫成败的关键因素。如疫苗的免疫原性差、污染了强毒、灭活方法不当、过期等因素都会影响疫苗的免疫效果，引起免疫有效期内的畜禽群无免疫力或产生严重反应。如果用于制造疫苗的种蛋带有病原，如禽白血病或支原体病，除了影响疫苗的质量和免疫效果外，还可能传播疾病。

（3）疫苗稀释剂

疫苗稀释剂的合格与否直接影响疫苗作用。稀释剂未经灭菌或受污染而将杂质带进疫苗，不使用专用稀释剂（如马立克氏病），饮水免疫时水质有问题或饮水器未消毒或未充分清洗，这些都会影响疫苗作用。

（4）疫苗的运输、保存不当

在没有合适的冷藏设施的条件下进行长途运输，长时间暴露在高温场合，会造成疫苗失效或效价降低。在农村基层兽医站，无冷藏设施或由于经常停电，致使疫苗保存温度不稳定、中转环节多、剧烈振荡等，均有可能导致疫苗效价下降或无效。有实验表明，鸡新城疫弱毒冻干疫苗，经过3次中转运输后，其疫苗效价降低1~2个滴度。

（5）不同疫苗间的相互干扰

将两种或两种以上有干扰作用的活疫苗同时接种，会降低机体对某种疫苗的免疫应答反应，如鸡传染性支气管炎对新城疫疫苗的干扰作用。干扰的原因可能有两个方面：一是两种病毒感染的受体相似或相等，产生竞争作用；二是病毒感染细胞后产生干扰素，影响另一种病毒的复制。

4）免疫动物机体的影响

（1）动物感染某些疫病

在进行疫苗预防时，有一部分动物已感染了某些病原体而处于潜伏期，此时免疫接种常可使动物群在短时间内发病；某些疫病如传染性法氏囊病、马立克氏病、网状内皮增生病、传染性贫血等，可使动物体正常的免疫反应受到抑制；某些疫病如鸡新城疫、禽流感、传

染性支气管炎、传染性喉气管炎等的病毒可在动物机体内产生干扰素,影响特异性免疫的形成。此外,动物感染支原体病、大肠杆菌病、沙门氏分枝杆菌病等慢性传染病或寄生虫病时,使机体抵抗力下降,常由于免疫接种而产生应激,产生严重反应。

(2)遗传素质的影响

动物机体对接种疫苗后的免疫应答在一定程度上受遗传控制,因此,不同品种,甚至同一品种的不同个体的动物,对同一种抗原的免疫反应强弱也有差别。个别动物机体先天性免疫缺陷,也常导致免疫无效或效力低微。

(3)继发性免疫缺陷

除原发性免疫缺陷外,免疫球蛋白的合成和细胞介导免疫还可因淋巴组织遭到肿瘤细胞侵害或被传染因子破坏,或因使用免疫抑制剂而被抑制,引起继发性免疫缺陷。免疫缺陷增加了畜禽群对疫病的易感性,并常导致其死亡。

(4)营养状况

动物的营养状况也是影响免疫应答的因素之一。维生素(尤其是维生素 A、维生素 B、维生素 D、维生素 E)及氨基酸的缺乏都会使机体免疫功能下降。如维生素 A 缺乏会导致动物淋巴器官的萎缩,影响淋巴细胞的分化、增殖、受体表达与活化,导致体内的 T 淋巴细胞、NK 细胞数量减少,吞噬细胞的吞噬能力下降,B 淋巴细胞产生抗体的能力降低。因此,营养状况是不可忽视的。

5)病原体的影响

(1)毒力、毒型的影响

有些疫病,如马立克氏病、传染性法氏囊病、鸡新城疫等,由于超强毒株的出现,导致原有的疫苗对其不能保护;同一疫病的病原体有多种血清型,若使用疫苗与感染病原的毒型不符,各型号之间交叉免疫能力又较弱时,其免疫效果也不理想。

(2)过量野毒攻击

在某些疫病严重污染的地区,由于过量的野毒攻击,其毒力、数量、侵入途径等因素与免疫动物的免疫力之间不断作用,并发生复杂的量和质的变化。在一定的条件下,病原体突破免疫动物的免疫保护,并在动物体内大量增殖,使动物感染发病,免疫接种难以达到对动物群完全保护的目的。

6)饲养管理及环境因素

(1)饲养管理不当

畜禽机体内营养缺乏直接影响免疫效果,严重时也会引起激发性免疫缺陷,蛋白质、维生素和一些矿物质在免疫方面具有重要地位;给动物饲喂霉变的饲料或垫料发霉,真菌毒素能使胸腺、法氏囊萎缩,毒害巨噬细胞而使其不能吞噬病原微生物,从而引起严重的免疫抑制。

(2)环境卫生状况

环境卫生状况不良,通风不良,氨气浓度过高,圈舍及周围环境存在大量的病原微生物,在使用疫苗期间动物已受到病原的感染,这些都会影响疫苗免疫的效果,导致免疫失败。实践中发现,抗体水平较高的动物群体,只要环境中有大量的病原,也存在着发病的可能。

（3）应激反应

在动物处于应激反应敏感期时接种疫苗，就会减弱其免疫力。动物机体的免疫功能在一定程度上受到神经、体液和内分泌的调节，在环境过冷过热、湿度过大、通风不良、拥挤、饲料突然改变、运输、转群、疫病等因素的影响下，机体肾上腺皮质激素分泌增加。此激素增加能显著损伤 T 淋巴细胞，对巨噬细胞也有抑制作用，并可增加 IgG 的分解、代谢。

总之，影响疫苗免疫效果的因素很多，这就要求生产实践中必须严格按照疫苗接种要求规范操作，以保证疫苗接种的有效性，减少动物发病和死亡。

10.3　免疫血清的使用

用于人工被动免疫的制剂，统称为免疫血清。免疫血清包括抗菌血清、抗病毒血清和抗毒素 3 种。动物感染病原后，使用免疫血清，就等于直接给动物输入了抗体，可以迅速杀死病原或中和毒素，促进机体快速恢复，起到良好的治疗作用。临床上，使用免疫血清应注意如下几个问题。

（1）途径合理

免疫血清的使用，大多采用注射的途径。但在注射方法上，可以皮下注射，也可以静脉注射。一般多采用皮下注射法，因为静脉注射吸收虽然最快，但容易引起过敏反应，主要在预防时使用。

（2）使用及时

免疫血清可以杀死病原或中和毒素，但这种作用仅仅局限于未与组织细胞结合的病原和外毒素，对于已经造成组织损伤的病原和毒素，根本就不能起作用。因此，使用免疫血清治疗传染病，越早越好。

（3）用量充足

应用免疫血清治疗传染病，注射后立即生效，效果好、快。但因为是血清制品，半衰期短，同种动物的血清，半衰期为 3 周，异种动物的血清，半衰期只有 2 周，免疫血清的有效维持时间一般只有 2~3 周。因此，必须多次注射、足量注射，才能取得理想的效果。

（4）防止发病

免疫血清多用马、牛血液制备，马、牛血清对其他动物来说，也具有抗原性，有引起血清病的可能，因此，使用免疫血清要注意防止引起血清病。主要预防措施是使用提纯的制品，不用不合格的产品；同时，严格按照要求的剂量使用。

小　结

各种生物制品必须严格按照规定的条件进行保存和运输，防止高温暴晒和冻融。疫苗主要用于预防接种和发生传染病时紧急接种。疫苗接种的途径主要有注射免疫、滴鼻免

疫、气雾免疫、经口免疫等,另外还有皮肤刺种、卵内接种和浸泡免疫等方法。疫苗接种时一定要注意选择与流行疾病的病原体血清型相一致的疫苗,使用合理的免疫程序和接种密度,注意疫苗的外观和理化性状及被接种动物的体质等。接种疫苗后的效果与疫苗的种类和质量、母源抗体、免疫程序、病原体的毒力与血清型及动物的饲养管理情况密切相关。用于人工被动免疫的制剂,统称为免疫血清。临床上,使用免疫血清应注意途径合理、使用及时、用量充足、防止发病。

复习思考题)))

1. 简述兽医生物制品的运输与保存条件。

2. 疫苗预防接种有哪些主要类型?

3. 疫苗预防接种的方法有哪些?

4. 试述疫苗接种的注意事项。

5. 什么叫母源抗体? 简述母源抗体的转移途径有哪些。

6. 试述免疫程序的影响因素。

7. 影响疫苗免疫作用的因素有哪些?

8. 简述使用免疫血清的注意事项。

第11章

实训部分

11.1　细菌培养技术

【目的要求】　掌握细菌培养技术的要领和方法,了解各种细菌培养技术的优缺点。

【仪器及材料】　实验用细菌培养物(菌种)、肉汤培养基、普通琼脂培养基、肝片肉汤培养基、电热恒温培养箱、无菌平皿或大型克氏瓶、接种环、酒精灯、真空干燥皿、试管架、标签纸、记号笔等。

【方法与步骤】

细菌培养的目的主要是大量繁殖细菌,为生物制品制造提供原料。在细菌培养之前,首先应注意下列事项。

①选择适合所培养细菌生长的培养基。

②培养温度一般在 37 ℃。

③考虑所培养的细菌是需氧菌或厌氧菌,进一步决定培养条件。

11.1.1　需氧菌的分离培养

1)样品处理

为了能从污染的样品中分离所需要的细菌及提高细菌的检出率,有时需要对样品进行处理。如分离芽孢细菌,可先将待检材料经 80 ℃ 处理 15 ~ 20 min,杀灭非芽孢菌,然后用普通肉汤或血液(血清)肉汤做增菌培养;分离革兰阴性菌,可在培养基中加入结晶紫或青霉素;分离结核菌,可在结核病料中加入 15% 的硫酸溶液等。

2)平板画线分离培养法

目的是为了将细菌作适当稀释,获得单个菌落,以便根据菌落特性进行鉴别和挑选单个菌落进行纯培养,制备规模化生产所需要的种子培养物。

(1)液体样品

右手持接种环灼烧灭菌、冷却,取液体病料或细菌肉汤培养物一环,左手持平皿,用其拇指、食指及中指将平皿盖掀开成30°左右的角度,将接种环伸入平皿,涂于培养基的一角,

163

自涂抹处成30°~40°角,以腕力在培养基表面轻轻地分区画线(图11.1)。画线完毕,将接种环烧灼灭菌,盖好培养皿,用记号笔在培养皿底部注明材料及日期,倒置于37 ℃温箱中培养18~24 h,观察结果,备用。

(2)固体样品

直接用灭菌刀切取1 cm³新鲜病料块,用无菌镊子夹取病料块,放在培养基的一角,自涂抹处在培养基表面分区画线(图11.1)。画线完毕,将镊子烧灼灭菌,盖好培养皿,置37 ℃温箱中培养18~24 h,观察结果,备用。

图11.1 琼脂平板上各种画线培养法

11.1.2 厌氧菌的分离培养

厌氧菌的分离培养基本与需氧菌相同,只是需要提供无氧的环境。厌氧菌培养的方法有多种,可根据具体情况选用。

1)烛缸法

将已经接种细菌的培养皿放置于容量为2 000 mL的磨口标本缸或干燥器内,并点燃一支蜡烛直立于缸中,烛火需距缸口10 cm左右,缸盖和缸口涂以凡士林,密封缸盖。蜡烛燃烧消耗缸中氧气,当缸中氧气减少、蜡烛自行熄灭时,缸内含二氧化碳为5%~10%,随后连同容器一并置37 ℃的温箱中培养(图11.2)。

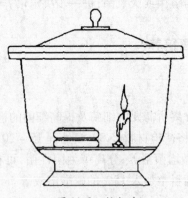

图11.2 烛缸法

2)真空干燥皿培养法

将欲培养的平皿或试管放入真空干燥皿中,开动真空泵,抽至真空后,充以氢、氮或二氧化碳等气体,置37 ℃温箱培养,即得厌氧菌。

3)厌氧培养基培养法

培养前,将厌氧培养基(肉肝汤、庖肉培养基)煮沸10 min,迅速放入冷水中冷却,排除其中的空气。然后接种被检材料或菌种,并在培养基表面加一薄层灭菌的液态石蜡(或已溶化的固体石蜡),封闭液面。将试管直立,放于试管架上,待冷,置37 ℃温箱中培养24～48 h,即得厌氧菌。

4)焦性没食子酸培养法

这是利用焦性没食子酸在碱性溶液内能大量吸氧的原理而采取的培养方法。取大标本瓶或大试管,先在底部加入玻璃珠,按每升容积用焦性没食子酸1 g、10%氢氧化钠10 mL的比例加在玻璃珠上。然后放入隔板,将欲培养的平皿或试管放在隔板上,用蜡封管口,置37 ℃温箱中培养2 d后即得厌氧菌。

此外还可采用二氧化碳培养箱培养法、高层琼脂培养法和加热分离培养法进行细菌的厌氧培养。

11.1.3　工业化大规模培养细菌的方法

用于制作抗原、疫苗等生物制品的细菌,需进行规模化培养,获得大量的细菌才能用于生产。规模化培养细菌的方法较多,如固体表面培养法、液体静置培养法、液体深层通气培养法、透析培养法、连续培养法等。其中,液体培养的各种方法适于制苗,固体培养法易获得高浓度的细菌悬液,并且容易稀释成不同浓度,悬液中含培养基成分较少,比较适用于制备诊断抗原。具体方法见4.2。

复习思考题 》》

1.在平板画线后,你的试验结果中能否得到单个菌落,分析成功或失败的原因。
2.细菌规模化培养的方法有哪些?

11.2　病毒的鸡胚培养技术

【目的要求】　理解鸡胚培养病毒的意义及应用,掌握判断鸡胚是否存活的技巧,掌握鸡胚培养病毒的接毒和收毒方法。

【仪器及材料】　无菌室或超净工作台、小型孵化机或电热恒温培养箱、照蛋器、受精蛋、蛋架、5 mL注射器、1 mL注射器、打孔器(锥子)、镊子、生理盐水、碘酊棉、酒精棉、石蜡、酒精灯、灭菌吸管、新城疫病毒悬液、伪狂犬病病毒悬液、鸭肝炎病毒悬液、传染性支气管炎病毒悬液、禽脑脊髓炎病毒悬液。

【方法与步骤】
用鸡胚培养法可以进行多种病毒的分离培养、毒力滴定、中和试验以及抗原和疫苗的制备等。

11.2.1　鸡蛋的选择与孵化

选择健康非免疫鸡群或SPF鸡群的受精蛋,以产后5 d内最佳,为便于照蛋观察,最好

是白壳蛋。

入孵前,先将孵育箱温度调至37.5~38 ℃,湿度50%~60%,并使气流通畅(机械通风);受精蛋用5%苯酚或0.1%高锰酸钾溶液消毒蛋壳。然后将受精蛋大头向上垂直放置在孵化箱内,在孵化过程中需每日定时翻蛋(一般2 h翻蛋一次)。从第4 d起,用照蛋器观察鸡胚发育情况,未受精卵只见模糊的卵黄黑影,无鸡胚迹象,应弃去;受精卵可看到清晰的血管和鸡胚的暗影,随着转动,可见胚影活动。随后每天观察一次,检查鸡胚孵育情况。濒死或死亡鸡胚,鸡胚活动呆滞或不能主动运动,血管昏暗,应弃去;生长良好的鸡胚一直孵育到适当的胚龄,用于不同病毒的接种。

11.2.2　接种方法

通常应用的禽胚接种途径和收获方法有4种,即绒毛尿囊膜接种法、尿囊腔接种法、羊膜腔接种法和卵黄囊接种法(图11.3),有时可采用静脉接种法或脑内接种法。

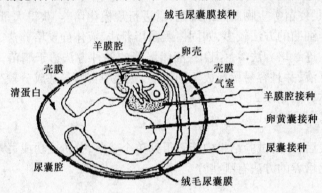

图11.3　病毒的鸡胚接种部位

1)尿囊腔接种法

此法在生物制品上应用最广,可大量生产某些病毒,如流感病毒、新城疫病毒、鸭传染性肝炎病毒和鸡传染性支气管炎病毒等(图11.4)。

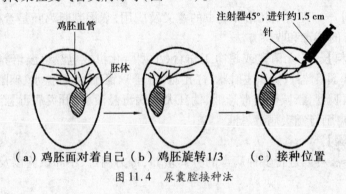

(a)鸡胚面对着自己　(b)鸡胚旋转1/3　(c)接种位置

图11.4　尿囊腔接种法

(1)照蛋和标记

取9~11 d鸡胚,在照蛋器下画出气室区及胚胎位置,在气室边缘上端3~5 mm处做一标记,作为接种部位。

（2）消毒

将胚蛋接种点及气室顶端部位先用5%碘酊棉消毒，后用75%酒精棉脱碘。

（3）打孔

用灭菌锥子在标记部位钻一小孔，切勿损伤壳膜。

（4）接种

取鸡新城LaSota疫苗作为接种物。先向鸡新城疫LaSota系苗瓶中加入4~5 mL灭菌生理盐水，然后用灭菌的1 mL注射器吸取新城疫病毒液，垂直或稍斜由小孔刺入10~12 mm，进入尿囊腔，向其内注入0.2 mL病毒液，拔出针头，消毒针孔。

（5）封口

用玻璃棒蘸取溶化石蜡滴涂封口。

（6）继续孵化

接种后气室朝上，放入37 ℃温箱中孵育3~5 d。孵化期间，每晚照蛋，观察胚胎存活情况，弃去接种后24 h内死亡的鸡胚。

（7）收获尿囊液

收获时间视病毒的种类而定，鸡新城疫病毒在接种后48~72 h即可收获。收获前应将鸡胚气室朝上，置4 ℃冰箱中冷藏4 h或过夜。取出鸡胚，消毒气室部位蛋壳，用无菌剪刀沿气室线上缘剪去卵壳，用无菌镊子撕去蛋壳膜。在绒毛尿囊膜无大血管处穿破之，用镊子轻轻压住鸡胚，用灭菌注射器或吸管吸取尿囊液，每枚鸡胚约可得5~6 mL，收集于无菌瓶内。收获的尿囊液用血凝试验检测有无病毒，并作无菌检验后冷冻保存。

2) 卵黄囊接种法

主要用于培养立克次氏体、鹦鹉热衣原体及某些病毒，如禽脑脊髓炎病毒、披膜病毒、狂犬病病毒等（图11.3）。

（1）照蛋和标记

取5~8 d鸡胚，在照蛋器下画出气室区及胚胎位置，垂直放于蛋架上，气室端向上。

（2）消毒

方法同尿囊腔。

（3）打孔

在气室中央壳上偏离胚胎5 mm处，钻一小孔。

（4）接种

用注射器吸取病毒液，迅速、稳定地自小孔接种于卵黄囊内，接种的针头沿鸡胚的纵轴插入约30 mm，注入病毒液0.1~0.2 mL，退出注射器。

（5）封口

方法同尿囊腔。

（6）继续孵化

置37 ℃下进行孵育，每日翻蛋2次，检视1次，弃去接种后24 h内死亡的鸡胚。

(7)收获鸡胚或卵黄囊

取孵育 24 h 以上濒死或死亡的鸡胚,消毒气室后,无菌操作撕破绒毛尿囊膜和羊膜,用无菌镊子夹起鸡胚,切断卵黄带,置灭菌平皿中。如是收获鸡胚,则除去眼、爪及嘴,置无菌小瓶中低温保存;如为收获卵黄囊,则将所收内容物倒入平皿中,用镊子将卵黄囊及绒毛尿囊膜分开,挤出卵黄囊液,用无菌生理盐水洗去卵黄囊液,将卵黄囊置无菌小瓶中低温保存、备用。

3)绒毛尿囊膜接种法

该方法多用于嗜皮肤性病毒的增殖,如痘病毒、疱疹病毒、正黏病毒、副黏病毒等(图11.5)。

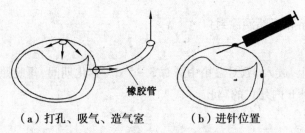

橡胶管

(a)打孔、吸气、造气室　　　(b)进针位置

图 11.5　鸡胚绒毛尿囊膜接种法

(1)照蛋和标记

取 10 ~ 13 d 鸡胚,在照蛋器下画出气室区、胚胎位置、接种部位及大血管处。

(2)消毒

方法同尿囊腔。

(3)造人工气室

将卵横置,在绒毛尿囊膜发育面附近无大血管走行的卵壳处,用锉刀锉一三角形裂痕,破壳,但勿伤及壳膜。另外在气室中心钻一小孔。用橡皮乳头轻吸天然气室小孔,可见横径上接种部的绒毛尿囊膜下陷,在壳膜与尿囊膜之间形成人工气室。

(4)接种

用灭菌注射器吸取病毒液,将针头由接种小孔刺入人工气室 3 ~ 5 mm 深,缓慢注入0.2 ~ 0.5 mL 病毒液于绒毛尿囊膜上。

(5)封口

用融化石蜡将两孔封闭。

(6)继续孵化

人工气室向上,置 37 ℃ 孵箱孵育,每日翻蛋 2 次,检视 1 次,弃去 24 h 内的死胚,4 ~ 5 d后收获。

(7)收获绒毛尿囊膜

收获时用酒精棉消毒人工气室和气室周围。剪开气室,若接种成功,可见到绒毛尿囊膜明显增厚。用无菌镊子轻轻夹起此膜,用灭菌剪刀沿气室周围将此膜全部剪下,置灭菌平皿内,低温保存、备用。

4)羊膜腔接种法

本法操作时须在照蛋灯下进行,成功率约80%。本法可使病毒感染鸡胚全部组织,病毒且可通过胚体泄入尿囊腔。

(1)照蛋和标记

先将10~12日龄鸡胚直立于蛋盘上,气室朝上使胚胎上浮,画出气室和胚胎位置。

(2)消毒

方法同尿囊腔。

(3)打孔

在气室端靠近胚胎侧的蛋壳上钻孔(孔径略大于注射用针头)。

(4)接种

在照蛋灯下将注射器针头轻轻刺向胚体,当稍感抵抗时即可注入病毒液0.1~0.2 mL。也可将注射器针头刺向胚体后,以针头拨动胚体下颚或腿,如胚体随针头的拨动而动,则说明针头已进入羊膜腔,然后再注射病毒液。

(5)封口

同绒毛尿囊膜。

(6)继续孵化

同绒毛尿囊膜。

(7)收获羊水及尿囊液

收获尿囊液后,用无菌镊子夹起羊膜,用毛细吸管或细吸管刺入羊膜腔吸取羊水。

11.2.3 注意事项

①准确标记接种部位。
②操作应在无菌室或超净工作台中进行。

复习思考题)))

1. 如何判断鸡胚是否存活?
2. 鸡胚接种方法有哪几种,如何进行? 接种时有何注意事项?

11.3 鸡胚成纤维细胞制备

【目的要求】 掌握鸡胚成纤维细胞的制备方法,学会细胞的计数方法及细胞密度换算。

【仪器及材料】 鸡胚、碘酊棉、酒精棉、细胞培养瓶、平皿、吸管、吸球、剪刀、小镊子、血细胞计数板、倒置显微镜、超净工作台、CO_2培养箱、水浴锅、滤纸、0.25%胰蛋白酶溶液、Hank's液、营养液、0.1%台酚蓝。

【方法与步骤】

11.3.1　鸡胚的处理

1)蛋壳消毒

取9~11日龄发育正常的鸡胚2~3枚置于蛋架上,放入超净工作台中,大头(气室)朝上放置,先用碘酊棉消毒蛋壳气室部位,再用酒精棉脱碘。

2)胚体采集

用灭菌镊子剥去气室部蛋壳膜,撕开绒毛尿囊膜及羊膜,轻轻夹起鸡胚放入无菌平皿中,去头、四肢及内脏,用Hank's液洗涤胚体2~3次,直到液体清亮为止,全部吸尽洗液。鸡胚如有出血等异常情况应弃掉。

3)胚体匀浆

用灭菌剪刀将胚体剪成米粒大小的小组织块,再用Hank's液洗2~3次,吸去洗液。将鸡胚组织吸入细胞培养瓶,加Hank's液,稍静置,让组织下沉,吸去液体。

11.3.2　消化

加0.25%胰蛋白酶溶液(每个鸡胚约加4 mL),在37.5~38 ℃水浴中消化20~30 min,吸出胰酶液,用Hank's液洗2~3次,洗时注意轻摇,如猛烈摇动,会将组织块摇散,吸去洗液。再加入适量的Hank's(10~20 mL),用吸管反复吹打成细胞悬液。

11.3.3　活细胞计数

①取消化分散的细胞悬液1滴与0.1%台盼蓝1滴混合(活细胞不着色,死细胞被染成蓝色),在室温下作用4~5 min。

②将盖玻片盖在计数板正中。用吸管吸取上述染色细胞悬液,滴加在计数板上盖玻片的一侧,使细胞悬液自动流入计数室内。加入量不要溢出盖玻片,也不要过少或带气泡。如滴入过多,溢出并流入两侧深槽内,需用滤纸片把多余的溶液吸出,以深槽内没有溶液为宜。如滴入溶液过少,经多次充液,造成气泡,应洗净计数室,干燥后重做。

③计数。在显微镜下,用10×物镜观察,按白细胞计数法计算细胞数,即计数板4角的4个大格中的细胞数(图11.6)。细胞培养液滴入计数室后,需静置2~3 min,然后在低倍镜下计数。计数细胞时,数4个大方格的细胞总数。计数时应循一定的路径,对横跨刻度上的细胞,依照"数上不数下,数左不数右"的原则进行计数。计数细胞时,如发现大方格的细胞数目相差8个以上,表示细胞分布不均匀,必须把稀释液摇匀后重新计数。

④计算。将计算结果代入下式,得出每毫升活细胞数。

细胞数/mL = (4大格细胞总数/4)×10^4×2。

说明。

a.每个大格的面积为1 mm^2,深度为0.1 mm,计数室的体积为10^{-4} mL。细胞悬液与染液等量混合,即稀释1倍,故每个大格细胞数应乘2。

b.镜下计数时,遇见三五成堆的细胞,应按一个细胞计算。

c.看到大部分细胞完整分散,不着色,部分细胞三五成堆,细胞碎片很少,证明消化适度。如分散细胞很少,则消化不够,细胞碎片很多,则消化过度。

11.3.4 培养

根据细胞计数结果,用营养液配成100万个/mL细胞的悬液,分装入培养瓶中,盖好培养瓶盖,但不要拧得太紧,以便CO_2进入。将培养瓶放入37 ℃、5% CO_2浓度的培养箱内培养48 h,再进行观察,不要时常翻动培养瓶,以免影响细胞的贴壁。

11.3.5 观察结果

置倒置显微镜下观察细胞的生长状态。鸡胚原代细胞主要是成纤维细胞,呈梭形。

11.3.6 注意事项

①全部操作过程在无菌条件下完成。

②利用5%浓度的CO_2培养箱的目的是能调节培养瓶中的pH,使之在一周或更长时间内pH保持不变。

复习思考题

1. 计算:将原液作100倍稀释后,通过细胞计数,已知4个大方格的细胞数为120个,试计算原液中的细胞密度(细胞数/毫升原液);预配制每毫升含10^6个细胞的细胞悬液共100 mL,应将原液如何稀释?

2. 简述鸡成纤维细胞的制备过程。并通过观察,说说鸡胚成纤维细胞的生长特点。

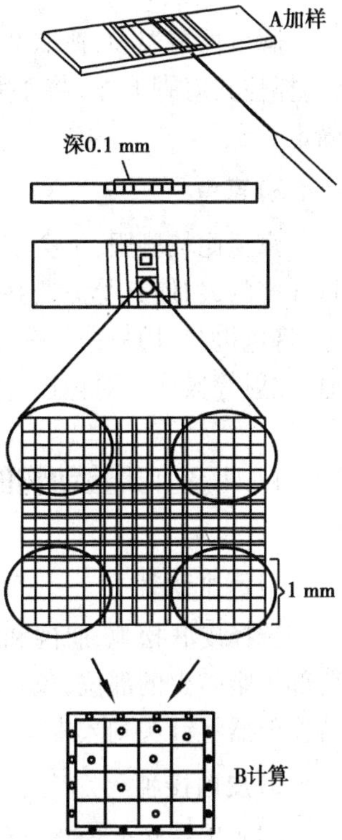

11.4 动物实验技术

【目的要求】 认识常用的实验动物;掌握常用实验动物的保定方法、接种方法和采血方法。

【仪器及材料】 小白鼠、豚鼠、家兔、鸡、鸽、动物饲养笼具、75%酒精棉球、5%碘酊棉球、1 mL注射器、5 号注射针头、7 号注射针头、9 号注射针头、生理盐水、无菌试管、烧杯、离心管等。

图 11.6　细胞计数方法

【方法与步骤】

11.4.1 常用实验动物及选择

常用实验动物有小白鼠、豚鼠、家兔、鸡、鸽等,在实际工作中,可以根据病料的检验目的和对病料中病原的预测,选择最易感的实验动物进行接种试验。

11.4.2 实验动物的捕捉和保定

1)小鼠

通常用右手提起小鼠尾巴将其放在鼠笼盖或其他粗糙表面上,在小鼠向前爬行时,用左手拇指和食指捏住其双耳及头颈部皮肤,翻转鼠体使尾部向上,并将鼠尾夹在无名指和小指之间。消毒后即可进行注射。

2)豚鼠

豚鼠性情温和,抓取幼小豚鼠时,可用双手捧起来;抓取较大的豚鼠,则用手掌按住鼠背,抓住其肩胛上方,将手张开,用手指环握颈部,另一只手托住其臀部,即可轻轻提起、固定。

3)家兔

家兔比较驯服,不会咬人,但脚爪较尖,应避免被抓伤皮肤。常用的抓取方法是先轻轻打开笼门,勿使其受惊,随后手伸入笼内,从头前阻拦它跑动。然后一只手抓住兔的颈部皮毛,将兔提起,用另一只手托其臀,或用手抓住背部皮肤提起来,放在实验台上,即可进行采血、注射等操作。对兔进行注射、采血等实验时,也可用市售的兔用固定器固定。

11.4.3 实验动物的接种方法

1)皮下接种

选择皮肤松弛、肌肉和脂肪少的部位,如小鼠、大鼠背部或侧下腹部,豚鼠后大腿内侧、背部等脂肪少的部位,兔背部或耳根部。局部消毒后,左手拇指及食指轻轻捏起皮肤,右手持注射器将针头刺入皮下,缓缓注入药液,拔针时,轻按针孔片刻,防药液逸出。

2)皮内接种

一般用于较大动物,可选背部、颈部、腹部、耳及尾根部进行注射。注射部位剪毛消毒,结核菌素注射器的细针头先刺入皮下,然后使针头向上挑起至可见到透过真皮为止,随之缓慢注入药液,注射部位皮肤表面鼓起一白色小皮丘。也可用左手拇指和食指捏起注射部皮肤,将针头平刺入皮内注入药液。注射量一般为 $0.1 \sim 0.2 \ mL$。注射量大时,可分几处注射。也可选用足掌进行皮内注射。

3)肌肉接种

肌肉注射一般选用肌肉发达、无大血管经过的部位,如大动物的臀部,禽的胸部、腿部,兔、鼠的腿部。先剪去注射部位皮肤的被毛,右手持注射器,将针头垂直快速刺入肌肉,回抽针拴,如无回血现象即可注射。注射完毕,用手轻轻按摩注射部位,以促进药液吸收。

4)腹腔接种

犬、猫、兔腹腔注射时,取仰卧位在腹部下约1/3处略靠外侧(避开肝和膀胱)将针头垂直刺入腹腔,然后将针筒回抽无阻力、无回血,即可注射。大鼠、小鼠作腹腔注射时,可一人进行操作,采用皮下注射时的抓鼠方法,以左手大拇指和食指抓住鼠两耳及头部,无名指和小指夹住鼠尾,将腹部朝上,头部放低,使脏器移向横膈处,右手持注射器从下腹部朝头部方向刺入腹腔,固定针拴,如无回血或尿液,以一定的速度慢慢注入药液。一次注射量0.1~0.2 mL/10 g(体重)。注射完毕用手指按压一下注射部位。

5)静脉接种

(1)小鼠、大鼠

常采用尾静脉接种。鼠尾静脉共有3根,左右两侧和背侧各1根,两侧尾静脉比较容易固定,故常被采用。操作时,先将动物固定在暴露尾部的固定器内(可用烧杯、铁丝罩或粗试管等物代替),用75%酒精棉球反复擦拭使血管扩张,并可使表皮角质软化。以左手拇指和食指捏住鼠尾两侧,使静脉充盈,注射时针头尽量采取与尾部平行的角度进针。开始注射时宜少量缓注,如无阻力,表示针头已进入静脉,这时用左手指将针和尾一起固定起来,解除对尾根部的压迫后,便可进行注射。注射完毕后把尾部向注射侧弯曲以止血。如需反复注射,尽量从尾的末端开始。一次的注射量为每10 g体重0.1~0.2 mL。

(2)豚鼠

一般采用前肢皮下头静脉接种。鼠的静脉管壁较脆,注射时应特别注意。

(3)兔

一般采用耳外侧边缘静脉接种。注射部位除毛,酒精棉球来回涂擦耳部边缘静脉,手指轻弹兔耳,使静脉充盈。左手食指和中指夹住静脉的近心端,拇指绷紧静脉的远心端,无名指及小指垫在下面。右手持注射器,在接近静脉末端向耳根顺血管方向平行刺入1 cm,回血后,移动拇指于针头上以固定,放开食、中指,将药液注入。拔出针头,以棉球压迫针眼止血。

6)脑内接种

家兔与豚鼠脑内接种时,先将头顶部毛拔除,用乙醚麻醉后将注射部位消毒,用锥子刺穿颅骨,再将针头刺入孔内注射,进针深度为4~10 mm,注射量为0.1~0.25 mL。小鼠不必麻醉,用左手固定鼠头,头顶消毒,选择眼后角、耳前缘与颅前后中线所构成的位置中间进行注射,进针2~3 mm。注射量乳鼠为0.01~0.02 mL,成年鼠为0.03~0.05 mL。

11.4.4　实验动物的采血

大动物(马、牛、羊等)选择颈静脉采血,猪常用尾静脉(或断尾)采血。小型实验动物常用的采血方法如下。

1)大鼠、小鼠的采血

（1）尾静脉采血

将鼠用固定盒保定露出尾巴，或由助手握住头颈部保定。温敷尾巴使尾静脉舒张后断去（或切开血管）尾尖，吸取流出的血液，一般经多次挤压可采得0.5 mL左右血液。采完后可用6%的液体火棉胶涂封伤口。

（2）后眼眶静脉丛采血

后眼眶静脉丛位于眼球与眼眶后界间。取血管为一根特制的长7～10 cm玻璃管，其一端内径为1～1.5 mm，另一端逐渐扩大，细端长约1 cm即可。将取血管浸入1%肝素溶液，干燥后使用。采血时，左手拇指及食指抓住鼠两耳之间的皮肤使鼠固定，并轻轻压迫颈部两侧，阻碍静脉回流，使眼球充分外突，提示眼眶后静脉丛充血。右手持取血管，将其尖端插入内眼角与眼球之间，轻轻向眼底方向刺入，当感到有阻力时即停止刺入，旋转取血管以切开静脉丛，血液自然地流入取血管内。采血结束后，拔出取血管，放松左手，出血即停止。

（3）断头采血

用剪子迅速剪掉动物头部，立即将动物头颈朝下，提起动物，血液可流入已准备好的容器中。

（4）心脏采血

将鼠仰卧位保定在固定板上。胸部去毛消毒，于左侧第3—4肋间用左手食指摸压住心脏，右手将针头刺入心脏，血液自然进入注射器内。

2)豚鼠的采血

（1）耳缘切口采血

先将豚鼠耳消毒，用刀片割破耳缘，在切口边缘涂上20%的枸橼酸钠溶液，防止血凝，则血可自切口处流出。

（2）背中足静脉采血

固定豚鼠，将其右或左后肢膝关节伸直，脚背消毒，找出背中足静脉，左手拇指和食指拉住豚鼠的趾端，右手将注射针刺入静脉，拔针后立即出血。

（3）心脏采血

用手指触摸，选择心跳最明显的部位，将注射针刺入心脏，血液即流入针管。

3)兔的采血

（1）耳缘静脉采血

操作步骤与兔耳缘静脉注射方法相同。但要注意：穿刺方向刚好相反；采血穿刺逆血流方向靠近耳根部进针，穿刺成功后即可抽血，整个抽血过程不能放松耳根血管的压迫；也可以刀片割破耳缘静脉，或用针头插入耳静脉取血，让血液直接流入含抗凝剂的容器中。取血完毕，注意止血。

（2）心脏采血

使兔仰卧固定在手术台上，找出心脏搏动最明显处，以此处为中心，剪去周围背毛，消毒皮肤,选择心博最强点避开肋骨作穿刺,位置一般在第三肋间胸骨左缘 3 mm 处。针头刺入心脏后,持针手可感觉到兔心脏有节律的跳动,并有血液自然进入注射器。取到所需血量后,迅速拔出针头。

4)鸡的采血

(1)静脉采血

将鸡固定,伸展翅膀,在翅膀内侧选一粗大静脉,小心拔去羽毛,用碘酒和酒精棉球消毒。再用左手食指、拇指压迫静脉心脏端使该血管怒张,针头由翼根部向翅膀方向沿静脉平行刺入血管。采血完毕,用碘酒或酒精棉球压迫针刺处止血。

(2)心脏采血

采血助手抓住禽两翅及两腿,将鸡侧卧保定,右侧在下。找出从胸骨走向肩胛骨的皮下大静脉,心脏约在该静脉分支下侧,或胸骨脊前端至背部下凹连线的 1/2 处。用酒精棉球消毒,在选定部位垂直进针,如刺入心脏可感到心脏跳动,稍回抽针拴可见回血,把针芯向外拉吸取血液,拔出针头,用棉球按压止血。

复习思考题)))

1.对小鼠进行皮下注射时如何保定?
2.如何对小鼠进行腹腔注射?
3.鸡的心脏采血是如何操作的?
4.如何对家兔进行耳缘静脉采血?

11.5 油佐剂灭活苗制备
(以鸡大肠杆菌油佐剂灭活苗为例)

【目的要求】 了解细菌性灭活疫苗制造和检验的基本原理和过程。掌握种子的生产、菌液培养、灭活、配苗和半成品以及成品检验方法。

【仪器及材料】 鸡大肠杆菌灭活疫苗菌种、1～4 月龄健康鸡、超净工作台、恒温培养箱、冰箱、摇床、胶体磨、压盖机、高压锅、显微镜、酒精灯、温度计、普通试管、三角瓶、平皿、1 mL 注射器、疫苗瓶、瓶盖、记号笔和 SPF 鸡隔离箱、蛋白胨营养琼脂培养基、普通肉汤培养基、葡萄糖蛋白胨水培养基、酪胨琼脂培养基、硫乙醇酸盐培养基、甲醛溶液、7 号白油、Span-80、硬脂酸铝和土温-80 等。

【方法与步骤】

11.5.1 大肠杆菌菌液培养

1)种子液

将大肠杆菌菌种分别接种于小管或小瓶普通肉汤培养基中,置 36～37 ℃培养 18～

24 h,经纯粹检验后作为种子液。

2)细菌培养(小量培养)

将种子液接于蛋白胨营养琼脂培养基表面,36～37℃培养24 h。加适量灭菌生理盐水将细菌洗下,装入玻瓶中,充分振荡菌液,使细菌分散开。

3)纯检

将培养的细菌菌液接种于琼脂培养基表面,36～37℃培养24 h。观察菌落大小,是否均匀一致。

4)细菌计数

用麦氏比浊管法测定菌数,将菌数调整为15亿个/mL。

11.5.2　细菌灭活

按菌液体积加入终浓度为0.3%的甲醛溶液,于37℃温箱中灭活24 h,其间振荡数次。灭活后取少量菌液,接种于普通营养琼脂平板,37℃培养24～48 h,进行灭活检验。菌液灭活后应无菌生长。

11.5.3　乳化配苗

1)油相准备

按10号白油94 mL,硬脂酸铝2 g,Span-80 6 mL的比例混合。首先将白油和Span-80在电炉上微加热混合至透明,然后取少量混合液加入使硬脂酸铝,加热使其完全溶化,再放入全量混合掖中,充分混合,高压蒸汽灭菌,110℃加热30 min。冷至室温,备用。

2)水相准备

灭活菌液96份,吐温-80 4份,充分振荡,使吐温完全溶解。

3)乳化

加入油相1份,开动胶体磨,慢速转动,徐徐加入水相1份,7 000～10 000 r/min离心5 min。但由于胶体磨价格昂贵,尚需很多附属设备,在制作少量菌苗的情况下,可用组织捣碎机代替胶体磨。在无菌室或超净工作台内,将油相倒入灭菌的组织捣碎杯内,启动搅拌器,转速先慢后快,同时缓慢滴加等量的水相,充分乳化后即成油佐剂灭活苗。

11.5.4　成品检验

1)物理性状

外观为乳白色乳剂。静置后,上层有微量淡黄色液体,下层有少量灰白色沉淀。

● 剂型(油包水型):取一清洁吸管,吸取小量疫苗滴于冷水中,第一滴分散属正常现象,以后各滴均应不分散。

● 稳定性检验:可取疫苗装于试管内,3 000 r/min离心15 min,应不出现水层。

● 黏度检验:用 1 mL 吸管(下口的内径 1.2 mm,上口的内径 2.7 mm)吸取 25 ℃ 左右的疫苗 1 mL,垂直自然流出,记录流出 0.4 mL 所需的时间,3 次平均值应在 10 s 以下。

2)无菌检验

取 1 mL 灭活菌液加入 49 mL 硫乙醇酸盐培养基中,培养 72 h 后移植到葡萄糖蛋白胨水培养基中和酪胨琼脂培养基上培养 5 d,应无细菌生长。

3)安全检验

用 1~4 月龄健康鸡 4 只,各皮下注射 1 mL,注射后允许有轻微精神不振或食欲减退。但应在 48 h 内恢复,均应健康、活泼。

4)效力检验

用 3~6 月龄健康易感鸡 8 只,各颈部皮下注射疫苗 1 mL。3~4 周后,连同条件相同的对照组鸡 8 只,各肌肉注射致死量强毒菌液。观察 14 d,对照组鸡全部死亡,免疫组鸡至少保护 6 只为合格。

复习思考题)))

1.简述大肠杆菌灭活疫苗的制备过程。

2.成品检验都包括哪些内容?

11.6　组织灭活苗制备
(以禽霍乱组织灭活苗为例)

【目的要求】　掌握组织灭活苗的制备程序及方法。

【仪器及材料】　超净工作台、恒温培养箱、冰箱、酒精灯、平皿(直径 20 cm)、吸管、天平、量筒、玻璃漏斗、剪刀、镊子、组织捣碎机或研钵、灭菌纱布、灭菌生理盐水、甲醛、摇瓶机等。

【方法与步骤】

11.6.1　病料选择

根据制苗的数量选取禽霍乱死亡的鸡若干只(新死亡者),用适宜的消毒剂浸泡消毒皮肤和被毛。剪开皮肤后,用点燃的酒精棉消毒表面,另换灭菌的剪刀和镊子,剪开腹壁,去掉胸骨和肋骨,摘出肝脏。

肝脏肿大、质脆,有多处针尖大灰白色坏死点,心冠脂肪有出血点,十二指肠黏膜出血,肝脏触片经瑞氏染色镜检发现大量两极浓染小杆菌者可确诊为禽霍乱。将肝脏上的胆囊去掉,放于灭菌平皿中,称取肝脏的重量,一般肝脏重量为 42~51 g,平均为 47 g。凡病变不典型、触片细菌数太少,有其他疾病,腐败,操作严重污染的肝脏不可用于生产菌苗。

当生产急需菌苗,自然死亡于典型禽霍乱的鸡只数量很少时,可进行人工接种健康鸡,待其发病死亡后取肝脏制菌苗。

11.6.2　组织捣碎

将肝脏放在大平皿内,除去胆囊和胆管,用剪刀将肝组织剪成小块(越碎越好),放入灭菌的组织捣碎杯内(组织捣碎杯用清水洗后,酒精棉消毒,紫外线照射 1 h 进行灭菌)。加入生理盐水,组织与生理盐水的重量比为 1:5～1:10,即 1g 组织加入 5～10 mL 生理盐水。加好盖,开动组织捣碎机 1.5 min,将组织悬液倒入有一层纱布的漏斗内过滤,滤液放于生理盐水瓶中,吸取少量滤液(约 3 mL)准备进行活菌计数。

11.6.3　活菌计数

取未经甲醛处理的滤液 0.5 mL,加到 4.5 mL 肉汤培养基中,混匀后,做成 1:10 的稀释液。用 1 mL 灭菌吸管,吸取 1:10 的稀释液 1 mL 放入 9 mL 灭菌肉汤试管中。各取 0.1 mL,放在鲜血琼脂培养基表面,涂匀,置 37 ℃温箱中培养 24 h,观察并计数多杀性巴氏杆菌菌落数。

一般自然死亡的鸡霍乱的肝脏中,每克组织含活菌 30 亿～40 亿个。若经活菌计数,多杀性巴氏杆菌少于以上数字,应酌情减少菌苗使用时的稀释倍数,以便保证免疫效果。

11.6.4　灭活

在上述滤液中加入甲醛溶液,使甲醛的最终浓度为 0.3%,加入后马上振荡 10 min,放入 37 ℃温箱中培养 24h,在此期间,每隔 2～3 h 充分振荡 1 次。灭活完成后,滤液为淡粉或咖啡色,置 4～8 ℃保存。

11.6.5　无菌检查

将菌苗 1 mL,加到普通营养肉汤 4 mL 中,混合均匀。从中取出 0.5 mL 接种到鲜血斜面培养基上,再取 0.5 mL 接种到厌氧肉汤培养基中,均置 37 ℃温箱中培养 2 d,观察结果(涂片染色镜检及培养检查),应无菌生长;另将 2 mL 菌苗,接种到 200 mL 马丁肉汤培养基中,置 37 ℃温箱中培养 2 d,观察结果,应无菌生长。

11.6.6　安全试验

将菌苗用生理盐水作 1:5 稀释后,给 5 只小白鼠接种,每只皮下注射 0.5 mL(分两点)。观察 1 周,应全部健活;或者将菌苗用生理盐水作 10 倍稀释后,给 5～10 只成年鸡肌肉注射(分多点),每只 4 mL,观察 5 d,应全部健活。

菌苗经无菌检验和安全试验合格后方可使用。

复习思考题)))

1. 简述禽霍乱组织灭活苗的制备流程。
2. 如何用甲醛对多杀性巴氏杆菌进行灭活？

11.7 鸡新城疫弱毒疫苗制备（以鸡新城疫Ⅰ系弱毒疫苗为例）

【目的要求】 掌握鸡新城疫Ⅰ系弱毒疫苗的制备程序,掌握鸡新城疫Ⅰ系弱毒疫苗的使用方法。

【仪器及材料】 鸡新城疫Ⅰ系苗毒种、受精蛋、孵化箱、灭菌生理盐水、5%碘酊、75%酒精、灭菌镊子、无菌吸管、灭菌瓶、青霉素、链霉素、鲜血斜面培养基、改良沙氏培养基、厌气肝汤培养基、小鼠、健康鸡、10日龄鸡胚、无菌注射器、超净工作台、酒精灯等。

【方法与步骤】

11.7.1 毒种

鸡新城疫Ⅰ系苗的毒种,由中国兽药监察所负责鉴定、保管和供给。

作为鸡新城疫Ⅰ系苗毒种的条件:对鸡胚的最小致死量不低于 10^{-6}、0.1 mL,鸡胚于接种后24~72 h内死亡,胚体病变明显,对红细胞凝集价在1:80以上;毒种对鸡的最小免疫剂量应不低于 10^{-6}、0.1 mL;安全无菌。

11.7.2 Ⅰ系苗湿苗的制造

健康种鸡所产新鲜卵(一般应不超过7 d),清除卵壳污物后,放入38.5~39 ℃、相对湿度在60%~70%的孵化箱内孵化9~11 d,作为制苗鸡胚的来源。鸡胚接种前,应照蛋挑选活力强的发育胚,并画好气室部位和接种部位,凡活力弱及死胚均不要。

毒种接种时用无菌生理盐水将毒种作1:100稀释,接种9~11日龄鸡胚的尿囊腔内,每胚0.1 mL。接种后用石蜡将接种孔封闭,继续置孵化箱内孵化。以后每日上、下午各照蛋1次,胚胎应于接种后24~48 h内死亡(一般多在36 h前后死亡)。将死胚立即取出,气室向上,置0~10 ℃冷却4~24 h,凡在24 h内和48 h后死亡的鸡胚均弃去不用。

将冷却后的死胚取出,气室部向上并涂擦5%碘酊,用灭菌镊子敲破气室部位的卵壳并剔除之。揭出卵壳膜,剪破绒毛尿囊膜和羊膜,以无菌吸管吸取尿囊液,装入灭菌瓶内,若干胚的胚液混合为一组,应立即加入青霉素、链霉素各500 IU/mL。放入冰箱保存,经检验后即成疫苗。

在收获疫苗时,应观察胚体病变情况是否良好(胚体全身充血、在头、胸、背、翅和趾部有小出血点)。注意胚液是否清亮,若胚体无病变,胎儿腐败,胚液混浊者应废弃;也可同时

收获胚体,和胚液一起磨碎,制成全胚疫苗。

收获的鸡胚液应逐瓶进行无菌检验,即每瓶抽疫苗 0.2 mL,分别接种于鲜血琼脂斜面和厌气肉肝汤培养基内,在 37 ℃ 培养 72 h,应无细菌生长。然后将无菌生长之疫苗混合后,分别装小瓶或安瓿内,0.5~1 mL/瓶。瓶上注明疫苗名称、批号及收获日期。以上各项操作均要在无菌室或无菌罩内无菌操作进行,要严防鸡新城疫强毒污染。

11.7.3 疫苗检验

每批疫苗制好后,在使用前需进行成品质量检验,检验均合格者方可使用。

1)无菌检验

每批疫苗任抽 5 瓶作为样品,供做无菌检验,方法同 11.6,应无细菌生长。在做细菌培养的同时,也可注射小鼠若干,每只皮下注射 0.2 mL,观察 10 d,应全部健活。若有细菌生长或小鼠死亡者,此苗废弃。

2)安全试验

用 4~12 月龄未经鸡新城疫疫苗免疫的健康鸡 3 只,每只鸡肌注 100 倍稀释疫苗 1 mL,观察 10~14 d,应无任何反应,或有轻度反应,且在 14 d 内恢复者,认为合格。有严重反应不能康复时,应重复检测一次。

3)效力试验

①每批疫苗抽样 1 瓶,用无菌生理盐水将疫苗按其含毒量稀释成 10^{-5},接种 10 日龄的鸡胚 5 个,每胚尿囊内接种 0.1 mL,鸡胚应在 24~72 h 全部死亡且胎儿有明显的病交。混合鸡胚液对 1% 鸡红细胞的凝集价在 1:80 以上者为合格。如不能在规定时间内致死全部鸡胚时,可重复检 1 次。

②选取 4~12 月龄的健康鸡若干只,分为试验组和对照组两组。所有鸡必须没有感染过鸡新城疫或没有接种过本病疫苗,如情况不明,应于试验前每只鸡翅静脉抽血若干毫升,分离血清做血凝抑制试验,血凝抑制价在 1:20 以下者才能供试验用,超过 1:20 者不能用。

试验组每只鸡以 10^5 倍稀释疫苗肌注 1 mL,或用钢笔尖蘸取 1 000 倍稀释疫苗于翅膀内侧无血管处的皮下刺种两次。观察 10~14 d 后,与对照组一起以鸡新城疫强毒攻击。攻击剂量为每鸡肌注 1 000 倍稀释的新鲜鸡胚强毒液 1 mL,观察 10~14 d,试验组免疫鸡应全部健活,而对照组全部发病并至少死亡 2/3,方能合格。如果对照鸡不能全部发病,或虽全部发病而死亡少于 2/3 时,可重复试验一次。如免疫鸡发病或死亡时,这批疫苗应视为无效,予以废弃。

4)疫苗使用与保存

①使用方法:本苗专供 2 个月以上的鸡使用(初生雏鸡禁用)。使用时,用灭菌生理盐水、蒸馏水或冷开水(不可用热水或温水)将本疫苗稀释 100 倍,以消毒的钢笔尖蘸取稀释苗,刺入鸡翅膀内侧无血管处皮下(蘸、刺各两次),或皮下注射 0.1 mL。也可以稀释 1 000 倍,肌注 1 mL。稀释后疫苗需冷藏,并于规定时间内用完。疫苗注射后 3~4 d,即可产生免疫力,免疫期为 1 年。

②自鸡胚液收获日期算起,-15 ℃ 以下,保存期不超过 1 年;0~4 ℃ 保存期不超过 3

个月;10～15 ℃保存期不超过 20 d;15～25 ℃不超过 14 d;25～30 ℃不超过 7 d。

复习思考题)))

1.鸡新城疫Ⅰ系苗的毒种要具备哪些条件?
2.简述鸡新城疫Ⅰ系苗的使用方法。

11.8 抗猪瘟血清制备

【目的要求】 掌握抗猪瘟血清的制备方法,掌握抗猪瘟血清的使用方法。

【仪器及材料】 60 kg 左右健康猪、猪瘟兔化弱毒疫苗、猪瘟病毒强毒、生理盐水、苯酚、家兔、小鼠、注射器、针头、玻璃容器、碘酊棉球、酒精棉球、离心机、电热恒温培养箱等。

【方法与步骤】

11.8.1 免疫接种

选用 60 kg 左右、健康、营养良好的猪,使用前隔离观察 7 d 以上。先注射猪瘟兔化弱毒疫苗 2 mL 作为基础免疫,间隔 14～21 d 后进行加强免疫。加强免疫程序:第 1 次肌内注射猪瘟强毒血毒抗原 100 mL;第 2 次肌内注射血毒抗原 200 mL;第 3 次肌内注射血毒300 mL。每次间隔 10 d。

11.8.2 效价测定

第 3 次免疫 10 d 后采血测定抗体效价,如不合格,继续注射血毒抗原 300 mL,合格后采血。

11.8.3 收集血清

若不剖杀放血,可定期采血并注射抗原,但以从免疫完成到最后放血不超过 12 个月为宜。此外,也可将猪瘟康复猪注射血毒抗原后 10～14 d 采血,或经基础免疫后 7～10 d 再大量注射猪瘟组织抗原后 16 d 采血。分离血清,加入 0.5% 苯酚防腐。经检验合格后,分装后冷藏保存。

11.8.4 质量检验

除按《成品检验的有关规定》进行检验外,还需进行如下检验。

①安全检验:体重 18～22 g 小鼠 5 只,各皮下注射血清 0.5 mL;1.5～2.0 kg 兔 2 只,各皮下注射血清 10 mL。观察 10 d,均应健活。

②效力检验:体重 25~44 kg、来源相同、无猪瘟中和抗体的猪 7 头,分成 2 组。第 1 组 4 头,每千克体重注射血清 0.5 mL,同时注射猪瘟血毒 1 mL;第 2 组 3 头仅注射血毒,1 mL/头。如 24~72 h 后第 2 组猪发病,并于 16 d 内有 2 头以上死亡,而第 1 组猪 10~16 d 内至少健活 3 头时,血清判为合格;如第 1 组死亡 2 头或第 2 组不死或仅死 1 头时应重检。第 1 组死亡 3 头时判为不合格。

11.8.5　保存与使用

2~15 ℃下保存期 3 年。使用时,预防剂量:8 kg 以下小猪 15 mL,8~15 kg 猪 15~20 mL,16~30 kg 猪 20~30 mL,30~45 kg 猪 30~45 mL,45~60 kg 猪 45~60 mL,60~80 kg 猪 60~75 mL,80 kg 以上猪 75~100 mL;治疗量加倍。

复习思考题 》》》

1. 抗猪瘟血清是如何制备的?
2. 抗猪瘟血清有什么应用?

11.9　卵黄抗体制备

【目的要求】　掌握鸡传染性法氏囊病卵黄抗体的制备过程。

【仪器及材料】　健康产蛋鸡群、鸡传染性法氏囊(IBD)油乳剂灭活疫苗、注射器、6 号针头、灭菌烧杯、灭菌烧瓶、酒精棉球、0.5% 新苯扎氯铵溶液、无菌生理盐水、双抗、硫柳汞、组织捣碎机等。

【方法与步骤】

11.9.1　动物选择

选择健康的产蛋鸡群。

11.9.2　免疫接种

以免疫原性良好的 IBD 油乳剂灭活疫苗对选择的鸡进行肌肉注射,每只 2 mL,间隔 7~14 d,免疫 3 次。第 3 次免疫后 7 d 左右用琼脂扩散试验检测卵黄抗体的效价,效价达 1:128 时即可收集高免蛋,4 ℃贮存备用。琼扩效价降到 1:64 时停止收蛋。高免蛋合格时间持续 1 个月。

11.9.3　卵黄的收取和处理

将高免蛋用 0.5% 新苯扎氯铵溶液清洗消毒,再用酒精棉擦拭蛋壳。无菌操作弃蛋清取卵黄,用组织捣碎机充分捣匀,用灭菌纱布过滤除去杂质。根据卵黄抗体效价水平加入无菌生理盐水进行稀释,稀释后的卵黄抗体琼扩效价不低于$1:32\sim1:16$,加青霉素、链霉素至$100\ \mu g/mL$,加硫柳汞浓度达0.01%。充分搅拌后分装于灭菌瓶内,于$4\ ℃$保存。经检验合格后出厂。

11.9.4 卵黄抗体的检验和保存

对制备的卵黄进行效价测定、无菌检验、安全性检验。

(1)效价测定

用琼脂扩散试验检测卵黄抗体的琼扩效价,其应$\geqslant1:32\sim1:16$。

(2)安全检验

用体重$18\sim22\ g$小鼠5只,各皮下注射卵黄抗体$0.5\ mL$;用14日龄SPF雏鸡5只,各皮下注射卵黄抗体$10\ mL$。观察$10\ d$,小鼠和雏鸡应全部健活。

(3)效力检验

取$4\sim8$周龄SPF鸡30只,随机分为3组,每组10只。第一组作为对照组,不做任何注射,并单独隔离饲养。第二组和第三组每只鸡点眼和滴鼻接种传染性法氏囊SNJ93株囊毒$0.1\ mL$($100LD_{50}$)。$24\ h$后,第二组皮下注射卵黄抗体$2\ mL$,第三组皮下注射生理盐水$2\ mL$。观察每组鸡发病和死亡情况至第$10\ d$。第一组鸡应全部健活,第三组鸡应于攻毒后$24\sim48\ h$发病,$48\ h$后开始死亡,$72\ h$全部发病,$7\ d$内应死亡8只以上;第二组注射本品后$12\ h$,即攻毒$36\ h$发病$3\sim5$只,再经$8\sim12\ h$后恢复正常,至观察结束时应至少存活9只,判为合格。检验合格的卵黄抗体于$-15\ ℃$下冷冻保存。

复习思考题

1.简述鸡传染性法氏囊病卵黄抗体的制备过程。

2.可采用哪种血清学方法对鸡传染性法氏囊病卵黄抗体的效价进行测定?

11.10 冻干制品的物理性状检验及真空度和剩余水分的测定

【目的要求】 认识冻干制品的物理性状,掌握冻干制品真空度测定的方法,掌握冻干制品剩余水分测定的方法。

【仪器及材料】 冻干疫苗、高频火化真空测定器、真空干燥箱、天平、干燥器和恒温箱、疫苗稀释液、五氧化二磷和变色硅胶等。

【方法与步骤】

11.10.1　检样的采集

我国规定,生物制品按灭活疫苗及血清批量在 500 L 以下者,每批抽样 5 瓶;500 ~ 1 000 L者抽样 10 瓶;1 000 L 以上者抽样 15 瓶。同批冻干制品分若干柜冻干者,应以柜为单位,每柜抽样 5 瓶。诊断液每批抽样 5 瓶。

11.10.2　冻干疫苗的物理性状检验

冻干制品需要有一定的物理形态、均匀的颜色、合格的剩余水分含量、良好的溶解性、高的存活率或效价和较长的保存期。物理性状可以通过特定的人工光源进行目测,外观的异常往往涉及安全和效力问题。

①视检。应为海绵状疏松物,色微白、微黄或微红,无异物和干缩现象。如为安瓿瓶,应无裂口及烧焦物。

②打开盛装冻干疫苗的容器,向其中加稀释液或水(原量)稀释振荡后,常温下,应在5 min内迅速溶解成均匀的悬浮液。

11.10.3　冻干疫苗的剩余水分测定

采用真空烘干法。此法以五氧化二磷为干燥剂,将样品在真空干燥箱中两次烘干达恒重为止,减失的质量即为含水量,故又称为五氧化二磷真空干燥失重法。

①测定前,先将洗净干燥的称量瓶,置150 ℃干燥箱烘干 2 h,放入有无水氯化钙的容器中冷却后称重。

②每批做 4 个样品,每个样品的质量为 100 ~ 300 mg。迅速打开真空良好的疫苗瓶,将制品倒入称量瓶内盖好,在天平上称重。

③称后立即将称量瓶置于有五氧化二磷的真空干燥箱中,打开瓶盖,关闭真空干燥箱后,抽真空至 2.67 kPa(20 mmHg)以下,加热至 60 ~ 70 ℃,干燥 3 h。

④通入经过氯化钙吸水的干燥空气,待真空干燥箱温度稍下降后,打开箱门,迅速盖好称量瓶的盖,取出所有称量瓶,移入有氯化钙的干燥器中,冷却到室温后,称重。

⑤再移回真空干燥箱继续烘干 1 h,两次烘干达到恒重(恒重是指物品连续两次干燥后质量差异在 0.5 mg 以下),减失的质量即为含水量。

⑥剩余水分计算公式为:含水量(%) = (样品干前质量 − 样品干后质量)/样品干前质量×100%。

⑦判定标准:冷冻真空干燥生物制品剩余水分均应不超过 4%。

11.10.4　冻干疫苗的真空度检测

冻干制品真空度常采用高频火花真空测定器检测,它是利用高频高压引起气体的放电来工作的,根据稀薄空气的放电颜色能粗略地估计出真空度的大小。但它只适用于玻璃容器,能在容器外边测量容器内部的真空度。对采用真空密封并用玻璃容器盛装的冻干制品,可以采用高频火花真空测定器进行密封后容器内的真空度测定。测定时,将高频火花真空测定器指向容器内无制品的部位,若容器内出现粉色、紫色或白色辉光,则判制品为合格。

复习思考题 》》》

1. 可从哪些方面对冻干疫苗进行物理性状检验?
2. 如何对冻干疫苗进行真空度检测?
3. 简述冻干疫苗剩余水分测定的方法。

11.11 兽医生物制品的质量检验

【目的要求】 了解兽医生物制品的质量检验项目;掌握兽医生物制品的无菌检验或纯粹性检验、安全检验、效力检验的方法。

【仪器及材料】 96孔V型反应板、电热恒温培养箱、1 mL注射器、微量移液器、NDV抗原、生理盐水、1%鸡红细胞悬液、微型振荡器、待检血清、鸡、培养基、无菌吸管、接种环等。

【方法与步骤】

11.11.1 效力检验(HI检测鸡NDV抗血清的效价)

1)HA试验

首先在96孔V型反应板1~12孔各加生理盐水1滴(0.025 mL,下同)。再用微量移液器取1滴已知的NDV抗原于第1孔,吹吸4次以混匀,吸1滴至第2孔,依次作倍比稀释至第11孔,再从第11孔吸取1滴弃去,第12孔不加NDV抗原作对照。然后换一个吸头,依次在各孔加入1%鸡红细胞悬液各1滴。立即在微型振荡器上摇匀,置室温20~40 min,每5 min观察1次,当对照孔中的红细胞呈显著纽扣状时判定结果(表11.1)。

表11.1 新城疫病毒微量血凝试验操作术式 (单位:滴)

孔 号	1	2	3	4	5	6	7	8	9	10	11	12
稀释度	2	4	8	16	32	64	128	256	512	1024	2048	对照
生理盐水	1	1	1	1	1	1	1	1	1	1	1	1
病毒抗原	1	1	1	1	1	1	1	1	1	1	1	弃1
0.5%红细胞悬液	1	1	1	1	1	1	1	1	1	1	1	1
作用	微型振荡器上摇匀,室温20~40 min,每5 min观察1次											
结果举例	#	#	#	#	#	#	#	++	−	−	−	−

说明:#为完全凝集; ++ 为不完全凝集; − 为不凝集。

能使鸡红细胞完全凝集的病毒最高稀释倍数,称为该病毒的血凝滴度(血凝价),即一个血凝单位。表 11.1 所示,1 个血凝单位为 1:128,而用于下述血凝抑制试验的病毒含 4 个血凝单位,病毒抗原应稀释 1:128 × 4 = 1:32。

2)HI 试验

首先在 1 ~ 12 孔各加生理盐水 1 滴。用微量移液器取 1 滴血清于第 1 孔内,混匀后,吸 1 滴至第 2 孔,依次作倍比稀释至第 11 孔,再从第 11 孔吸取 1 滴弃去。然后换一个吸头向 1 ~ 12 孔各加入 1 滴 4 个血凝单位病毒液,振荡 1 min 后置 20 ~ 30 ℃作用 15 ~ 20 min。最后再换一个吸头,每孔加 1 滴 1% 鸡红细胞悬液,振荡 1 min,放 20 ~ 30 ℃静置 20 min 后观察结果(表 11.2)。

表 11.2　新城疫病毒血凝抑制试验操作术式　　　　　　　　(单位:滴)

孔　号	1	2	3	4	5	6	7	8	9	10	11	12
稀释度	2	4	8	16	32	64	128	256	512	1 024	2 048	对照
生理盐水	1	1	1	1	1	1	1	1	1	1	1	1
特检血清	1	1	1	1	1	1	1	1	1	1	弃 1	
4 单位病毒	1	1	1	1	1	1	1	1	1	1	1	1
作用	振荡 1 min, 20 ~ 30 ℃静置 15 ~ 20 min											
0.5% 红细胞悬液	1	1	1	1	1	1	1	1	1	1	1	1
作用	振荡 1 min, 20 ~ 30 ℃静置 20 min											
结果举例	−	−	−	−	−	−	+ +	+ +	#	#	#	

说明:# 为完全凝集;+ + 为不完全凝集;− 为不凝集。

能使 4 个凝集单位的病毒凝集红细胞的能力完全受到抑制的血清最高稀释倍数,称为该抗血清的血凝抑制价,又称血凝抑制滴度。表 11.2 阳性血清的血凝抑制价为 1:128。有的用其倒数的 log 2 来表示,即 1:128 可写作 7 log 2。

11.11.2　安全检验(鸡新城疫活疫苗)

用 2 ~ 7 日龄的 SPF 鸡 20 只, 10 只各滴鼻接种疫苗 0.05 mL(含 10 羽份);另 10 只不接种疫苗作为对照。同样条件下分别饲养,观察 10 d 应无不良反应。如果有非特异性死亡,免疫组和对照组均应不超过 1 只。

11.11.3　无菌检验

在无菌条件下,将制备的油乳剂苗 1 mL 加入 50 mL 马丁肉汤中,置 37 ℃培养 3 d。取出培养物以每管 0.2 mL 的量,分别接种于马丁琼脂斜面和血清琼脂斜面,培养 5 d,检查有无细菌生长。同时,取疫苗接种厌氧肉肝汤 37 ℃下培养 5 d,检查有无细菌生长。如有菌体生长则为不合格品。

复习思考题)))

1. 兽医生物制品的质量检验项目有哪些?

2. 如何对兽医生物制品进行无菌检验或纯粹性检验、效力检验、安全检验?

11.12 兽医生物制品的使用

【目的要求】 掌握兽医生物制品的运输和保存方法;掌握免疫接种的方法。能对兽医生物制品进行正确的用前检查。

【仪器及材料】 金属注射器(10、20、50 mL 等规格);玻璃注射器((1、2、5 mL 等规格);金属皮内注射器(螺口);针头(兽用 12 ~ 14 号、人用 6 ~ 9 号、螺口皮内 19 ~ 25 号)、皮肤刺种针、点眼器、胶头滴管、煮沸消毒锅、镊子、剪毛剪、体温计、气雾发生器、空气压缩机、5% 碘酊、70% 酒精、来苏水或新苯扎氯铵等消毒剂、疫苗或免疫血清、脸盆、毛巾、脱脂棉、搪瓷盆、工作服、登记册或卡片、保定动物用具、疫苗、稀释液(生理盐水)。

【方法与步骤】

11.12.1 兽医生物制品的保存、运送

(1)兽医生物制品的保存

各种生物制品应保存在低温、阴暗及干燥的场所,死菌苗、致弱菌苗、类毒素、免疫血清等应保存在 2 ~ 8 ℃防止冻结;弱毒疫苗,如猪瘟兔化弱毒疫苗、鸡新城疫弱毒疫苗等,应置放在 0 ℃以下,冻结保存。

(2)兽医生物制品的运送

要求包装完善,防止碰坏瓶子和散播活的弱毒病原体。运送途中避免日光直射和高温,并尽快送到保存地点或预防接种的场所。弱毒疫苗应放在装有冰块的广口瓶内运送,以免其性能降低或丧失。

11.12.2 免疫接种前的准备

①根据畜禽疫病免疫接种计划,统计接种对象及数目,确定接种日期(应在疫病流行季节前进行接种),准备足够的生物制剂、器材和药品,编订登记册或卡片,安排及组织接种和保定畜禽的人员,按免疫程序有计划地进行免疫接种。

②免疫接种前,对饲养人员进行一般的兽医知识宣传教育,包括免疫接种的重要性和基本原理,接种后饲养管理及观察等,以便与群众合作。

③免疫接种前,必须对所使用的生物制剂进行仔细检查,如有下列情况之一者,不得

使用。

　　a. 没有瓶签或瓶签模糊不清,没有经过合格检查的。

　　b. 过期失效的。

　　c. 生物制品的质量与说明书不符者,如色泽、沉淀有变化,制剂内有异物、发霉和有臭味等。

　　d. 瓶塞松动或玻璃破裂的。

　　e. 没有按规定方法保存,如加氢氧化铝的死菌苗经过冻结后,其免疫力可降低。

　　④为保证免疫接种的安全和效果,接种前应对预定接种的动物进行了解及临诊观察,必要时进行体温检查。凡体质过于瘦弱的动物,妊娠后期的母畜,未断奶的幼畜,体温升高者或疑似病畜,均不应接种疫苗。对这类未接种的动物以后应及时补漏接种。

　　⑤若是冻干疫苗,在免疫接种前,还要选择合适的稀释液,并计算出所需要的稀释液的量,然后对冻干疫苗进行正确的稀释。

11.12.3　免疫接种的方法

　　免疫接种的方法很多,主要有注射免疫法、经口免疫法、皮肤刺种法、点眼与滴鼻法、气雾免疫法等数种。注射免疫法中又可分为皮下接种、皮内接种、肌肉接种及静脉接种等。

　　(1)皮下接种法

　　对马、牛等大动物皮下接种时,一律采用颈侧部位,猪在耳根后方,家禽在胸部、大腿内侧。根据药液的浓度和动物的大小而异,一般用 16 ~ 20 号针头,长 1.2 ~ 2.5 cm。家禽则应采用针孔直径小于 20 号的针头。

　　(2)皮内接种法

　　马的皮内接种采用颈侧、眼睑部位。牛、羊除颈侧外,可在尾根或肩胛中央部位。猪大多在耳根后。鸡在肉髯部位。

　　(3)肌肉接种法

　　马、牛、猪、羊的肌肉接种,一律采用臀部和颈部两个部位,鸡可在胸肌部接种。

　　(4)静脉接种法

　　马、牛、羊的静脉接种,一律在颈静脉部位,猪在耳静脉部位,鸡则在翼下静脉部位。免疫血清的注射除了皮下或肌肉注射外,也可采用静脉注射,特别在急于治疗动物传染病患畜时。疫苗、菌苗、诊断液一般不进行静脉注射。

　　(5)经口免疫法

　　分饮水免疫和拌饲免疫两种,前者是将可供口服的疫(菌)苗混于水中,畜禽通过饮水而获得免疫;后者是将可供口服的疫(菌)苗用冷的清水稀释后拌入饲料,畜禽通过吃食而获得免疫。经口免疫时,应按畜禽头数和每头畜禽平均饮水量或吃食量准确计算需用的疫(菌)苗剂量。免疫前,一般应停饮或停喂半天,以保证饮喂疫(菌)苗时,每头畜禽都能饮用一定量的水或吃入一定量的料。应当用冷的清水稀释疫(菌)苗,混有疫(菌)苗的饮水和饲料也要注意掌握温度,一般以不超过室温为宜。已经稀释的疫(菌)苗,应迅速饮喂。疫(菌)苗从混合在水或料内到进入动物体内的时间越短,效果越好。此法目前已用于猪肺疫弱毒菌苗和鸡新城疫弱毒疫苗等。

(6)皮肤刺种法

此法适用于鸡新城疫Ⅰ系弱毒疫苗、鸡痘弱毒疫苗等的接种。在翅内侧无血管处,用刺种针或蘸水笔尖蘸取疫苗刺入皮下。

(7)点眼与滴鼻法

这是使疫苗弱毒从眼黏膜或鼻黏膜进入机体的接种方法,对建立局部免疫免受血清抗体的干扰有重要作用。

(8)气雾免疫法

此法是用压缩空气通过气雾发生器,将稀释疫(菌)苗喷射出去,使疫(菌)苗形成直径 $1 \sim 10 \mu m$ 的雾化粒子,均匀地浮游在空气之中,通过动物的呼吸道吸入其肺内,以达到免疫。

11.12.4 动物免疫接种后的护理与观察

经过自动免疫的动物,由于接种疫苗后,可发生暂时性的抵抗力降低现象,故应有较好的护理和管理条件;同时,必须特别注意控制动物的使役,以避免过分劳累而产生不良后果。此外,由于动物在接种疫苗后,有时可能会发生反应,故在接种以后,要进行详细的观察,观察期限一般为 $7 \sim 10$ d。如有反应,可根据情况给予适当的治疗(注射血清或对症治疗)。反应极为严重者,可予屠宰。将接种后的一切反应情况记载于专门的表册中。

11.12.5 接种注意事项

进行接种时,需注意以下几点。

①工作人员需穿着工作服及胶鞋,必要时戴口罩。事先需修短指甲,并经常保持手指清洁。手用消毒液消毒后方可接触接种器械。工作前后均应洗手消毒,工作中不应吸烟和吃食。

②注射器、针头、镊子等,用毕后浸泡于消毒溶液内,时间至少 1 h,洗净揩干用白布分别包好保存。临用时煮沸消毒 15 min,冷却后再在无菌条件下装配注射器,包以消毒纱布纳入消毒盒内待用。注射时须每头动物使用一个针头。在针头不足的情况下,每注射一次后,应用酒精棉球将针头消毒,每吸液一次调换一个针头。

③生物制品的瓶塞上应固定一个消毒过的针头,上盖酒精棉花,吸液时必须充分振荡疫苗和菌苗,使其均匀混合。免疫血清则不应震荡(特别是静脉注射时),沉淀不应吸取。疫苗应随配随用,随吸随注,稀释好的疫苗应在规定的时间内用完。一般气温 15 ~ 25 ℃, 6 h内用完;25 ℃以上,4 h内用完;马立克氏疫苗应在 2 h内用完。

④针筒排气溢出的药液,应吸积于酒精棉花上,并将其收集于专用瓶内,用过的酒精棉花或碘酒棉花和吸入注射器内未用完的药液也注入专用瓶内,集中后烧毁之。

复习思考题 >>>

1. 兽医生物制品应如何保存?

2. 免疫接种的方法主要有哪些?

3. 免疫接种前要做哪些准备工作?

附录一 常用兽医生物制品使用说明

禽用生物制品

一、鸡大肠杆菌病灭活疫苗

本品系用免疫原性良好的鸡大肠杆菌,接种于适宜培养基培养,将培养物经甲醛溶液灭活后,加氢氧化铝胶制成。

【性状】上层为浅黄色澄明液体,下层为灰白色沉淀物,振摇后呈均匀混悬液。

【用途】预防鸡大肠杆菌病。

【用法与用量】颈背侧皮下注射,每只0.5 mL。

【免疫期】1月龄以上鸡免疫期为4个月。

【贮藏】在2~8 ℃条件下,有效期为1年。

二、禽多杀性巴氏杆菌病疫苗

(一)禽多杀性巴氏杆菌病活疫苗

本品系用禽多杀性巴氏杆菌弱毒株,接种于适宜培养基培养,加适宜稳定剂,经冻干制成。

【性状】乳白色海绵状疏松团块,易与瓶壁脱离,加稀释液后迅速溶解。

【用途】预防2月龄以上鸡、1月龄以上鸭的多杀性巴氏杆菌病。

【用法与用量】皮下或肌肉注射。用20%铝胶生理盐水稀释为0.5 mL含1羽份,每只0.5 mL。

【免疫期】4个月。

【贮藏】在2~8 ℃条件下,有效期为1年。

(二)禽多杀性巴氏杆菌病油乳剂灭活疫苗

本品系用免疫原性良好的禽多杀性巴氏杆菌,接种于适宜培养基培养,将培养物经甲醛溶液灭活后,加氢氧化铝胶浓缩,再与油乳佐剂混合乳化制成。

【性状】乳白色乳剂。静置后,上层有微量淡黄色液体,下层有少量灰白色沉淀。

【用途】用于预防禽多杀性巴氏杆菌病。

【用法与用量】颈部皮下注射。2月龄以上的鸡或鸭,每只1 mL。

【注意事项】

①在保质期内的产品,如出现微量的油(不超过1/10),经振摇后仍能保持良好的乳化状,可继续使用。

②用鸡效力检验合格的疫苗,可用于鸡和鸭;用鸭效力检验合格的疫苗,只能用于鸭,而不能用于鸡。

【贮藏】在2~8 ℃条件下,有效期为1年。

三、鸡痘病活疫苗

本品系用鸡痘鹌鹑化弱毒株,接种 SPF 鸡胚或鸡胚成纤维细胞培养,收获后加适宜稳定剂,经冻干制成。

【性状】微黄色(细胞苗)或微红色(鸡胚苗)海绵状疏松团块,易与瓶壁脱离,加稀释液后迅速溶解。

【用途】预防鸡痘病。

【用法与用量】翅膀内侧无血管处皮下刺种。按瓶签注明羽份,用生理盐水稀释,用鸡痘刺种针蘸取稀释的疫苗给20~30日龄雏鸡刺1针,30日龄以上鸡刺2针,6~20日龄雏鸡用稀释1倍的疫苗刺1针。接种后3~4 d,刺种部位出现轻微红肿、结痂,14~21 d脱落;后备种鸡可于雏鸡免疫后60 d再免疫1次。

【免疫期】成年鸡为5个月,初生雏鸡为2个月。

【贮藏】在-15 ℃以下,有效期为1年6个月;在2~8 ℃条件下为1年。

四、鸡新城疫

(一)鸡新城疫低毒力活疫苗

本品系用鸡新城疫病毒低毒力 HB 株(Ⅱ系)、F 株、LaSota-Clone30 或 N_{79} 株接种 SPF 鸡胚培养,收获感染胚液制备的液体苗,或加适宜稳定剂,经冻干制成。

【性状】液体苗为淡黄色的澄明液体,静置后底部可能有少量沉淀;冻干苗为微黄色,海绵状疏松团块,加稀释液后迅速溶解。

【用途】预防鸡新城疫。

【用法与用量】滴鼻、点眼、饮水或气雾免疫均可。按瓶签注明羽份,用生理盐水或适宜的稀释液稀释。滴鼻或点眼免疫,每只0.05 mL;饮水或喷雾免疫,剂量加倍。

【免疫期】取决于鸡只年龄机体免疫状况、免疫途径等,一般2月龄鸡免疫期可达3个月,5月龄以上成年鸡为1年。

【注意事项】患鸡支原体感染的鸡群,禁止以本品喷雾免疫。疫苗加水稀释后,应放冷暗处,必须在4 h内用完。

【贮藏】液体苗在-15 ℃以下,有效期为1年;冻干疫苗在-15 ℃以下,有效期为2年。

(二)鸡新城疫灭活疫苗

本品系鸡新城疫病毒弱毒 LaSota 株接种易感鸡胚培养,收获感染鸡胚液,经甲醛溶液灭活后,与油佐剂混合乳化制成。

【**性状**】乳白色的乳剂。

【**用途**】预防鸡新城疫。

【**用法与用量**】颈部皮下注射。14 日龄以内雏鸡 0.2 mL,同时以 LaSota 或 Ⅱ 系弱毒疫苗按瓶签注明羽份稀释滴鼻或点眼(也可以 Ⅱ 系气雾免疫)。肉鸡用上述方法免疫 1 次即可。60 日龄以上鸡注射 0.5 mL。

【**免疫期**】雏鸡同时免疫灭活苗和活疫苗,免疫期可达 120 d。2 月龄以上鸡一次免疫,免疫期为 10 个月。经灭活苗加强免疫的母鸡,在开产前 14~21 d 注射 0.5 mL 灭活疫苗,免疫期可持续整个产蛋期。

【**贮藏**】在 2~8 ℃ 条件下,有效期为 1 年。

(三)鸡新城疫、鸡传染性支气管炎二联活疫苗

本品系用鸡新城疫病毒弱毒株、鸡传染性支气管炎病毒弱毒株,以不同稀释度的病毒等量混合,接种 SPF 鸡胚,收获感染胚液,加适宜稳定剂,经冻干制成。

【**性状**】微黄或微红色海绵状疏松团块,易与瓶壁脱离,使用稀释液后迅速溶解。

【**用途**】预防鸡新城疫和鸡传染性支气管炎。

【**用法与用量**】滴鼻或饮水免疫。

①HB_1-H_{120} 二联苗适用于 1 日龄以上鸡;LaSota-H_{120} 二联苗适用于 7 日龄以上鸡;LaSota(或 HB_1)-H_{52} 二联苗适用于 21 日龄以上鸡。

②按瓶签注明羽份用生理盐水、纯化水或水质良好的冷开水稀释疫苗。

a. 滴鼻免疫:每只鸡滴鼻 1 滴(0.03 mL)。

b. 饮水免疫:剂量加倍,其饮水量根据鸡龄大小而定,雏鸡 5~10 mL/只;20~30 日龄鸡 10~20 mL/只;成年鸡 20~30 mL/只。

③Ⅰ 系-H_{52} 二联苗,系用中等毒力病毒株制成,适用于经低毒力活疫苗免疫后 2 月龄以上的鸡饮水免疫,不能用于雏鸡。

【**注意事项**】疫苗稀释后,应放冷暗处,必须在 4 h 内用完。饮水免疫忌用金属容器,用前至少停止饮水 4 h。

【**贮藏**】在 −15 ℃ 以下,有效期为 1 年 6 个月。

(四)鸡新城疫、鸡传染性法氏囊病二联灭活疫苗

本品系用鸡新城疫弱毒 LaSota 接种易感鸡胚培养,收获感染鸡胚液;用鸡传染性法氏囊病病毒接种鸡胚成纤维细胞培养,收获感染病毒液,分别经甲醛溶液灭活后,等量混合,再加油佐剂混合乳化制成。

【**性状**】乳白色乳剂。

【**用途**】预防鸡新城疫和传染性法氏囊病。

【**用法与用量**】颈部皮下注射。60 日龄以内的鸡,每只 0.5 mL;开产前的种鸡(120 日龄左右),每只 1 mL。

【**免疫期**】注苗后 ND 抗体和 IBD 抗体分别在 21 d 和 28 d 达到高峰。雏鸡免疫期 100 d 左右;成年鸡 ND 免疫期为 1 年,IBD 免疫期为 6~8 个月。

【**注意事项**】疫苗使用前充分摇匀并使疫苗升至室温。雏鸡免疫接种前后必须严格隔

离饲养,降低饲养密度,尽量避免粪便污染饮水与饲料。

【贮藏】在2~8 ℃条件下,有效期为6个月。

(五)鸡新城疫、产蛋下降综合征二联灭活疫苗

本品系用免疫原性良好的鸡新城疫弱毒 LaSota 和禽凝血性腺病毒分别接种易感鸡胚和鸭胚培养,收获感染胚液,经甲醛溶液灭活后,按比例混合,再加油佐剂混合乳化制成。

【性状】白色或乳白色乳剂。

【用途】预防后备母鸡产蛋下降综合征和鸡新城疫。

【用法与用量】肌肉或皮下注射。在鸡群开产前 14 ~ 28 d 进行免疫,每只 0.5 mL。

【免疫期】1 年。

【贮藏】在 2 ~ 8 ℃条件下,有效期为 1 年。

(六)鸡新城疫、鸡传染性鼻炎二联灭活疫苗

本品系用免疫原性良好的副鸡嗜血杆菌 A 型和 C 型菌株,接种于适宜培养基培养,将培养物浓缩,经甲醛溶液灭活后与灭活的鸡新城疫鸡胚尿囊液混合,加油佐剂乳化制成。

【性状】白色乳状液。

【用途】预防鸡传染性鼻炎和鸡新城疫。

【用法与用量】颈部皮下注射。21 ~ 42 日龄鸡注射 0.25 mL;42 日龄以上鸡注射 0.5 mL。

【免疫期】1 次注射的免疫期为 3 ~ 5 个月。若 21 日龄首免,120 日龄再免,免疫期为 9 个月。

【贮藏】在 2 ~ 8 ℃条件下,有效期为 1 年。

五、马立克氏病疫苗

(一)鸡马立克病活疫苗

本品系用自然低毒力的马立克氏病病毒弱毒株,接种鸡胚成纤维细胞培养,收获感染细胞加入适宜保护液制成。

【性状】淡红色的细胞悬液。

【用途】预防鸡马立克氏病。各种品种 1 日龄雏鸡均可使用。注苗后 8 d 可产生免疫力。

【用法与用量】肌肉或皮下注射。按瓶签注明的羽份,用稀释液稀释,每只 0.2 mL(含 2 000 PFU)。

【免疫期】1 年 6 个月。

【注意事项】

①疫苗必须在液氮中贮藏及运输。

②从液氮中取出后迅速放于 37 ℃温水中,待完全融化后再取出加稀释液稀释。

③稀释后的疫苗必须在 1 h 内用完。注射期间应经常摇震疫苗瓶使其均匀。

【贮藏】在液氮中保存,有效期为 2 年。

（二）鸡马立克病双价活疫苗

本品系用鸡马立克病Ⅱ型（Z_4）、Ⅲ型（FC_{126}）毒株接种于鸡胚成纤维细胞培养,经消化收获离心沉淀的感染细胞,加入适宜的冷冻保护液制成。

【性状】淡红色细胞悬液。

【用途】预防鸡马立克氏病。

【用法与用量】皮下或肌肉注射。从液氮罐中取出疫苗,立即放入37 ℃温水中摇动,使疫苗迅速溶解,待溶完后,立即取出。消毒瓶颈,开瓶后用消毒过的配有16~18号针头的注射器,从安瓿中吸出疫苗,按标签注明的羽份注入专用的稀释液中,稀释疫苗。每只雏鸡0.2 mL（含1 500 PFU）。

【免疫期】1日龄鸡接种后可终生免疫。

【注意事项】

①本疫苗注射7 d后产生免疫力,应防止孵化育雏期间发生早期强毒感染。

②液氮检验。运输或贮藏过程中,如液氮意外蒸发,则疫苗失效。

③从液氮瓶中取出本品时应戴手套,以防冻伤,取出的疫苗应立即放入37 ℃温水中速溶（不超过30 s）。

④疫苗现配现用,稀释后应在1 h内用完,注射过程中应经常摇震稀释的疫苗,使细胞悬浮均匀。

【贮藏】在液氮中保存,有效期为1年。

（三）鸡马立克病火鸡疱疹病毒活疫苗

本品系用火鸡疱疹病毒（FC_{126}株）接种鸡胚成纤维细胞培养,收获感染细胞,加入适宜稳定剂后,经裂解、冻干制成。

【性状】乳白色疏松团块,易与瓶壁脱离,加稀释液后迅速溶解。

【用途】用于预防鸡马立克氏病,适用于各品种的1日龄雏鸡。

【用法与用量】肌肉或皮下注射,按瓶签注明羽份,加SPG稀释,每只0.2 mL（含2 000 PFU）。

【免疫期】终生免疫。

【注意事项】已发生过马立克氏病的鸡场,雏鸡应在出壳后立即进行预防接种。疫苗应用专用稀释液稀释。稀释后放入盛有冰块的容器中,必须在1 h内用完。

【贮藏】在－15 ℃以下,有效期为1年6个月。

六、传染性法氏囊疫苗

（一）鸡传染性法氏囊病中等毒力活疫苗（1）

本品系用鸡传染性法氏囊病中等毒力B_{87}株接种SPF鸡胚,收获感染鸡胚,加适宜稳定剂,经冻干制成。

【性状】微红色海绵状疏松团块,易与瓶壁脱离,加稀释液后迅速溶解。

【用途】预防雏鸡的传染性法氏囊病。

【用法与用量】按瓶签注明的羽份,可采用点眼、内服、注射途径接种。依据母源抗体

水平,宜在 14 ~ 28 日龄时使用。

【贮藏】在 -15 ℃以下,有效期为 1 年 6 个月;在 2 ~ 8 ℃条件下为 1 年。

(二)鸡传染性法氏囊病中等毒力活疫苗(2)

本品系用鸡传染性法氏囊病中等毒力 BJ_{836} 或 J_{87} 或 K_{85} 毒株,接种易感鸡胚或易感鸡胚成纤维细胞培养,收获感染鸡胚组织或细胞培养液,加适宜稳定剂,经冻干制成。

【性状】白色或黄褐色海绵状疏松团块,易与瓶壁脱离,加稀释液后迅速溶解。

【用途】预防雏鸡传染性法氏囊病。

【用法与用量】点眼或饮水免疫。本疫苗可供各品种雏鸡使用。

①点眼、口服剂量。每羽鸡胚苗应不低于 1 000 ELD_{50};细胞苗应不低于 5 000 $TCID_{50}$;饮水免疫剂量均应加倍。

②对有母源抗体的雏鸡,当琼脂扩散试验(AGP)阳性率在 50% 以下时,首次免疫时间应在 7 ~ 14 日龄内进行,间隔 7 ~ 14 d 后进行第 2 次免疫;当 AGP 抗体阳性率在 50% 以上时,首免时间应在 21 日龄时进行,间隔 7 ~ 14 d 后,进行第 2 次免疫。

【注意事项】本疫苗仅供有母源抗体的雏鸡免疫用。

【贮藏】在 -10 ℃以下,有效期为 1 年;在 2 ~ 8 ℃条件下为 30 d。

(三)鸡传染性法氏囊病中等毒力活疫苗(3)

本品系用鸡传染性法氏囊病病毒中等毒力 NF_8 株,接种易感鸡胚培养,收获感染的鸡胚组织,加适宜稳定剂,经冻干制成。

【性状】淡红色或淡黄色海绵状疏松团块,易与瓶壁脱离,加稀释液后迅速溶解。

【用途】预防雏鸡传染性法氏囊病。

【用法与用量】

①本疫苗可供各品种雏鸡使用。

②用点眼、内服、注射等免疫途径,每羽份不低于 1 000 个 ELD_{50},饮水免疫剂量应加倍。

③对于母源抗体不明的鸡群,推荐的首免时间为 10 ~ 14 日龄,间隔 7 ~ 14d 后进行第 2 次免疫;对已知的高母源抗体鸡群,首免时间可在 18 ~ 21 日龄,间隔 7 ~ 14 d 后进行第 2 次免疫。

【注意事项】

①饮水前应视地区、季节、饲料等情况,停止饮水 4 ~ 8 h,饮水器要清洁,忌用金属容器,避免日光直接照射并应在 1 h 内饮完。

②使用后的苗瓶、器具等应及时消毒处理,严防散毒,不要使疫苗污染场地。

【贮藏】在 -15 ℃以下,有效期为 6 个月;在 2 ~ 8 ℃条件下为 30 d。

(四)鸡传染性法氏囊病低毒力活疫苗

本品系用鸡传染性法氏囊病低毒力 A_{80} 株,接种易感鸡胚或鸡胚成纤维细胞培养,收获感染鸡胚或细胞培养液,加适宜稳定剂,经冻干制成。

【性状】淡黄色海绵状疏松团块,易与瓶壁脱离,加稀释液后迅速溶解。

【用途】早期预防雏鸡传染性法氏囊病。

【用法与用量】可点眼、滴鼻、肌肉注射或饮水免疫。疫苗稀释后,用于无母源抗体雏鸡首次免疫,每只鸡免疫剂量应不低于 $1\,000\,ELD_{50}$。饮水免疫剂量加倍。

【注意事项】

①饮水免疫时,其水质必须不含氯等消毒剂,饮水器要清洁,忌用金属饮水器。

②饮前应视地区、季节、饲料等情况,停止饮水 $4\sim8$ h,饮水器应避免日光直接照射并应在 1 h 之内饮完。

③严防散毒,用后的苗瓶、器具等应及时消毒处理,不要使疫苗污染场地。

【贮藏】在 $-18\,℃$ 以下,有效为 1 年 6 个月;在 $2\sim8\,℃$ 条件下为 1 年。

(五)鸡传染性法氏囊病灭活疫苗

本品系用鸡传染性法氏囊病 CJ-801-BKF 毒株接种鸡胚成纤维细胞,收获毒液,经甲醛溶液灭活,加油佐剂混合乳化制成。

【性状】乳白色带黏滞性均匀乳状液。

【用途】预防鸡传染性法氏囊病。

【用法与用量】颈背部皮下注射。$18\sim20$ 周龄种母鸡,每只 1.2 mL。本疫苗应与鸡传染性法氏囊病活疫苗配套使用。种母鸡应在 $5\sim10$ 日龄和 $28\sim35$ 日龄时各作 1 次鸡传染性法氏囊病活疫苗基础免疫。

【免疫期】种母鸡经活疫苗 2 次基础免疫和 1 次油佐剂灭活疫苗的加强免疫后,可使开产后 1 年内的种蛋孵化的雏鸡,在 14 d 内能抵抗野毒感染。

【注意事项】疫苗不能冻结,注射疫苗前应充分振摇,使瓶底部少量粉红色液体混匀,在注射过程中也应不时振摇。

【贮藏】在 $2\sim8\,℃$ 条件下,有效期为 6 个月。

七、鸡传染性支气管炎病疫苗

(一)鸡传染性支气管炎活疫苗

本品系用鸡传染性支气管炎病毒弱毒株接种 SPF 鸡胚,收获感染胚液加适宜稳定剂,经冻干制成。

【性状】微黄或微红色海绵状疏松团块,易与瓶壁脱离,加稀释液后迅速溶解。

【用途】预防鸡传染性支气管炎。

【用法与用量】滴鼻或饮水免疫。

①H_{120} 疫苗用于初生雏鸡,不同品种鸡均可使用,雏鸡用 H_{120} 疫苗免疫后,至 $1\sim2$ 月龄时,须用 H_{52} 疫苗进行加强免疫。H_{52} 疫苗专供 1 月龄以上的鸡应用,初生雏鸡不能应用。

②按瓶签注明羽份,用生理盐水、纯化水或水质良好的冷开水稀释。

a.滴鼻免疫:按瓶签注明羽份作适当稀释,用滴管吸取疫苗,每鸡滴鼻 1 滴(约 0.03 mL)。

b.饮水免疫:剂量加倍,其饮用水量根据鸡龄大小而定,$5\sim10$ 日龄鸡每只 $5\sim10$ mL,$20\sim30$ 日龄鸡每只 $10\sim20$ mL,成年鸡每只 $20\sim30$ mL。

【免疫期】免疫后 $5\sim8$ d 产生免疫力,H_{120} 疫苗免疫期为 2 个月,H_{52} 疫苗为 6 个月。

【贮藏】在 $-15\,℃$ 以下,有效期为 1 年。

（二）鸡传染性支气管炎灭活疫苗

本品系用鸡传染性支气管炎强毒 F 株接种易感鸡胚,收获毒液,经甲醛溶液灭活,加油佐剂混合乳化制成。

【性状】乳白色的乳剂。

【用途】预防鸡传染性支气管炎。

【用法与用量】胸部或大腿肌肉注射。30 日龄内雏鸡 0.3 mL,成年鸡 0.5 mL。

【免疫期】4 个月。

【注意事项】疫苗不可结冻,用前必须充分振荡摇匀。

【贮藏】在 2~8 ℃条件下,有效期为 1 年。

八、鸡传染性喉气管炎活疫苗

本品系用鸡传染性喉气管炎弱毒株接种 SPF 鸡胚,收获感染的鸡胚绒毛尿囊膜混合研磨,加适宜稳定剂,经冻干制成。

【性状】淡红色海绵状疏松团块,易与瓶壁脱离,加稀释液后迅速溶解。

【用途】预防鸡传染性喉气管炎。适用于 35 日龄以上的鸡。

【用法与用量】点眼。按瓶签注明羽份用灭菌生理盐水稀释,点眼 1 滴(0.03 mL),蛋鸡在 35 日龄第 1 次接种后,在产蛋前再接种 1 次。

【免疫期】6 个月。

【注意事项】

①对 35 日龄以下的鸡接种时,应先做小群试验,无严重反应时,再扩大使用。由于 35 日龄以下的鸡用后效果较差,21 d 后需作第 2 次接种。

②只限于疫区使用。鸡群中发生严重呼吸道病,如传染性鼻炎、支原体感染等不宜使用此疫苗。

【贮藏】在 -15 ℃以下,有效期为 12 个月。

九、鸭瘟活疫苗

本品系用鸭瘟鸡胚化弱毒株接种 SPF 鸡胚或鸡胚成纤维细胞,收获感染的鸡胚液、胚胎及绒毛尿囊膜混合研磨或收获细胞培养液,加适宜稳定剂,经冻干制成。

【性状】组织苗呈淡红色,细胞苗呈淡黄色,均为海绵状疏松团块。

【用途】预防鸭瘟。

【用法与用量】肌肉注射。按瓶签注明的羽份,用生理盐水稀释,成鸭 1 mL;雏鸭 0.25 mL,均含 1 羽份。

【免疫期】注射后 3~4 d 产生免疫力,2 月龄以上鸭免疫期为 9 个月。

【贮藏】在 -15 ℃以下,有效期为 2 年。

十、小鹅瘟疫苗

(一)小鹅瘟活疫苗(1)

本品系用小鹅瘟鸭胚化弱毒 GD 株接种易感鸭胚,收获感染胚液加适宜稳定剂,经冻干制成。

【性状】微黄或微红色海绵状疏松团块。

【用途】供产蛋前的母鹅注射,用于预防小鹅瘟。母鹅免疫后在 21～270 d 内所产的种蛋孵化出的小鹅具有抵抗小鹅瘟的免疫力。

【用法与用量】肌肉注射,应在母鹅产蛋前 20～30 d 注射。按瓶签注明羽份,用生理盐水稀释,每只 1 mL。

【注意事项】本疫苗雏鹅禁用。疫苗稀释后应放冷暗处保存,4 h 内用完。

【贮藏】在 -15 ℃ 以下,有效期为 1 年。

(二)小鹅瘟活疫苗(2)

本品系用小鹅瘟弱毒株 SYG_{26-35}(种鹅)与 SYG_{41-50}(雏鹅)接种于易感鹅胚培养,收获感染鹅胚绒毛尿囊液,分别制成种鹅用和雏鹅用小鹅瘟活疫苗,或加适宜稳定剂,经冻干,分别制成种鹅用和雏鹅用冻干活疫苗。

【性状】湿苗为五色或淡红色透明液体,静置后可能有少许沉淀物;冻干苗为微黄或微红色海绵状疏松团块,易与瓶壁脱离,加稀释液后迅速溶解。

【用途】预防雏鹅小鹅瘟。

【用法与用量】肌肉或皮下注射。种鹅用活疫苗,适用于种鹅的主动免疫,使雏鹅获得被动免疫。用生理盐水按瓶签注明羽份进行稀释,每羽份 1 mL,于产蛋前 15d 左右每鹅肌肉注射 1 mL,母鹅于免疫后 15～90 d 内所产种蛋孵化出的雏鹅 30 日龄内能抵抗小鹅瘟强毒的自然感染和人工感染。

雏鹅用活疫苗,适用于未经免疫的种鹅所产雏鹅或免疫后期的种鹅(100 d 后)所产雏鹅,雏鹅出壳后 48 h 内进行免疫,每只雏鹅用生理盐水稀释的疫苗 0.1 mL。(1 羽份)皮下注射,免疫 9 d 后能抵抗小鹅瘟强毒的自然感染和人工感染。

【免疫期】种鹅用活疫苗免疫期为 90 d;雏鹅用活疫苗免疫期为 30 d。

【贮藏】冻干苗在 -15 ℃ 以下,有效期为 3 年;湿苗在 -15 ℃ 以下,有效期为 2 年。

猪用生物制品

一、仔猪大肠杆菌病疫苗

(一)仔猪大肠杆菌病三价灭活疫苗

本品系用分别带有 K_{88}、K_{99}、987P 纤毛抗原的大肠杆菌菌株,接种于适宜培养基培养,将培养物经甲醛溶液灭活后,加氢氧化铝胶制成。

【性状】本品静置后,上层为白色的澄明液体,下层为乳白色沉淀物,振摇后呈均匀混悬液。

【用途】用于免疫妊娠母猪,仔猪通过吮吸初乳而获得被动免疫,预防仔猪黄痢。

【用法与用量】肌肉注射。妊娠母猪在产仔前 40 d 和 15 d 各注射 1 次,每次 5 mL。

【贮藏】在 2~8 ℃条件下,有效期为 1 年。

(二)仔猪大肠杆菌病 K_{88}、K_{99} 双价基因工程灭活疫苗

本品系用基因工程技术构建的大肠杆菌 C 600/PTK 8899 菌株,接种于适宜培养基培养,收获 K_{88}、K_{99} 两种纤毛抗原,用甲醛溶液灭活后,经冻干制成。

【性状】淡黄色海绵状疏松团块,易与瓶壁脱离,加稀释液后迅速溶解。

【用途】用于免疫妊娠母猪,预防仔猪黄痢。仔猪通过吮食初乳获得 K_{88}、K_{99} 母源抗体,被动获得抗大肠杆菌感染力。

【用法与用量】耳根部皮下注射。取疫苗 1 瓶加无菌水 1 mL 溶解,与 20% 铝胶 2 mL 混匀,妊娠母猪在临产前 21 d 左右注射 1 次即可。

【贮藏】在 2~8 ℃条件下,有效期为 1 年。

二、仔猪副伤寒活疫苗

本品系用免疫原性良好的猪霍乱沙门氏菌弱毒株,接种于适宜培养基培养,收获培养物加适宜稳定剂,经冻干制成。

【性状】灰白色海绵状疏松团块,易与瓶壁脱离,加稀释液后迅速溶解。

【用途】预防仔猪副伤寒。

【用法与用量】内服或耳后浅层肌肉注射,适用于 1 月龄以上仔猪。

①内服法:按瓶签注明的头份,临用前用冷开水稀释,每头份 5~10 mL,给猪灌服。

②注射法:按瓶签注明的头份,用 20% 氢氧化铝胶生理盐水稀释,每头猪 1 mL。

【注意事项】

①体弱的病猪不宜使用。

②对经常发生仔猪副伤寒的猪场和地区,为加强免疫力,仔猪在断乳前后应各注射 1

次,间隔21~28 d。

③注射法对猪反应较大,如出现体温升高、颤抖、呕吐和减食等症状,一般1~2 d后可自行恢复,严重时可注射肾上腺素。

【贮藏】在-15 ℃以下,有效期为1年;在2~8 ℃条件下,有效期为9个月。

三、猪多杀性巴氏杆菌病疫苗

(一)猪多杀性巴氏杆菌病活疫苗

本品系用禽源多杀性巴氏杆菌CA弱毒株,接种适宜培养基培养,将培养物加入适宜稳定剂,经冻干制成。

【性状】淡褐色海绵状疏松团块,加稀释液后迅速溶解。

【用途】预防猪多杀性巴氏杆菌病(A型)。

【用法与用量】肌肉或皮下注射。按瓶签注明的头份,用20%铝胶生理盐水稀释,每头断奶后的仔猪注射1 mL(含1头份)。

【免疫期】6个月。

【贮藏】在-5 ℃,有效期为1年;在2~8 ℃条件下为9个月。

(二)猪多杀性巴氏杆菌病灭活疫苗

本品系用免疫原性良好的荚膜B群多杀性巴氏杆菌,接种于适宜培养基培养,将培养物经甲醛溶液灭活后,加氢氧化铝胶制成。

【性状】静置后,上层为淡黄色的澄明液体,下层为灰白色沉淀,振摇后呈均匀混悬液。

【用途】预防猪多杀性巴氏杆菌病。

【用法与用量】皮下或肌肉注射,断奶猪5 mL/只。

【免疫期】6个月。

【贮藏】在2~8 ℃条件下,有效期为1年。

四、链球菌病疫苗

猪败血性链球菌病活疫苗

本品系用猪源兽疫链球菌弱毒株,接种于适宜培养基培养,收获培养物加入适宜稳定剂,经冻干制成。

【性状】淡棕色海绵状疏松团块,易与瓶壁脱离,加稀释液后迅速溶解。

【用途】预防猪败血性链球菌病。

【用法与用量】皮下注射或内服免疫。按瓶签注明的头份,加入20%氢氧化铝胶生理盐水稀释溶解,每头猪注射1 mL,内服4 mL。

【免疫期】6个月。

【贮藏】在-15 ℃以下,有效期为1年6个月;在2~8 ℃条件下为1年。

五、猪丹毒疫苗

(一)猪丹毒活疫苗

本品系用猪丹毒杆菌弱毒株 GC_{42} 或 G_4T_{10}，接种于适宜培养基，将培养物加适宜稳定剂，经冻干制成。

【性状】淡褐色海绵状疏松团块，易与瓶壁脱离，加稀释液后，迅速溶解。

【用途】预防猪丹毒，供断奶后猪使用。

【用法与用量】皮下注射（GC_{42}疫苗也可用于内服）。按瓶签注明头份，用20%铝胶生理盐水稀释，每头猪皮下注射 1 mL。GC_{42}疫苗内服时，剂量加倍。

【免疫期】6 个月。

【贮藏】在 −15 ℃时，有效期为 1 年；在 2～8 ℃条件下为 9 个月。

(二)猪丹毒灭活疫苗

本品系用免疫原性良好的猪丹毒杆菌，接种于适宜培养基培养，将培养物经甲醛溶液灭活后，加氢氧化铝胶浓缩制成。

【性状】静置后，上层为橙黄色澄明液体，下层为灰白色沉淀，振摇后呈均匀混悬液。

【用途】预防猪丹毒。

【用法与用量】皮下或肌肉注射。体重 10 kg 以上的断奶猪 5 mL，未断奶仔猪 3 mL；间隔 1 个月后，再注射 3 mL。

【免疫期】6 个月。

【注意事项】

①瘦弱、体温或食欲异常的猪不宜注射。

②注射后一般无不良反应，偶见注射处出现硬结，但能逐渐消失。

【贮藏】在 2～8 ℃，有效期为 1 年 6 个月。

(三)猪丹毒、猪多杀性巴氏杆菌病二联灭活疫苗

本品系用免疫原性良好的猪丹毒杆菌Ⅱ型和猪源多杀性巴氏杆菌B群菌株分别接种于适宜培养基培养，将培养物经甲醛溶液灭活后，加氢氧化铝胶浓缩，按适当比例混合制成。

【性状】本品静置后，上层为橙黄色澄明液体，下层为灰褐色沉淀，振摇后呈均匀的混悬液。

【用途】预防猪丹毒和猪多杀性巴氏杆菌病。

【用法与用量】皮下或肌肉注射。体重 10 kg 以上断奶猪 5 mL，未断奶猪 3 mL；间隔 1 个月后，再注射 3 mL。

【贮藏】在 2～8 ℃条件下，有效期为 1 年。

六、猪支原体肺炎(猪气喘病)灭活疫苗

本品系用猪肺炎支原体兔化弱毒株，接种于鸡胚或乳兔，收获鸡胚卵黄囊或乳兔肌肉，

加适宜稳定剂,经冻干制成。

【性状】鸡胚苗为淡黄色;肌肉苗为微红色。海绵状疏松团块,易与瓶壁脱离,加稀释液后迅速溶解。

【用途】预防猪支原体肺炎(猪喘气病)。

【用法与用量】右胸腔内注射,肩胛骨后缘 3 ~ 7 cm 两肋骨间进针。按瓶签注明的头份,用无菌生理盐水稀释。每头猪用量 5 mL。

【免疫期】6 个月。

【注意事项】注射疫苗前 3 d、注射后 30 d 内禁止使用抗生素。

【贮藏】在 -20 ~ -15 ℃,有效期为 11 个月;在 2 ~ 8 ℃ 条件下为 30 d。

七、猪口蹄疫 O 型灭活疫苗

本品系用免疫原性良好的猪 O 型口蹄疫 OZK/Z$_{93}$ 强毒株,接种 BHK$_{21}$ 细胞培养,收获感染细胞液,应用生物浓缩技术浓缩,经二乙烯亚胺(BEI)灭活后,加油佐剂混合乳化制成。

【性状】乳白色或浅红色均匀乳状液,久置后,上层可有少量(不超过 1/20)油质析出,摇之即成均匀乳状液。

【用途】预防猪 O 型口蹄疫。注射疫苗后 15 d 产生免疫力。

【用法与用量】肌肉注射。体重 10 ~ 25 kg 猪每头 1 mL;25 kg 以上猪每头 2 mL。

【免疫期】6 个月。

【注意事项】疫苗应在 2 ~ 8 ℃ 冷藏运输,不得冻结;运输和使用过程中,应避日光直接照射。

【贮藏】在 2 ~ 8 ℃ 条件下,有效期为 1 年。

八、流行性乙型脑炎疫苗

(一)猪流行性乙型脑炎灭活疫苗

本品系用猪乙型脑炎病毒 HW$_1$ 株脑内接种小白鼠,收获感染的小白鼠脑组织制成悬液,经甲醛溶液灭活后,加油佐剂混合乳化制成。

【性状】白色均匀乳剂。

【用途】预防猪乙型脑炎。

【用法与用量】肌肉注射。种猪于 6 ~ 7 月龄(配种前)或蚊虫出现前 20 ~ 30 d 注射疫苗两次(间隔 10 ~ 15 d),经产母猪及成年公猪每年注射 1 次,每次 2 mL。

【免疫期】10 个月。

【贮藏】在 2 ~ 8 ℃ 条件下,有效期为 1 年。

(二)猪、牛、羊伪狂犬病活疫苗

本品系用伪狂犬病病毒弱毒株接种鸡胚成纤维细胞培养,收获细胞培养物,加适宜稳定剂,经冻干制成。

【性状】微黄色海绵状疏松团块,加 PBS 液后迅速溶解,呈均匀的混悬液。

【用途】预防猪、牛和绵羊伪狂犬病。

【用法与用量】肌肉注射。按瓶签注明的头份,用 PBS 稀释为每毫升含 1 头份。

①猪:妊娠母猪及成年猪 2 mL;3 月龄猪 1 mL;乳猪第 1 次 0.5 mL,断乳后再注射 1 mL。

②牛:1 岁以上 3 mL;5～12 月龄 2 mL;2～4 月龄犊牛第 1 次 1 mL,断乳后再注射 2 mL。

③绵羊:4 月龄以上 1 mL。

【免疫期】注苗后第 6 天产生免疫力,免疫期为 1 年。

【注意事项】

①用于疫区及受疫病威胁的地区,在疫区、疫点内,除已发病的家畜外,对无临床表现的家畜亦可进行紧急预防注射。

②妊娠母猪于分娩前 21～28 d 注射为宜,所生仔猪的母源抗体可持续 21～28 d,此后的乳猪或断乳猪仍需注射疫苗;未用本疫苗免疫的母猪,所生仔猪,于出生后 7 d 内注射,并于断乳后再注射 1 次。

【贮藏】在 -20 ℃以下,有效期为 1 年 6 个月;在 2～8 ℃条件下为 9 个月。

(三)猪伪狂犬病灭活疫苗

本品系用猪伪狂犬病毒鄂 A 株接种于地鼠肾细胞(BHK_{21})培养,收获感染病毒液,经甲醛溶液灭活后,加油佐剂混合乳化制成。

【性状】均匀白色乳剂。

【用途】预防由伪狂犬病毒引起的母猪繁殖障碍、仔猪伪狂犬病和种猪不育症。

【用法与用量】肌肉注射。育肥猪,断奶时每头 3 mL;种用猪,断奶时每头 2 mL,间隔 28～42d,加强免疫接种 1 次,每头 5 mL,以后每隔半年加强免疫接种 1 次;妊娠母猪,产前 1 个月加强免疫接种 1 次。

【免疫期】6 个月。

【贮藏】在 2～8 ℃条件下,有效期为 1 年。

九、猪瘟疫苗

(一)猪瘟活疫苗(1)

本品系用猪瘟兔化弱毒株接种家兔或乳兔,收获感染家兔的脾脏及淋巴结(简称"脾淋")或乳兔的肌肉及实质脏器制成乳剂,加适宜稳定剂,经冻干制成。

【性状】淡红色海绵状疏松团块,易与瓶壁脱离,加稀释液后迅速溶解。

【用途】预防猪瘟。

【用法与用量】肌肉或皮下注射。

①按瓶签注明的头份加生理盐水稀释,猪 1 mL。

②在无猪瘟流行地区,断奶后无母源抗体的仔猪,注射 1 次即可。有疫情威胁时,仔猪可在 21～30 日龄和 65 日龄左右时各注射 1 次。

③乳前免疫仔猪可接种 4 头份疫苗,以防母源抗体干扰。

【免疫期】注射疫苗 4 d 后,即可产生坚强的免疫力。断奶后无母源抗体仔猪的免疫期,脾淋苗为 1 年 6 个月;乳兔苗为 1 年。

【注意事项】

①使用单位收到冷藏包装的疫苗后,如保存环境超过 8 ℃ 而在 25 ℃ 以内时,应在 10 d 内用完。

②使用单位所在地区的气温在 25 ℃ 以上时,如无冷藏条件,应采用冰瓶领取疫苗,随领随用。

【贮藏】在 -15 ℃ 以下,有效期为 2 年。

（二）猪瘟活疫苗（2）

用猪瘟兔化弱毒株接种易感细胞培养,收获细胞培养物,加适宜稳定剂,经冻干制成。

【性状】乳白色海绵状疏松团块,易与瓶壁脱离,加稀释液后迅速溶解。

【用途】预防猪瘟。

【用法与用量】同猪瘟活疫苗（1）。

【免疫期】断奶后无母源抗体仔猪的免疫期为 1 年。

【贮藏】在 -15 ℃ 以下,有效期为 1 年 6 个月。

（三）猪瘟、猪丹毒、猪多杀性巴氏杆菌病三联活疫苗

本品系用猪瘟兔化弱毒株,接种乳兔或易感细胞,收获含毒乳兔组织或细胞培养病毒液,以适当比例和猪丹毒杆菌弱毒菌液、猪源多杀性巴氏杆菌弱毒菌液混合,加适宜稳定剂,经冻干制成。

【性状】淡红色或淡褐色海绵状疏松团块,易与瓶壁脱离,加稀释液后迅速溶解。

【用途】预防猪瘟、猪丹毒、猪多杀性巴氏杆菌病。

【用法与用量】肌肉注射。

①稀释液。猪三联疫苗和含猪瘟的二联疫苗均用生理盐水稀释。

②断奶半个月以上猪,按瓶签注明头份,不论大小,每头猪用量为 1 mL。

③断奶半个月以前仔猪可以注射,但必须在断奶两个月左右再注苗 1 次。

【免疫期】猪瘟免疫期为 1 年,猪丹毒和猪肺疫免疫期为 6 个月。

【贮藏】在 -15 ℃ 以下,有效期为 1 年;在 2~8 ℃ 条件下为 6 个月。

十、猪细小病毒病疫苗

猪细小病毒病灭活疫苗

本品系用猪细小病毒接种猪睾丸细胞培养,收获细胞培养物,经 AEI 灭活后,加油佐剂混合乳化制成。

【性状】乳白色乳状液,静置后下层略带淡红色。

【用途】预防由猪细小病毒引起的母猪繁殖障碍病。

【用法与用量】深部肌肉注射,每头 2 mL。

【免疫期】6 个月。

【注意事项】切忌冻结。在阳性猪场,对5月龄至配种前14 d的后备母猪、后备公猪均可使用;在阴性猪场,配种前母猪任何时间均可免疫。怀孕母猪不宜使用。

【贮藏】在2~8 ℃条件下,有效期为7个月。

其他动物用生物制品

一、大肠杆菌病疫苗

(一)羊大肠杆菌病灭活疫苗

本品系用免疫原性良好的病原大肠杆菌,接种于适宜培养基培养,将培养物经甲醛溶液灭活后制成;或灭活后加氢氧化铝胶制成。

【性状】非铝胶苗静置后,上层为浅棕色澄明液体,底部有少量沉淀;铝胶苗静置后,上层为淡黄色澄明液体,下层为灰白色沉淀。振荡后呈均匀的混悬液。

【用途】预防羊大肠杆菌病。

【用法与用量】皮下注射。3月龄以上的绵羊或山羊每只2 mL;3月龄以下羊,每只0.5~1 mL。妊娠母羊禁用。

【免疫期】5个月。

【贮藏】在2~8 ℃条件下,有效期为1年6个月。

(二)绵羊大肠杆菌病活疫苗

本品系用大肠杆菌弱毒菌株,接种于适宜培养基培养,收获培养物,加适宜稳定剂,经冻干制成。

【性状】灰白色海绵状疏松团块,易与瓶壁脱离,加稀释液后迅速溶解。

【用途】皮下注射或气雾免疫。按瓶签注明头份,用生理盐水稀释,每只羊皮下注射1头份(含10万个活菌);室内气雾免疫每只羊用10个注射剂量(含100万个活菌);露天气雾免疫每只羊用3 000注射剂量(含3亿个活菌)。

【免疫期】6个月。

【注意事项】

①本品仅供3月龄以上绵羊使用,3月龄以下羔羊、体弱的羊或已发生本病的羊不能使用。

②稀释后的疫苗,限6 h内用完。

③气雾免疫时应特别注意对人体的防护,用后的疫苗瓶与用具应煮沸消毒。

【贮藏】在2~8 ℃条件下,有效期为1年。

二、牛副伤寒灭活疫苗

本品系用免疫原性良好的肠炎沙门氏菌都柏林变种和病牛沙门氏菌2~3个菌株,接种于适宜培养基培养,将培养物经甲醛溶液灭活脱毒后,加氢氧化铝胶制成。

【性状】静置后,上层为灰褐色澄明液体,下层为灰白色沉淀,振摇后呈均匀的混悬液。

【用途】预防牛副伤寒及牛沙门氏菌病。

【用法与用量】

①肌肉注射,1岁以下犊牛1 mL;1岁以上牛2 mL。为增强免疫力,对1岁以上的牛,在第1次注射后10 d,可用相同剂量再注射1次。

②在已发生牛副伤寒的牛群中,对2~10日龄的犊牛可肌肉注射疫苗1 mL。

③孕牛应在产前45~60 d注射疫苗,所产犊牛应在30~45 d时再注射疫苗1次。

【免疫期】6个月。

【注意事项】瘦弱牛不宜注射。

【贮藏】在2~8 ℃条件下,有效期为1年。

三、布鲁氏菌病活疫苗

本品系用猪布鲁氏菌弱毒S_2株接种于适宜培养基培养,收获培养物加适宜稳定剂,经冻干制成。

【性状】微黄色海绵状疏松团块,易与瓶壁脱离,加稀释液后迅速溶解。

【用途】预防山羊、绵羊、猪和牛布鲁氏菌病。

【用法与用量】内服、皮下或肌肉注射,畜群每年免疫1次。

①内服免疫:可用于孕畜。山羊和绵羊不论年龄大小,均为100亿个菌;牛为500亿个菌;猪为200亿个菌。间隔1个月,再内服1次。

②注射免疫:皮下或肌肉注射,山羊为25亿个菌;绵羊为50亿个菌;猪为200亿个菌。间隔1个月,再注射1次。

【免疫期】羊为3年;牛为2年;猪为1年。

【注意事项】

(1)注射法不能用于孕畜、牛和小尾寒羊。

(2)加水饮服或灌服时,应用凉水。若拌入饲料中,应避免使用含有抗生素的饲料、发酵饲料或热饲料。免疫动物在服苗前后3 d,应停止使用抗生素添加剂饲料和发酵饲料。

【贮藏】在2~8 ℃条件下,有效期为1年。

四、羊链球菌病疫苗

(一)羊败血性链球菌病活疫苗

本品系用羊源兽疫链球菌弱毒株接种于适宜培养基培养,收获培养物,加适宜稳定剂,经冻干制成。

【性状】淡黄色海绵状疏松团块,易与瓶壁脱离,加稀释液后迅速溶解。

【用途】预防羊败血性链球菌病。

【用法与用量】尾根皮下(不得在其他部位)注射。按瓶签注明的头份,用生理盐水稀

释。6 月龄以上羊,每只用量为 1 mL。

【免疫期】1 年。

【注意事项】

①特别瘦弱羊和病羊不能使用。

②注射后如有严重反应,可用抗生素治疗。

③不能肌肉注射。

【贮藏】在 2~8 ℃条件下,有效期为 2 年。

(二)羊败血性链球菌病灭活疫苗

本品系用羊源兽疫链球菌接种于适宜培养基培养,将培养物经甲醛溶液灭活后,加氢氧化铝胶制成。

【性状】静置后,上层为淡黄色澄明液体,下层为黄白色沉淀,振摇后呈均匀的混悬液。

【用途】预防绵羊和山羊败血性链球菌病。

【用法与用量】皮下注射。绵羊和山羊(不论大小)每只羊用量为 5 mL。

【免疫期】6 个月。

【贮藏】在 2~8 ℃条件下,有效期为 1 年 6 个月。

五、羊梭菌性疾病疫苗

(一)羊梭菌性疾病多联灭活疫苗

本品系用免疫原性良好的腐败梭菌,产气荚膜梭菌 B、C、D 型,诺维氏梭菌,C 型肉毒梭菌,破伤风梭菌各 1~2 株,分别接种于适宜培养基培养,将培养物经甲醛溶液灭活、脱毒后,用硫酸铵提取冷冻干燥或直接雾化干燥,制成单苗或再按比例制成不同的多联苗。

【性状】灰褐色或淡黄色粉末。

【用途】预防羔羊痢疾、羊快疫、猝狙、肠毒血症、黑疫、肉毒中毒症和破伤风。

【用法与用量】肌肉或皮下注射。按瓶签注明的头份,临用时以 20% 氢氧化铝胶生理盐水溶液溶解,充分摇匀后,不论羊只大小,每只羊用量为 1 mL。

【免疫期】1 年。

【贮藏】在 2~8 ℃条件下,有效期为 5 年。

(二)羊快疫、猝狙、肠毒血症三联灭活疫苗

本品系用免疫原性良好的腐败梭菌和产气荚膜梭菌 C 型(或 B 型)、D 型菌种,接种于复合培养基培养,将培养物经甲醛溶液灭活、脱毒后,加氢氧化铝胶制成。

【性状】静置后,上层为黄褐色澄明液体,下层为灰白色沉淀,振荡后呈均匀的混悬液。

【用途】预防羊快疫、猝狙、肠毒血症。如用 B 型产气荚膜梭菌代替 C 型产气荚膜梭菌制苗还可预防羔羊痢疾。

【用法与用量】皮下或肌肉注射。用时充分摇匀,不论羊只大小,每只羊用量为 5 mL。

【免疫期】6 个月。

【贮藏】在 2~8 ℃条件下,有效期为 2 年。

六、牛口蹄疫 O 型灭活疫苗

本品系用免疫原性良好的牛源强毒 OA/58 株接种 BHK_{21} 细胞培养,将细胞培养物经二乙烯亚胺(BEI)灭活后,加油佐剂混合乳化制成。

【性状】略带粉红色或乳白色的黏滞性液体。

【用途】预防各种年龄的黄牛、水牛、奶牛、牦牛 O 型口蹄疫。

【用法与用量】肌肉注射。成年牛 3 mL;1 岁以下犊牛 2 mL。

【免疫期】6 个月。

【贮藏】在 2~8 ℃条件下,有效期为 10 个月。

七、痘病疫苗

(一)绵羊痘活疫苗

本品系用绵羊痘鸡胚化弱毒接种绵羊,采集含毒组织或接种易感细胞,收获细胞培养物,加适宜稳定剂,经冻干制成。

【性状】微黄色海绵状疏松团块,易与瓶壁脱离,加稀释液后迅速溶解。

【用途】预防绵羊痘。

【用法与用量】尾根内侧或股内侧皮内注射。按瓶签注明头份,用生理盐水稀释为每头份用量为 0.5 mL。不论羊只大小,每只用量为 0.5 mL。3 月龄以内的吮乳羔羊,在断乳后应加强注射 1 次。

【免疫期】1 年。

【注意事项】本品可用于不同品系的绵羊,也可用于孕羊。在非疫区应用时,须对本地区不同品种的绵羊先做小区试验,证明安全后方可全面使用。

【贮藏】冻干组织苗在 −15 ℃以下,有效期为 2 年;在 2~8 ℃条件下为 1 年 6 个月。冻干细胞苗在 −15 ℃以下,有效期为 2 年;在 2~8 ℃条件下为 1 年。

(二)山羊痘活疫苗

本品系用山羊痘弱毒接种于易感细胞,收获细胞培养物,加适宜稳定剂,经冻干制成。

【性状】微黄色海绵状疏松团块,易与瓶壁脱离,加生理盐水后迅速溶解。

【用途】预防山羊痘及绵羊痘。

【用法与用量】尾根内侧或股内侧皮内注射。按瓶签注明头份,用生理盐水稀释为每头份 0.5 mL,不论羊只大小,每只羊用量为 0.5 mL。

【免疫期】1 年。

【注意事项】本品可用于不同品系和不同年龄的山羊及绵羊,也可用于孕羊。在羊痘流行的羊群中,可用本疫苗对未发病的羊进行紧急接种。

【贮藏】在 −15 ℃以下,有效期为 2 年;在 2~8 ℃条件下为 1 年 6 个月。

八、兔病毒性出血症(兔瘟)疫苗

(一)兔病毒性出血症(兔瘟)灭活疫苗

本品系用兔病毒性出血症病毒接种易感家兔,收获含毒组织制成乳剂,经甲醛溶液灭活后制成。

【性状】灰褐色均匀混悬液,静置后瓶底有部分沉淀。

【用途】预防兔病毒性出血症。

【用法与用量】皮下注射。45 日龄以上家兔,每只用量为 1 mL。必要时,未断奶乳兔也可使用,每只用量为 1 mL,但断奶后应再注射 1 次。

【免疫期】6 个月。

【贮藏】在 2~8 ℃条件下,有效期为 1 年 6 个月。

(二)兔病毒性出血症、多杀性巴氏杆菌病二联干粉灭活疫苗

本品系用兔病毒性出血症病毒接种易感兔,收获感染兔的肝、脾、肾等脏器,制成乳剂,经甲醛溶液灭活,制成干粉;用 A 型多杀性巴氏杆菌,接种适宜培养基培养,将培养物经甲醛溶液灭活,用硫酸铵提取,制成干粉后,按比例配制而成。

【性状】黄褐色粉末。加入稀释液,振摇后迅速溶解,呈均匀的褐色混悬液。

【用途】预防兔病毒性出血症和多杀性巴氏杆菌病。

【用法与用量】肌肉或皮下注射。按瓶签注明的头份,用 20% 铝胶生理盐水稀释,成年兔每只用量为 1 mL,45 日龄左右仔兔每只用量为 0.5 mL。

【免疫期】6 个月。

【贮藏】在 2~8 ℃条件下,有效期为 2 年。

九、狂犬病、犬瘟热、犬副流感、犬腺病毒和犬细小病毒病五联活疫苗

本品系用犬狂犬病病毒、犬瘟热病毒、犬副流感病毒、犬腺病毒和犬细小病毒弱毒株,接种易感细胞培养,收获细胞培养物,按比例混合后加适宜稳定剂,经冻干制成。

【性状】微黄白色海绵状疏松团块,加稀释液后迅速溶解成粉红色澄清液体。

【用途】预防犬狂犬病、犬瘟热、犬副流感、犬腺病毒病与犬细小病毒病。

【用法与用量】肌肉注射。稀释成 2 mL(含 1 头份),断奶犬以 21 d 的间隔,连续免疫 3 次,每次 2 mL;成年犬每年免疫 2 次,首免与二免间隔 21 d,每次 2 mL。

【免疫期】1 年。

【注意事项】

①本品只用于非食用犬的预防注射,孕犬禁用。

②不能用于已发生疫情时的紧急预防与治疗。

③使用过免疫血清的犬,需隔 7~14 d 后才能使用本疫苗。

【贮藏】在 -20 ℃以下,有效期为 1 年;在 2~8 ℃条件下为 9 个月。

十、水貂病毒性肠炎灭活疫苗

本品系用免疫原性良好的水貂病毒性肠炎病毒 $SMPV_{18}$ 株,接种猫肾细胞系(F_{81} 或 CRFK 株)培养,收获培养物,经甲醛溶液灭活后,加氢氧化铝胶制成。

【性状】本品静置后,上层为粉红色清亮液体,下层为淡粉红色沉淀。

【用途】预防水貂病毒性肠炎。

【用法与用量】皮下注射。49～56 日龄,每只水貂用量为 1 mL;种貂可在配种前 20 d 再注射 1 mL。

【免疫期】6 个月。

【贮藏】在 2～8 ℃条件下,有效期为 6 个月。

附录二　常用培养基的制作

1. 营养琼脂

（1）成分

营养肉汤 1 000 mL，琼脂粉 25 g。

（2）方法

将琼脂粉加入营养肉汤中，煮沸使其完全溶解，矫正 pH 至 7.4 ~ 7.6，经 121 ℃ 灭菌 20 min。可制成试管斜面、高层培养基或琼脂平板。

（3）用途

供一般细菌的分离培养、纯培养、观察菌落特征及保存菌种用，也可做特殊培养基的基础材料。

注：向营养肉汤中加入 0.1% ~ 0.5% 的琼脂粉，则制成半固体培养基。用于测定细菌的运动性。

2. 牛肉汤

（1）成分

牛肉 500 g，纯化水 1 000 mL。

（2）方法

将牛肉除去脂肪和筋膜，用绞肉机绞碎。按上述肉、水比例盛于不锈钢锅内，煮沸 1 h，全过程应不断搅拌。用 3 ~ 4 层纱布滤去肉渣，并从肉渣中挤出残存的肉水，补足原水量。分装于烧瓶中，经 121 ℃ 灭菌 20 ~ 30 min，放冷暗处储存备用。

（3）用途

用于配制营养肉汤或马丁肉汤。

注：如用牛肉膏制备时，可往 1 000 mL 纯化水中加入 3 ~ 5 g 的牛肉膏，溶化后即可。

3. 营养肉汤

（1）成分

蛋白胨 10 g，氯化钠 5 g，牛肉汤 1 000 mL。

（2）方法

将蛋白胨、氯化钠加入牛肉汤中，煮沸使其完全溶解。用 1 mol/L 氢氧化钠溶液矫正 pH 至 7.4 ~ 7.6，用滤纸过滤，分装于器皿中。经 121 ℃ 灭菌 20 ~ 30 min，放冷暗处储存备用。

（3）用途

供细菌液体培养，检查细菌的发育状况；也可做其他培养基的基础材料。

4. 马丁肉汤

(1)成分

牛肉汤 500 mL,胃消化液 500 mL,氯化钠 2.5 g。

(2)方法

按上述各成分混合后,用氢氧化钠溶液调整 pH 为 7.2~7.6,煮沸 10 min,补足失去的水分。冷却沉淀,取上清液过滤,滤液应为澄清、淡黄色,按需要量分装,经 121 ℃灭菌 30 min,即成马丁肉汤。

在马丁肉汤中加入 2.5%的琼脂,以卵白澄清法或凝固沉淀法除去沉淀,经灭菌后,即成马丁琼脂。

(3)用途

供细菌分离鉴定、疫苗制造及检验用。

5. 猪胃消化液

(1)成分

猪胃 300 g,盐酸 10 mL,去离子水 1 000 mL。

(2)方法

取新鲜猪胃洗净(清洗时保护胃膜),除去脂肪绞碎。按上述成分量加入 65 ℃的温水中混合均匀(搅拌后水温降至 52 ℃左右),放入 51~53 ℃水浴箱内消化 24 h,前 12 h 每小时搅拌 1 次,后 12 h 每 2 h 搅拌一次。以胃组织溶解液体澄清为消化完全,如消化不完全,可酌情延长消化时间。除去上层脂肪,抽出澄清的胃液,煮沸 10 min,使其停止消化,放置沉淀,抽上清液,用纱布滤过,加氢氧化钠溶液进行中和(pH 为 7.0),经灭菌储存备用。

(3)用途

直接用于配制马丁肉汤。

6. 蛋白胨水

(1)成分

蛋白胨 10 g,氯化钠 5 g,纯化水 1 000 mL。

(2)方法

将以上成分混合,煮沸使其完全溶解,调整 pH 至 7.4~7.6,过滤,分装,经 121 ℃灭菌 20 min 备用。

(3)用途

用作无菌检验稀释液(含蛋白胨 1 g)、糖发酵培养基的基础液(含蛋白胨 10 g)。

7. 糖发酵培养基

(1)成分

糖 0.5~1.0 g,蛋白胨水 100 mL,1.6% 溴甲酚紫酒精溶液 0.1 mL。

(2)方法

将上述成分加热溶解后,分装于带有倒置发酵管的试管中,每管约 3 mL,将发酵管中

气体排出,塞上透气试管塞,经 115 ℃灭菌 15 min,备用。

(3)用途

供细菌生化检验用。

8. 葡萄糖蛋白胨水

(1)成分

蛋白胨 0.5 g,葡萄糖 0.5 g,磷酸二氢钾 0.5 g,纯化水 100 mL。

(2)方法

将上述成分加热溶解,调整 pH 为 7.4,过滤分装于试管中,经 115 ℃灭菌 15 min,备用。

(3)用途

供甲基红(M-R)试验、维培(V-P)试验用。

9. 醋酸铅盐琼脂培养基

(1)成分

营养琼脂(pH 为 7.4)100 mL,硫代硫酸钠 0.25 g,10% 醋酸铅溶液 1.0 mL。

(2)方法

将溶解状态的营养琼脂温度降至 60 ℃,加入硫代硫酸钠和醋酸铅溶液,混匀,分装试管,经 115 ℃灭菌 15 min,取出冷却后即成高层琼脂。

(3)用途

供细菌的生化检验用。

10. 尿素培养基

(1)成分

蛋白胨 1 g,葡萄糖 1 g,氯化钠 5 g,磷酸二氢钾 2 g,酚红 0.012 g,琼脂粉 20 g,纯化水 1 000 mL。

(2)方法

将上述各成分依次加入纯化水中,加热溶解后其 pH 为 6.6 左右,不需另行调整,经 121 ℃灭菌 20 min 后保存备用。另外配制 20% 尿素,过滤除菌。应用前将上述含琼脂的培养基加热溶解,冷却至 50 ℃左右,按 2% 的量加入尿素溶液,混合后分装于灭菌试管中,摆成斜面。

(3)用途

供细菌的生化检验用,用以鉴别变形杆菌和沙门氏菌。

11. 麦康凯琼脂

(1)成分

琼脂粉 2.5 g,蛋白胨 2.0 g,氯化钠 0.5 g,乳糖 1.0 g,胆盐 0.5 g,1% 中性红水溶液 0.5 mL,纯化水 100 mL。

(2)方法

除中性红水溶液外,将上述各成分混合,加热溶解,待琼脂完全溶解后,调整 pH 为7.4,

加入灭菌的 1% 中性红水溶液,经 116 ℃灭菌 20 ~ 30 min,备用。

（3）用途

用于肠道细菌的分离与鉴定。

12. 硫乙醇酸盐培养基(T. G)

（1）成分

胰酪蛋白胨 15 g,葡萄糖 5 g,L-半胱氨酸盐酸盐 0.5 g,酵母浸出粉 5 g,硫乙醇酸钠 0.5 g,琼脂粉 0.5 ~ 0.7 g,氯化钠 2.5 g,0.2% 亚甲蓝溶液 0.5 mL,纯化水加至 1 000 mL。

（2）制法

将上述各成分混合,加热溶解。用氢氧化钠溶液调整 pH 至 7.0 ~ 7.2。分装于中性容器中,经 116 ℃灭菌 20 ~ 40 min。

注:以上成分中不加硫乙醇酸钠制成酪素胰酶消化液(G. A)。

（3）用途

供无菌检验、厌氧性及需氧性细菌的检验用。

13. 葡萄糖蛋白胨培养基(G. P)

（1）成分

葡萄糖 20 g,蛋白胨 5 g,酵母浸出粉 2.5 g,磷酸氢二钾 1 g,硫酸镁(含 7 个结晶水) 0.5 g,琼脂粉 0.4 g,去离子水(或纯化水)加至 1 000 mL。

（2）制法

将上述各成分混合,加热溶解。分装于中性容器中,经 116 ℃灭菌 20 ~ 30 min,调整 pH 为 6.0 ~ 6.6。

（3）用途

供检验真菌用。

14. 厌氧肉肝汤

（1）成分

牛肉 250 g,肝(牛、羊、猪均可)250 g,蛋白胨 10 g,氯化钠 5 g,葡萄糖 2 g,纯化水加至 1 000 mL。

（2）方法

将牛肉除去脂肪和筋膜,用绞肉机绞碎,与切成 100 g 左右大小的肝块混合,加入纯化水,煮沸 40 ~ 60 min,用 3 层纱布过滤,弃去肉渣,取出肝块。滤液加入蛋白胨、氯化钠和葡萄糖,加热溶解,用氢氧化钠溶液调整 pH 至 7.8 ~ 8.0,分装于试管或中性玻璃瓶内。将煮过的肝块洗净,切成小方块,用纯化水充分冲洗后,加入上述试管或中性玻璃瓶内,其量约为肉肝汤量的 1/10。经 116 ℃灭菌 20 ~ 30 min。接种细菌后,在培养基表面加一薄层液态石蜡,封闭液面。

（3）用途

供一般厌氧菌培养及检验用。

15. 庖肉培养基

(1) 成分

普通肉汤 3~4 mL,牛肉渣 2 g。

(2) 方法

取试管若干,每管中加入牛肉渣约 2 g,再加入普通肉汤 3~4 mL。往每支庖肉肉汤中加入液态石蜡 0.5~1.0 mL,经 121 ℃灭菌 20~30 min。

(3) 用途

供一般厌氧菌培养及检验用。

目前,上述各种培养基均有成品出售,不需要测定及矫正 pH,用时按说明配制即可。

附录三 常用溶液的配制

一、常用细胞培养液和各种溶液的配制

配制细胞培养液和各种溶液,应使用化学分析纯级药品和灭菌重蒸水或去离子水。

1.汉克氏液(Hank's 液)的配制

(1)配制 10 倍浓缩 Hank's 液 1 000 mL

甲液:氯化钠 80 g,氯化钾 4 g,氯化钙 1.4 g,硫酸镁(含 7 个结晶水)2 g。

乙液:磷酸氢二钠(含 12 个结晶水)1.52 g,磷酸二氢钾 0.6 g,葡萄糖 10 g,1%酚红溶液 16 mL。

甲液与乙液按顺序分别溶于 450 mL 重蒸水中,然后将乙液缓缓加入甲液,边加边搅拌。补重蒸水至 1 000 mL,用滤纸过滤后,再用 0.22μm 的滤膜过滤除菌,分装置 4 ℃保存。使用时,用灭菌重蒸水稀释 10 倍,用无菌 7.5%碳酸氢钠溶液调整 pH 至 7.2~7.4。

(2)7.5%碳酸氢钠溶液的配制

将碳酸氢钠 7.5 g 和重蒸水 100 mL 充分混合,用 0.22μm 滤膜除菌,分装青霉素瓶,每瓶 5 mL,置 4 ℃冰箱保存,有效期数月。

(3)1%酚红溶液(指示剂)的配制

①1 mol/L 氢氧化钠液的制备。取澄清的氢氧化钠饱和液 56 mL,加重蒸水至 1 000 mL,即得。

②称酚红 10 g 加 1 mol/L 氢氧化钠溶液 20 mL,搅拌溶解,静置片刻,将已溶解的酚红液倾入 1 000 mL 刻度容器内。

③未溶解的酚红再加 1 mol/L 氢氧化钠溶液 20 mL,重复上述操作,反复多次,但总量不得超过 60 mL。

④最后补足重蒸水至 1 000 mL,分装小瓶,116 ℃灭菌 15 min 后,置 2~8 ℃下保存备用。

2.欧氏液(Earle's 液)的配制

配制 10 倍浓缩欧氏液 1 000 mL。

(1)成分

氯化钠 68.5 g,氯化钾 4 g,氯化钙 2 g,硫酸镁(含 7 个结晶水)2 g,磷酸二氢钠(含 1 个结晶水)1.4 g,葡萄糖 10 g,1%酚红溶液 20 mL。

(2)方法

氯化钙单独用重蒸水 100 mL 溶解,其他试剂按顺序溶解后,再加入氯化钙溶液,然后补足重蒸水至 1 000 mL。用滤纸过滤后,再用 0.22 μm 的滤膜过滤除菌,分装置 4 ℃保存。

使用时,用灭菌重蒸水稀释 10 倍,用无菌的 7.5% 碳酸氢钠溶液调整 pH 至 7.2 ~ 7.4。

3. 常用细胞消化液的配制

(1)0.25% 胰蛋白酶溶液

①成分。氯化钠 8 g,氯化钾 0.2 g,枸橼酸钠(含 5 个结晶水)1.12 g,磷酸二氢钠(含 2 个结晶水)0.056 g,碳酸氢钠 1 g,葡萄糖 1 g,胰蛋白酶(1:250)2.5 g,重蒸水加至 1 000 mL。

②方法。将上述成分混合,2 ~ 8 ℃过夜,待胰酶充分溶解后用 0.22 μm 滤膜过滤除菌。分装小瓶,-20 ℃保存。

(2)EDTA—胰蛋白酶分散液

配制 10 倍浓缩液 1 000 mL。

①成分。氯化钠 80 g,氯化钾 4 g,葡萄糖 10 g,碳酸氢钠 5.8 g,胰蛋白酶(1:250)5 g,乙二胺四乙酸二钠(EDTA)2 g,1% 酚红溶液 2 mL,青霉素溶液(10 万 IU/mL)10 mL,链霉素溶液(10 万 μg/mL)10 mL。

②方法。将上述前 6 种成分依次溶解于 900 mL 重蒸水中,再加入后 3 种溶液。补足重蒸水至 1 000 mL,用 0.22 μm 滤膜过滤除菌。分装小瓶,-20 ℃保存。使用时,用重蒸水 10 倍稀释。分散细胞前,先将细胞分散液经 36 ~ 37 ℃预热,用无菌的 7.5% 碳酸氢钠调整 pH 至 7.4 ~ 7.6。

4. 常用细胞营养液的配制

(1)0.5% 乳汉液或 0.5% 乳欧液

水解乳蛋白 5 g 完全溶解于汉克氏液或欧氏液 1 000 mL 中,分装,经 116 ℃灭菌 15 min,4 ℃冰箱保存备用。用时,以 7.5% 碳酸氢钠溶液调整 pH 至 7.2 ~ 7.4。

(2)3% 谷氨酰胺溶液

L-谷氨酰胺 3 g 溶解于重蒸水 100 mL 中,经滤器滤过除菌,分装小瓶,-20 ℃保存备用。使用时,每 100 mL 细胞营养液中加 3% 谷氨酰胺溶液 1 mL。

(3)合成培养液

有欧氏液、MEM、199、和 RPMI—1640 等,按商品说明现配现用。生长液还需在上述合成培养液中加 10% ~ 20% 犊牛血清,维持液只加 2% ~ 3% 犊牛血清或不加。同时按 1% 体积加入青、链霉素贮存液,使其最终浓度为 100IU(μg)/mL。

5. 注意事项

①去离子水一定要现用现制,如果放置一段时间,使用前须经高压处理(121 ℃,20 min)。

②滤器经过高压灭菌后,螺帽会有松动,安装过滤器时,要将滤器上的螺帽重新拧紧,以免过滤时液体从侧面流出。

③培养液如保存时间较长,则 L-谷氨酰胺可在临用前配制,过滤除菌后按所需量加入。

二、清洁液的配制

附录3 表.1　不同浓度清洁液的配方

	重铬酸钾/g	浓硫酸/mL	去离子水/mL
弱液	100	100	1 000
次强液	120	200	1 000
强液	63	1 000	200

1.清洁液的配制方法

①根据具体情况,选择大小适宜的耐酸塑料桶或酸缸,加入一定量的去离子水。

②按附录3 表.1 比例,先将重铬酸钾加热充分溶于去离子水中,为了溶解充分,边加热边用玻璃棒搅拌。

③待上述溶液完全冷却后,将浓硫酸缓慢加入溶液中,否则,浓硫酸就会溅出,造成危险。

④清洁液降到常温后,即可用来浸泡玻璃器皿。

2.注意事项

①该清洁液具有高度腐蚀性,配制时注意保护身体裸露部分及面部,要戴耐酸手套、围以耐酸围裙,以防清洁液溅出而灼伤。

②配制过程中,要先将重铬酸钾加热完全溶解于水中,再缓慢加入浓硫酸。由于加入浓硫酸时将产生热量,因此配制的容器宜用陶瓷器皿,加入浓硫酸时要缓慢而不能过急,以免热量产生太多,导致容器破裂,发生危险。

③用此液浸泡器皿时,同样要注意防止烧伤。轻轻将器皿浸入,使之内部完全充满清洁液,不留气泡,一般最好浸泡过夜,至少为6 h 以上。

④新鲜清洁液呈棕红色,经多次使用、水分增多或遇有机溶剂时成为绿色,颜色变绿时表明已失效,应重新配制。

⑤实际工作中,弱液和次强液最为常用。

附录四 病原微生物实验室生物安全管理条例

中华人民共和国国务院令

第424号

《病原微生物实验室生物安全管理条例》已经2004年11月5日国务院第69次常务会议通过,现予公布,自公布之日起施行。

总理 温家宝

二○○四年十一月十二日

病原微生物实验室生物安全管理条例

第一章 总 则

第一条 为了加强病原微生物实验室(以下称实验室)生物安全管理,保护实验室工作人员和公众的健康,制定本条例。

第二条 对中华人民共和国境内的实验室及其从事实验活动的生物安全管理,适用本条例。

本条例所称病原微生物,是指能够使人或者动物致病的微生物。

本条例所称实验活动,是指实验室从事与病原微生物菌(毒)种、样本有关的研究、教学、检测、诊断等活动。

第三条 国务院卫生主管部门主管与人体健康有关的实验室及其实验活动的生物安全监督工作。

国务院兽医主管部门主管与动物有关的实验室及其实验活动的生物安全监督工作。

国务院其他有关部门在各自职责范围内负责实验室及其实验活动的生物安全管理工作。

县级以上地方人民政府及其有关部门在各自职责范围内负责实验室及其实验活动的生物安全管理工作。

第四条 国家对病原微生物实行分类管理,对实验室实行分级管理。

第五条 国家实行统一的实验室生物安全标准。实验室应当符合国家标准和要求。

第六条 实验室的设立单位及其主管部门负责实验室日常活动的管理,承担建立健全安全管理制度,检查、维护实验设施、设备,控制实验室感染的职责。

第二章 病原微生物的分类和管理

第七条 国家根据病原微生物的传染性、感染后对个体或者群体的危害程度,将病原微生物分为四类:

第一类病原微生物,是指能够引起人类或者动物非常严重疾病的微生物,以及我国尚未发现或者已经宣布消灭的微生物。

第二类病原微生物,是指能够引起人类或者动物严重疾病,比较容易直接或者间接在人与人、动物与人、动物与动物间传播的微生物。

第三类病原微生物,是指能够引起人类或者动物疾病,但一般情况下对人、动物或者环境不构成严重危害,传播风险有限,实验室感染后很少引起严重疾病,并且具备有效治疗和预防措施的微生物。

第四类病原微生物,是指在通常情况下不会引起人类或者动物疾病的微生物。

第一类、第二类病原微生物统称为高致病性病原微生物。

第八条　人间传染的病原微生物名录由国务院卫生主管部门商国务院有关部门后制定、调整并予以公布;动物间传染的病原微生物名录由国务院兽医主管部门商国务院有关部门后制定、调整并予以公布。

第九条　采集病原微生物样本应当具备下列条件:

(一)具有与采集病原微生物样本所需要的生物安全防护水平相适应的设备;

(二)具有掌握相关专业知识和操作技能的工作人员;

(三)具有有效地防止病原微生物扩散和感染的措施;

(四)具有保证病原微生物样本质量的技术方法和手段。

采集高致病性病原微生物样本的工作人员在采集过程中应当防止病原微生物扩散和感染,并对样本的来源、采集过程和方法等作详细记录。

第十条　运输高致病性病原微生物菌(毒)种或者样本,应当通过陆路运输;没有陆路通道,必须经水路运输的,可以通过水路运输;紧急情况下或者需要将高致病性病原微生物菌(毒)种或者样本运往国外的,可以通过民用航空运输。

第十一条　运输高致病性病原微生物菌(毒)种或者样本,应当具备下列条件:

(一)运输目的、高致病性病原微生物的用途和接收单位符合国务院卫生主管部门或者兽医主管部门的规定;

(二)高致病性病原微生物菌(毒)种或者样本的容器应当密封,容器或者包装材料还应当符合防水、防破损、防外泄、耐高(低)温、耐高压的要求;

(三)容器或者包装材料上应当印有国务院卫生主管部门或者兽医主管部门规定的生物危险标识、警告用语和提示用语。

运输高致病性病原微生物菌(毒)种或者样本,应当经省级以上人民政府卫生主管部门或者兽医主管部门批准。在省、自治区、直辖市行政区域内运输的,由省、自治区、直辖市人民政府卫生主管部门或者兽医主管部门批准;需要跨省、自治区、直辖市运输或者运往国外的,由出发地的省、自治区、直辖市人民政府卫生主管部门或者兽医主管部门进行初审后,分别报国务院卫生主管部门或者兽医主管部门批准。

出入境检验检疫机构在检验检疫过程中需要运输病原微生物样本的,由国务院出入境检验检疫部门批准,并同时向国务院卫生主管部门或者兽医主管部门通报。

通过民用航空运输高致病性病原微生物菌(毒)种或者样本的,除依照本条第二款、第三款规定取得批准外,还应当经国务院民用航空主管部门批准。

有关主管部门应当对申请人提交的关于运输高致性病原微生物菌(毒)种或者样本的申请材料进行审查,对符合本条第一款规定条件的,应当即时批准。

第十二条　运输高致病性病原微生物菌(毒)种或者样本,应当由不少于 2 人的专人护送,并采取相应的防护措施。

有关单位或者个人不得通过公共电(汽)车和城市铁路运输病原微生物菌(毒)种或者

样本。

第十三条 需要通过铁路、公路、民用航空等公共交通工具运输高致病性病原微生物菌(毒)种或者样本的,承运单位应当凭本条例第十一条规定的批准文件予以运输。

承运单位应当与护送人共同采取措施,确保所运输的高致病性病原微生物菌(毒)种或者样本的安全,严防发生被盗、被抢、丢失、泄漏事件。

第十四条 国务院卫生主管部门或者兽医主管部门指定的菌(毒)种保藏中心或者专业实验室(以下称保藏机构),承担集中储存病原微生物菌(毒)种和样本的任务。

保藏机构应当依照国务院卫生主管部门或者兽医主管部门的规定,储存实验室送交的病原微生物菌(毒)种和样本,并向实验室提供病原微生物菌(毒)种和样本。

保藏机构应当制定严格的安全保管制度,作好病原微生物菌(毒)种和样本进出和储存的记录,建立档案制度,并指定专人负责。对高致病性病原微生物菌(毒)种和样本应当设专库或者专柜单独储存。

保藏机构储存、提供病原微生物菌(毒)种和样本,不得收取任何费用,其经费由同级财政在单位预算中予以保障。

保藏机构的管理办法由国务院卫生主管部门会同国务院兽医主管部门制定。

第十五条 保藏机构应当凭实验室依照本条例的规定取得的从事高致病性病原微生物相关实验活动的批准文件,向实验室提供高致病性病原微生物菌(毒)种和样本,并予以登记。

第十六条 实验室在相关实验活动结束后,应当依照国务院卫生主管部门或者兽医主管部门的规定,及时将病原微生物菌(毒)种和样本就地销毁或者送交保藏机构保管。

保藏机构接受实验室送交的病原微生物菌(毒)种和样本,应当予以登记,并开具接收证明。

第十七条 高致病性病原微生物菌(毒)种或者样本在运输、储存中被盗、被抢、丢失、泄漏的,承运单位、护送人、保藏机构应当采取必要的控制措施,并在2小时内分别向承运单位的主管部门、护送人所在单位和保藏机构的主管部门报告,同时向所在地的县级人民政府卫生主管部门或者兽医主管部门报告,发生被盗、被抢、丢失的,还应当向公安机关报告;接到报告的卫生主管部门或者兽医主管部门应当在2小时内向本级人民政府报告,并同时向上级人民政府卫生主管部门或者兽医主管部门和国务院卫生主管部门或者兽医主管部门报告。

县级人民政府应当在接到报告后2小时内向设区的市级人民政府或者上一级人民政府报告;设区的市级人民政府应当在接到报告后2小时内向省、自治区、直辖市人民政府报告。省、自治区、直辖市人民政府应当在接到报告后1小时内,向国务院卫生主管部门或者兽医主管部门报告。

任何单位和个人发现高致病性病原微生物菌(毒)种或者样本的容器或者包装材料,应当及时向附近的卫生主管部门或者兽医主管部门报告;接到报告的卫生主管部门或者兽医主管部门应当及时组织调查核实,并依法采取必要的控制措施。

第三章 实验室的设立与管理

第十八条 国家根据实验室对病原微生物的生物安全防护水平,并依照实验室生物安全国家标准的规定,将实验室分为一级、二级、三级、四级。

第十九条　新建、改建、扩建三级、四级实验室或者生产、进口移动式三级、四级实验室应当遵守下列规定：

（一）符合国家生物安全实验室体系规划并依法履行有关审批手续；

（二）经国务院科技主管部门审查同意；

（三）符合国家生物安全实验室建筑技术规范；

（四）依照《中华人民共和国环境影响评价法》的规定进行环境影响评价并经环境保护主管部门审查批准；

（五）生物安全防护级别与其拟从事的实验活动相适应。

前款规定所称国家生物安全实验室体系规划，由国务院投资主管部门会同国务院有关部门制定。制定国家生物安全实验室体系规划应当遵循总量控制、合理布局、资源共享的原则，并应当召开听证会或者论证会，听取公共卫生、环境保护、投资管理和实验室管理等方面专家的意见。

第二十条　三级、四级实验室应当通过实验室国家认可。

国务院认证认可监督管理部门确定的认可机构应当依照实验室生物安全国家标准以及本条例的有关规定，对三级、四级实验室进行认可；实验室通过认可的，颁发相应级别的生物安全实验室证书。证书有效期为5年。

第二十一条　一级、二级实验室不得从事高致病性病原微生物实验活动。三级、四级实验室从事高致病性病原微生物实验活动，应当具备下列条件：

（一）实验目的和拟从事的实验活动符合国务院卫生主管部门或者兽医主管部门的规定；

（二）通过实验室国家认可；

（三）具有与拟从事的实验活动相适应的工作人员；

（四）工程质量经建筑主管部门依法检测验收合格。

国务院卫生主管部门或者兽医主管部门依照各自职责对三级、四级实验室是否符合上述条件进行审查；对符合条件的，发给从事高致病性病原微生物实验活动的资格证书。

第二十二条　取得从事高致病性病原微生物实验活动资格证书的实验室，需要从事某种高致病性病原微生物或者疑似高致病性病原微生物实验活动的，应当依照国务院卫生主管部门或者兽医主管部门的规定报省级以上人民政府卫生主管部门或者兽医主管部门批准。实验活动结果以及工作情况应当向原批准部门报告。

实验室申报或者接受与高致病性病原微生物有关的科研项目，应当符合科研需要和生物安全要求，具有相应的生物安全防护水平，并经国务院卫生主管部门或者兽医主管部门同意。

第二十三条　出入境检验检疫机构、医疗卫生机构、动物防疫机构在实验室开展检测、诊断工作时，发现高致病性病原微生物或者疑似高致病性病原微生物，需要进一步从事这类高致病性病原微生物相关实验活动的，应当依照本条例的规定经批准同意，并在取得相应资格证书的实验室中进行。

专门从事检测、诊断的实验室应当严格依照国务院卫生主管部门或者兽医主管部门的规定，建立健全规章制度，保证实验室生物安全。

第二十四条　省级以上人民政府卫生主管部门或者兽医主管部门应当自收到需要从

事高致病性病原微生物相关实验活动的申请之日起 15 日内作出是否批准的决定。

对出入境检验检疫机构为了检验检疫工作的紧急需要,申请在实验室对高致病性病原微生物或者疑似高致病性病原微生物开展进一步实验活动的,省级以上人民政府卫生主管部门或者兽医主管部门应当自收到申请之时起 2 小时内作出是否批准的决定;2 小时内未作出决定的,实验室可以从事相应的实验活动。

省级以上人民政府卫生主管部门或者兽医主管部门应当为申请人通过电报、电传、传真、电子数据交换和电子邮件等方式提出申请提供方便。

第二十五条 新建、改建或者扩建一级、二级实验室,应当向设区的市级人民政府卫生主管部门或者兽医主管部门备案。设区的市级人民政府卫生主管部门或者兽医主管部门应当每年将备案情况汇总后报省、自治区、直辖市人民政府卫生主管部门或者兽医主管部门。

第二十六条 国务院卫生主管部门和兽医主管部门应当定期汇总并互相通报实验室数量和实验室设立、分布情况,以及取得从事高致病性病原微生物实验活动资格证书的三级、四级实验室及其从事相关实验活动的情况。

第二十七条 已经建成并通过实验室国家认可的三级、四级实验室应当向所在地的县级人民政府环境保护主管部门备案。环境保护主管部门依照法律、行政法规的规定对实验室排放的废水、废气和其他废物处置情况进行监督检查。

第二十八条 对我国尚未发现或者已经宣布消灭的病原微生物,任何单位和个人未经批准不得从事相关实验活动。

为了预防、控制传染病,需要从事前款所指病原微生物相关实验活动的,应当经国务院卫生主管部门或者兽医主管部门批准,并在批准部门指定的专业实验室中进行。

第二十九条 实验室使用新技术、新方法从事高致病性病原微生物相关实验活动的,应当符合防止高致病性病原微生物扩散、保证生物安全和操作者人身安全的要求,并经国家病原微生物实验室生物安全专家委员会论证;经论证可行的,方可使用。

第三十条 需要在动物体上从事高致病性病原微生物相关实验活动的,应当在符合动物实验室生物安全国家标准的三级以上实验室进行。

第三十一条 实验室的设立单位负责实验室的生物安全管理。

实验室的设立单位应当依照本条例的规定制定科学、严格的管理制度,并定期对有关生物安全规定的落实情况进行检查,定期对实验室设施、设备、材料等进行检查、维护和更新,以确保其符合国家标准。

实验室的设立单位及其主管部门应当加强对实验室日常活动的管理。

第三十二条 实验室负责人为实验室生物安全的第一责任人。

实验室从事实验活动应当严格遵守有关国家标准和实验室技术规范、操作规程。实验室负责人应当指定专人监督检查实验室技术规范和操作规程的落实情况。

第三十三条 从事高致病性病原微生物相关实验活动的实验室的设立单位,应当建立健全安全保卫制度,采取安全保卫措施,严防高致病性病原微生物被盗、被抢、丢失、泄漏,保障实验室及其病原微生物的安全。实验室发生高致病性病原微生物被盗、被抢、丢失、泄漏的,实验室的设立单位应当依照本条例第十七条的规定进行报告。

从事高致病性病原微生物相关实验活动的实验室应当向当地公安机关备案,并接受公安机关有关实验室安全保卫工作的监督指导。

第三十四条　实验室或者实验室的设立单位应当每年定期对工作人员进行培训,保证其掌握实验室技术规范、操作规程、生物安全防护知识和实际操作技能,并进行考核。工作人员经考核合格的,方可上岗。

从事高致病性病原微生物相关实验活动的实验室,应当每半年将培训、考核其工作人员的情况和实验室运行情况向省、自治区、直辖市人民政府卫生主管部门或者兽医主管部门报告。

第三十五条　从事高致病性病原微生物相关实验活动应当有 2 名以上的工作人员共同进行。

进入从事高致病性病原微生物相关实验活动的实验室的工作人员或者其他有关人员,应当经实验室负责人批准。实验室应当为其提供符合防护要求的防护用品并采取其他职业防护措施。从事高致病性病原微生物相关实验活动的实验室,还应当对实验室工作人员进行健康监测,每年组织对其进行体检,并建立健康档案;必要时,应当对实验室工作人员进行预防接种。

第三十六条　在同一个实验室的同一个独立安全区域内,只能同时从事一种高致病性病原微生物的相关实验活动。

第三十七条　实验室应当建立实验档案,记录实验室使用情况和安全监督情况。实验室从事高致病性病原微生物相关实验活动的实验档案保存期,不得少于 20 年。

第三十八条　实验室应当依照环境保护的有关法律、行政法规和国务院有关部门的规定,对废水、废气以及其他废物进行处置,并制定相应的环境保护措施,防止环境污染。

第三十九条　三级、四级实验室应当在明显位置标示国务院卫生主管部门和兽医主管部门规定的生物危险标识和生物安全实验室级别标志。

第四十条　从事高致病性病原微生物相关实验活动的实验室应当制定实验室感染应急处置预案,并向该实验室所在地的省、自治区、直辖市人民政府卫生主管部门或者兽医主管部门备案。

第四十一条　国务院卫生主管部门和兽医主管部门会同国务院有关部门组织病原学、免疫学、检验医学、流行病学、预防兽医学、环境保护和实验室管理等方面的专家,组成国家病原微生物实验室生物安全专家委员会。该委员会承担从事高致病性病原微生物相关实验活动的实验室的设立与运行的生物安全评估和技术咨询、论证工作。

省、自治区、直辖市人民政府卫生主管部门和兽医主管部门会同同级人民政府有关部门组织病原学、免疫学、检验医学、流行病学、预防兽医学、环境保护和实验室管理等方面的专家,组成本地区病原微生物实验室生物安全专家委员会。该委员会承担本地区实验室设立和运行的技术咨询工作。

第四章　实验室感染控制

第四十二条　实验室的设立单位应当指定专门的机构或者人员承担实验室感染控制工作,定期检查实验室的生物安全防护、病原微生物菌(毒)种和样本保存与使用、安全操作、实验室排放的废水和废气以及其他废物处置等规章制度的实施情况。

负责实验室感染控制工作的机构或者人员应当具有与该实验室中的病原微生物有关的传染病防治知识,并定期调查、了解实验室工作人员的健康状况。

第四十三条　实验室工作人员出现与本实验室从事的高致病性病原微生物相关实验活动有关的感染临床症状或者体征时,实验室负责人应当向负责实验室感染控制工作的机构或者人员报告,同时派专人陪同及时就诊;实验室工作人员应当将近期所接触的病原微生物的种类和危险程度如实告知诊治医疗机构。接诊的医疗机构应当及时救治;不具备相应救治条件的,应当依照规定将感染的实验室工作人员转诊至具备相应传染病救治条件的医疗机构;具备相应传染病救治条件的医疗机构应当接诊治疗,不得拒绝救治。

第四十四条　实验室发生高致病性病原微生物泄漏时,实验室工作人员应当立即采取控制措施,防止高致病性病原微生物扩散,并同时向负责实验室感染控制工作的机构或者人员报告。

第四十五条　负责实验室感染控制工作的机构或者人员接到本条例第四十三条、第四十四条规定的报告后,应当立即启动实验室感染应急处置预案,并组织人员对该实验室生物安全状况等情况进行调查;确认发生实验室感染或者高致病性病原微生物泄漏的,应当依照本条例第十七条的规定进行报告,并同时采取控制措施,对有关人员进行医学观察或者隔离治疗,封闭实验室,防止扩散。

第四十六条　卫生主管部门或者兽医主管部门接到关于实验室发生工作人员感染事故或者病原微生物泄漏事件的报告,或者发现实验室从事病原微生物相关实验活动造成实验室感染事故的,应当立即组织疾病预防控制机构、动物防疫监督机构和医疗机构以及其他有关机构依法采取下列预防、控制措施:

(一)封闭被病原微生物污染的实验室或者可能造成病原微生物扩散的场所;

(二)开展流行病学调查;

(三)对病人进行隔离治疗,对相关人员进行医学检查;

(四)对密切接触者进行医学观察;

(五)进行现场消毒;

(六)对染疫或者疑似染疫的动物采取隔离、扑杀等措施;

(七)其他需要采取的预防、控制措施。

第四十七条　医疗机构或者兽医医疗机构及其执行职务的医务人员发现由于实验室感染而引起的与高致病性病原微生物相关的传染病病人、疑似传染病病人或者患有疫病、疑似患有疫病的动物,诊治的医疗机构或者兽医医疗机构应当在2小时内报告所在地的县级人民政府卫生主管部门或者兽医主管部门;接到报告的卫生主管部门或者兽医主管部门应当在2小时内通报实验室所在地的县级人民政府卫生主管部门或者兽医主管部门。接到通报的卫生主管部门或者兽医主管部门应当依照本条例第四十六条的规定采取预防、控制措施。

第四十八条　发生病原微生物扩散,有可能造成传染病暴发、流行时,县级以上人民政府卫生主管部门或者兽医主管部门应当依照有关法律、行政法规的规定以及实验室感染应急处置预案进行处理。

第五章　监督管理

第四十九条　县级以上地方人民政府卫生主管部门、兽医主管部门依照各自分工,履行下列职责:

(一)对病原微生物菌(毒)种、样本的采集、运输、储存进行监督检查;

（二）对从事高致病性病原微生物相关实验活动的实验室是否符合本条例规定的条件进行监督检查；

（三）对实验室或者实验室的设立单位培训、考核其工作人员以及上岗人员的情况进行监督检查；

（四）对实验室是否按照有关国家标准、技术规范和操作规程从事病原微生物相关实验活动进行监督检查。

县级以上地方人民政府卫生主管部门、兽医主管部门，应当主要通过检查反映实验室执行国家有关法律、行政法规以及国家标准和要求的记录、档案、报告，切实履行监督管理职责。

第五十条　县级以上人民政府卫生主管部门、兽医主管部门、环境保护主管部门在履行监督检查职责时，有权进入被检查单位和病原微生物泄漏或者扩散现场调查取证、采集样品，查阅复制有关资料。需要进入从事高致病性病原微生物相关实验活动的实验室调查取证、采集样品的，应当指定或者委托专业机构实施。被检查单位应当予以配合，不得拒绝、阻挠。

第五十一条　国务院认证认可监督管理部门依照《中华人民共和国认证认可条例》的规定对实验室认可活动进行监督检查。

第五十二条　卫生主管部门、兽医主管部门、环境保护主管部门应当依据法定的职权和程序履行职责，做到公正、公平、公开、文明、高效。

第五十三条　卫生主管部门、兽医主管部门、环境保护主管部门的执法人员执行职务时，应当有2名以上执法人员参加，出示执法证件，并依照规定填写执法文书。

现场检查笔录、采样记录等文书经核对无误后，应当由执法人员和被检查人、被采样人签名。被检查人、被采样人拒绝签名的，执法人员应当在自己签名后注明情况。

第五十四条　卫生主管部门、兽医主管部门、环境保护主管部门及其执法人员执行职务，应当自觉接受社会和公民的监督。公民、法人和其他组织有权向上级人民政府及其卫生主管部门、兽医主管部门、环境保护主管部门举报地方人民政府及其有关主管部门不依照规定履行职责的情况。接到举报的有关人民政府或者其卫生主管部门、兽医主管部门、环境保护主管部门，应当及时调查处理。

第五十五条　上级人民政府卫生主管部门、兽医主管部门、环境保护主管部门发现属于下级人民政府卫生主管部门、兽医主管部门、环境保护主管部门职责范围内需要处理的事项的，应当及时告知该部门处理；下级人民政府卫生主管部门、兽医主管部门、环境保护主管部门不及时处理或者不积极履行本部门职责的，上级人民政府卫生主管部门、兽医主管部门、环境保护主管部门应当责令其限期改正；逾期不改正的，上级人民政府卫生主管部门、兽医主管部门、环境保护主管部门有权直接予以处理。

第六章　法律责任

第五十六条　三级、四级实验室未依照本条例的规定取得从事高致病性病原微生物实验活动的资格证书，或者已经取得相关资格证书但是未经批准从事某种高致病性病原微生物或者疑似高致病性病原微生物实验活动的，由县级以上地方人民政府卫生主管部门、兽医主管部门依照各自职责，责令停止有关活动，监督其将用于实验活动的病原微生物销毁或者送交保藏机构，并给予警告；造成传染病传播、流行或者其他严重后果的，由实验室的

设立单位对主要负责人、直接负责的主管人员和其他直接责任人员,依法给予撤职、开除的处分;有资格证书的,应当吊销其资格证书;构成犯罪的,依法追究刑事责任。

第五十七条 卫生主管部门或者兽医主管部门违反本条例的规定,准予不符合本条例规定条件的实验室从事高致病性病原微生物相关实验活动的,由作出批准决定的卫生主管部门或者兽医主管部门撤销原批准决定,责令有关实验室立即停止有关活动,并监督其将用于实验活动的病原微生物销毁或者送交保藏机构,对直接负责的主管人员和其他直接责任人员依法给予行政处分;构成犯罪的,依法追究刑事责任。

因违法作出批准决定给当事人的合法权益造成损害的,作出批准决定的卫生主管部门或者兽医主管部门应当依法承担赔偿责任。

第五十八条 卫生主管部门或者兽医主管部门对符合法定条件的实验室不颁发从事高致病性病原微生物实验活动的资格证书,或者对出入境检验检疫机构为了检验检疫工作的紧急需要,申请在实验室对高致病性病原微生物或者疑似高致病性病原微生物开展进一步检测活动,不在法定期限内作出是否批准决定的,由其上级行政机关或者监察机关责令改正,给予警告;造成传染病传播、流行或者其他严重后果的,对直接负责的主管人员和其他直接责任人员依法给予撤职、开除的行政处分;构成犯罪的,依法追究刑事责任。

第五十九条 违反本条例规定,在不符合相应生物安全要求的实验室从事病原微生物相关实验活动的,由县级以上地方人民政府卫生主管部门、兽医主管部门依照各自职责,责令停止有关活动,监督其将用于实验活动的病原微生物销毁或者送交保藏机构,并给予警告;造成传染病传播、流行或者其他严重后果的,由实验室的设立单位对主要负责人、直接负责的主管人员和其他直接责任人员,依法给予撤职、开除的处分;构成犯罪的,依法追究刑事责任。

第六十条 实验室有下列行为之一的,由县级以上地方人民政府卫生主管部门、兽医主管部门依照各自职责,责令限期改正,给予警告;逾期不改正的,由实验室的设立单位对主要负责人、直接负责的主管人员和其他直接责任人员,依法给予撤职、开除的处分;有许可证件的,并由原发证部门吊销有关许可证件:

(一)未依照规定在明显位置标示国务院卫生主管部门和兽医主管部门规定的生物危险标识和生物安全实验室级别标志的;

(二)未向原批准部门报告实验活动结果以及工作情况的;

(三)未依照规定采集病原微生物样本,或者对所采集样本的来源、采集过程和方法等未作详细记录的;

(四)新建、改建或者扩建一级、二级实验室未向设区的市级人民政府卫生主管部门或者兽医主管部门备案的;

(五)未依照规定定期对工作人员进行培训,或者工作人员考核不合格允许其上岗,或者批准未采取防护措施的人员进入实验室的;

(六)实验室工作人员未遵守实验室生物安全技术规范和操作规程的;

(七)未依照规定建立或者保存实验档案的;

(八)未依照规定制定实验室感染应急处置预案并备案的。

第六十一条 经依法批准从事高致病性病原微生物相关实验活动的实验室的设立单位未建立健全安全保卫制度,或者未采取安全保卫措施的,由县级以上地方人民政府卫生主管部门、兽医主管部门依照各自职责,责令限期改正;逾期不改正,导致高致病性病原微生物菌(毒)种、样本被盗、被抢或者造成其他严重后果的,由原发证部门吊销该实验室从事高致病性病原微生物相关实验活动的资格证书;造成传染病传播、流行的,该实验室设立单位的主管部门还应当对该实验室的设立单位的直接负责的主管人员和其他直接责任人员,依法给予降级、撤职、开除的处分;构成犯罪的,依法追究刑事责任。

第六十二条 未经批准运输高致病性病原微生物菌(毒)种或者样本,或者承运单位经批准运输高致病性病原微生物菌(毒)种或者样本未履行保护义务,导致高致病性病原微生物菌(毒)种或者样本被盗、被抢、丢失、泄漏的,由县级以上地方人民政府卫生主管部门、兽医主管部门依照各自职责,责令采取措施,消除隐患,给予警告;造成传染病传播、流行或者其他严重后果的,由托运单位和承运单位的主管部门对主要负责人、直接负责的主管人员和其他直接责任人员,依法给予撤职、开除的处分;构成犯罪的,依法追究刑事责任。

第六十三条 有下列行为之一的,由实验室所在地的设区的市级以上地方人民政府卫生主管部门、兽医主管部门依照各自职责,责令有关单位立即停止违法活动,监督其将病原微生物销毁或者送交保藏机构;造成传染病传播、流行或者其他严重后果的,由其所在单位或者其上级主管部门对主要负责人、直接负责的主管人员和其他直接责任人员,依法给予撤职、开除的处分;有许可证件的,并由原发证部门吊销有关许可证件;构成犯罪的,依法追究刑事责任:

(一)实验室在相关实验活动结束后,未依照规定及时将病原微生物菌(毒)种和样本就地销毁或者送交保藏机构保管的;

(二)实验室使用新技术、新方法从事高致病性病原微生物相关实验活动未经国家病原微生物实验室生物安全专家委员会论证的;

(三)未经批准擅自从事在我国尚未发现或者已经宣布消灭的病原微生物相关实验活动的;

(四)在未经指定的专业实验室从事在我国尚未发现或者已经宣布消灭的病原微生物相关实验活动的;

(五)在同一个实验室的同一个独立安全区域内同时从事两种或者两种以上高致病性病原微生物的相关实验活动的。

第六十四条 认可机构对不符合实验室生物安全国家标准以及本条例规定条件的实验室予以认可,或者对符合实验室生物安全国家标准以及本条例规定条件的实验室不予认可的,由国务院认证认可监督管理部门责令限期改正,给予警告;造成传染病传播、流行或者其他严重后果的,由国务院认证认可监督管理部门撤销其认可资格,有上级主管部门的,由其上级主管部门对主要负责人、直接负责的主管人员和其他直接责任人员依法给予撤职、开除的处分;构成犯罪的,依法追究刑事责任。

第六十五条 实验室工作人员出现该实验室从事的病原微生物相关实验活动有关的感染临床症状或者体征,以及实验室发生高致病性病原微生物泄漏时,实验室负责人、实验室工作人员、负责实验室感染控制的专门机构或者人员未依照规定报告,或者未依照规定采取控制措施的,由县级以上地方人民政府卫生主管部门、兽医主管部门依照各自职责,责令限期改正,给予警告;造成传染病传播、流行或者其他严重后果的,由其设立单位对实验室主要负责人、直接负责的主管人员和其他直接责任人员,依法给予撤职、开除的处分;有

许可证件的,并由原发证部门吊销有关许可证件;构成犯罪的,依法追究刑事责任。

第六十六条 拒绝接受卫生主管部门、兽医主管部门依法开展有关高致病性病原微生物扩散的调查取证、采集样品等活动或者依照本条例规定采取有关预防、控制措施的,由县级以上人民政府卫生主管部门、兽医主管部门依照各自职责,责令改正,给予警告;造成传染病传播、流行以及其他严重后果的,由实验室的设立单位对实验室主要负责人、直接负责的主管人员和其他直接责任人员,依法给予降级、撤职、开除的处分;有许可证件的,并由原发证部门吊销有关许可证件;构成犯罪的,依法追究刑事责任。

第六十七条 发生病原微生物被盗、被抢、丢失、泄漏,承运单位、护送人、保藏机构和实验室的设立单位未依照本条例的规定报告的,由所在地的县级人民政府卫生主管部门或者兽医主管部门给予警告;造成传染病传播、流行或者其他严重后果的,由实验室的设立单位或者承运单位、保藏机构的上级主管部门对主要负责人、直接负责的主管人员和其他直接责任人员,依法给予撤职、开除的处分;构成犯罪的,依法追究刑事责任。

第六十八条 保藏机构未依照规定储存实验室送交的菌(毒)种和样本,或者未依照规定提供菌(毒)种和样本的,由其指定部门责令限期改正,收回违法提供的菌(毒)种和样本,并给予警告;造成传染病传播、流行或者其他严重后果的,由其所在单位或者其上级主管部门对主要负责人、直接负责的主管人员和其他直接责任人员,依法给予撤职、开除的处分;构成犯罪的,依法追究刑事责任。

第六十九条 县级以上人民政府有关主管部门,未依照本条例的规定履行实验室及其实验活动监督检查职责的,由有关人民政府在各自职责范围内责令改正,通报批评;造成传染病传播、流行或者其他严重后果的,对直接负责的主管人员,依法给予行政处分;构成犯罪的,依法追究刑事责任。

第七章 附 则

第七十条 军队实验室由中国人民解放军卫生主管部门参照本条例负责监督管理。

第七十一条 本条例施行前设立的实验室,应当自本条例施行之日起6个月内,依照本条例的规定,办理有关手续。

第七十二条 本条例自公布之日起施行。

附录五 兽药生产质量管理规范

中华人民共和国农业部令

第 11 号

《兽药生产质量管理规范》于二〇〇二年三月十九日业经农业部常务会议审议通过，现予发布，自二〇〇二年六月十九日起施行。

部长 杜青林

二〇〇二年三月十九日

兽药生产质量管理规范

第一章 总则

第一条 根据《兽药管理条例》规定，制定本规范。

第二条 本规范是兽药生产和质量管理的基本准则，适用于兽药制剂生产的全过程、原料药生产中影响成品质量的关键工序。

第二章 机构与人员

第三条 兽药生产企业应建立生产和质量管理机构，各类机构和人员职责应明确，并配备一定数量的与兽药生产相适应的具有专业知识和生产经验的管理人员和技术人员。

第四条 兽药生产企业主管兽药生产管理的负责人和质量管理的负责人，应具有制药或相关专业大专以上学历，有兽药生产和质量管理工作经验。

第五条 兽药生产管理部门的负责人和质量管理部门的负责人应具有兽医、制药及相关专业大专以上学历，有兽药生产和质量管理的实践经验，有能力对兽药生产和质量管理中的实际问题作出正确的判断和处理。

兽药生产管理部门负责人和质量管理部门负责人均应由专职人员担任，并不得互相兼任。

第六条 直接从事兽药生产操作和质量检验的人员应具有高中以上文化程度，具有基础理论知识和实际操作技能。从事生产辅助性工作的人员应具有初中以上文化程度。

第七条 兽药生产企业应制订人员培训计划，按本规范要求对从事兽药生产的各类人员进行培训，经考核合格后方可上岗。

对从事高生物活性、高毒性、强污染性、高致敏性及与人畜共患病有关或有特殊要求的兽药生产操作人员和质量检验人员，应经相应专业的技术培训。

第八条 质量检验人员应经省级兽药监察所培训，经考核合格后持证上岗。质量检验负责人的任命和变更应报省级兽药监察所备案。

第三章 厂房与设施

第九条 兽药生产企业必须有整洁的生产环境，其空气、场地、水质应符合生产要求。厂区周围不应有影响兽药产品质量的污染源；厂区的地面、路面及运输等不应对兽药生产造成污染；生产、仓储、行政、生活和辅助区的总体布局应合理，不得互相妨碍。

第十条　厂房应按生产工艺流程及所要求的空气洁净度级别进行合理布局,同一厂房内以及相邻厂房之间的生产操作不得相互妨碍。厂房设计、建设及布局应符合以下要求:

1. 生产区域的布局要顺应工艺流程,减少生产流程的迂回、往返;

2. 洁净度级别高的房间宜设在靠近人员最少到达、干扰少的位置。洁净度级别相同的房间要相对集中。洁净室(区)内不同房间之间相互联系应符合品种和工艺的需要,必要时要有防止交叉污染的措施;

3. 洁净室(区)与非洁净室(区)之间应设缓冲室、气闸室或空气吹淋等防止污染的设施;

4. 洁净厂房中人员及物料的出入门应分别设置,物料传递路线应尽量缩短;

5. 物料和成品的出入口应分开;

6. 人员和物料进入洁净厂房要有各自的净化用室和设施,净化用室的设置和要求应与生产区的洁净度级别相适应;

7. 操作区内仅允许放置与操作有关的物料,设置必要的工艺设备,用于生产、贮存的区域不得用作非区域内工作人员的通道;

8. 电梯不宜设在洁净区内,确需设置时,电梯前应设缓冲室。

第十一条　厂房及仓储区应有防止昆虫、鼠类及其它动物进入的设施。

第十二条　厂房应便于进行清洁工作。非洁净室(区)厂房的地面、墙壁、天棚等内表面应平整、清洁、无污迹,易清洁。洁净室(区)内表面应平整光滑、耐冲击、无裂缝、接口严密、无颗粒物脱落,并能耐受清洗和消毒,墙壁与地面的交界处宜成弧形或采取其他措施,地面应平整光滑、无缝隙、耐磨、耐腐蚀、耐冲击,易除尘清洁。

第十三条　根据需要,厂房内应划分生产区和仓储区,具有与生产规模相适应的面积和空间,便于生产操作和安置设备,存放物料、中间产品、待验品和成品,并应最大限度地减少差错和交叉污染。

第十四条　根据兽药生产工艺要求,洁净室(区)内设置的称量室和备料室,其空气洁净度级别应与生产条件的要求一致,并有捕尘和防止交叉污染的设施。

第十五条　物料进入洁净室(区)前必须进行清洁处理,物料入口处须设置清除物料外包装的房间。无菌生产所需的物料,应经无菌处理后再从传递窗或缓冲室中传递。

第十六条　洁净室(区)内各种管道、灯具、风口以及其它公用设施,在设计和安装时应考虑使用中避免出现不易清洁的部位。

第十七条　洁净室(区)内应根据生产要求提供足够的照明。主要工作室的最低照度不得低于 150 勒克斯,对照度有特殊要求的生产部位可设置局部照明。厂房应有应急照明设施。厂房内其它区域的最低照度不得低于 100 勒克斯。

第十八条　进入洁净室(区)的空气必须净化,并根据生产工艺要求划分空气洁净级别。洁净室(区)内空气的微生物数和尘粒数应定期监测,监测结果应记录存档。

第十九条　洁净室(区)的窗户、天棚及进入室内的管道、风口、灯具与墙壁或天棚的连接部位均应密封。空气洁净度级别不同的相邻洁净室(区)之间的静压差应大于 5 帕。洁净室(区)与非洁净室(区)之间的静压差应大于 10 帕。洁净室(区)与室外大气(含与室外直接相通的区域)的静压差应大于 12 帕,并应有指示压差的装置或设置监控报警系统。对生物制品的洁净室车间,上述规定的静压差数值绝对值应按工艺要求确定。

第二十条　洁净室(区)的温度和相对湿度应与兽药生产工艺要求相适应。无特殊要求时,温度应控制在 18 ~ 26 ℃,相对湿度控制在 30% ~ 65% 。

第二十一条　洁净室(区)内安装的水池、地漏不得对兽药产生污染。

第二十二条　不同空气洁净度级别的洁净室(区)之间的人员及物料出入,应有防止交叉污染的措施。

第二十三条　生产青霉素类、β-内酰胺结构类等高致敏性兽药应使用相对独立的厂房、设施及独立的空气净化系统,分装室应保持相对负压,排至室外的废气应经净化处理并符合要求,排风口应远离其它空气净化系统的进风口。如需利用停产的该类车间分装其它产品时,则必须进行清洁处理,不得有残留并经测试合格后才能生产其它产品。

第二十四条　生物制品应按微生物类别、性质的不同分开生产。强毒菌种与弱毒菌种、生产用菌毒种与非生产用菌毒种、生产用细胞与非生产用细胞、活疫苗与灭活疫苗、灭活前与灭活后、脱毒前与脱毒后其生产操作区域和贮存设备应严格分开。

第二十五条　中药制剂的生产操作区应与中药材的前处理、提取、浓缩以及动物脏器、组织的洗涤或处理等生产操作区分开。中药材前处理操作工序应有良好的通风、排烟、除尘设施。

第二十六条　工艺用水的水处理及其配套设施的设计、安装和维护应能确保达到设定的质量标准和需要,并制订工艺用水的制造规程、贮存方法、质量标准、检验操作规程及设施的清洗规程等。

第二十七条　与兽药直接接触的干燥用空气、压缩空气和惰性气体应经净化处理,其洁净程度应与洁净室(区)内的洁净级别相同。

第二十八条　仓储区建筑应符合防潮、防火的要求,仓储面积应适用于物料及产品的分类、有序存放。待检、合格、不合格物料及产品应分库保存或严格分开码垛贮存,并有易于识别的明显标记。

对温度、湿度有特殊要求的物料或产品应置于能保证其稳定性的仓储条件下储存。

易燃易爆的危险品、废品应分别在特殊的或隔离的仓库内保存。毒性药品、麻醉药品、精神药品应按规定保存。

仓储区应有符合规定的消防间距和交通通道。

第二十九条　仓储区应保持清洁和干燥,照明、通风等设施及温度、湿度的控制应符合储存要求并定期监测。

仓储区可设原料取样或称量室,其环境的空气洁净度级别应与生产要求一致。如不在取样室取样,取样时应有防止污染和交叉污染的措施。

第三十条　质量管理部门应根据需要设置检验、中药标本、留样观察以及其它各类实验室,能根据需要对实验室洁净度、温湿度进行控制并与兽药生产区分开。生物检定、微生物限度检定和生物制品检验用强、弱毒操作间要分室进行。

第三十一条　对环境有特殊要求的仪器设备,应放置在专门的仪器室内,并有防止外界因素影响的设施。

第三十二条　实验动物房应与其他区域严格分开,其设计建造应符合国家有关规定。生产兽用生物制品必须设置生产和检验用动物房。生产其他需进行动物实验的兽药产品,兽药生产企业可采取设置实验动物房或委托其它单位进行有关动物实验的方式,被委托实

验单位的实验动物房必须具备相应的条件和资质,并应符合规定要求。

第四章 设 备

第三十三条 兽药生产企业必须具备与所生产产品相适应的生产和检验设备,其性能和主要技术参数应能保证生产和产品质量控制的需要。

第三十四条 设备的设计、选型、安装应符合生产要求,易于清洗、消毒或灭菌,便于生产操作和维修、保养,并能防止差错和减少污染。

生产设备的安装需跨越两个洁净度级别不同的区域时,应采取密封的隔断装置。

第三十五条 与兽药直接接触的设备表面应光洁、平整、易清洗或消毒、耐腐蚀,不与兽药发生化学变化或吸附兽药。设备所用的润滑剂、冷却剂等不得对兽药或容器造成污染。

第三十六条 与设备连接的主要固定管道应标明管内物料名称、流向。

第三十七条 纯化水、注射用水的制备、储存和分配系统应能防止微生物的滋生和污染。储罐和输送管道所用材料应无毒、耐腐蚀。管道的设计和安装应避免死角、盲管。储罐和管道应规定清洗、灭菌周期。注射用水储罐的通气口应安装不脱落纤维的疏水性除菌滤器。注射用水的储存可采用80 ℃以上保温、65 ℃以上保温循环或4 ℃以下存放。

第三十八条 用于生产和检验的仪器、仪表、量器、衡器等的适用范围和精密度应符合生产和检验的要求,有明显的合格标志,并定期经法定计量部门校验。

第三十九条 生产设备应有明显的状态标志,并定期维修、保养和验证。设备安装、维修、保养的操作不得影响产品的质量。不合格的设备应搬出生产区,未搬出前应有明显标志。

第四十条 生产、检验设备及器具均应制定使用、维修、清洁、保养规程,定期检查、清洁、保养与维修,并由专人进行管理和记录。

第四十一条 主要生产和检验设备、仪器、衡器均应建立设备档案,内容包括:生产厂家、型号、规格、技术参数、说明书、设备图纸、备件清单、安装位置及施工图,以及检修和维修保养内容及记录、验证记录、事故记录等。

第五章 物 料

第四十二条 兽药生产所用物料的购入、贮存、发放、使用等应制定管理制度。

第四十三条 兽药生产所需的物料,应符合兽药标准、药品标准、包装材料标准、兽用生物制品规程或其它有关标准,不得对兽药的质量产生不良影响。进口兽药应有口岸兽药监察所的检验报告。

第四十四条 兽药生产所用的中药材应符合质量标准,其产地应保持相对稳定。中药材外包装上应标明品名、产地、来源、加工日期,并附质量合格证。

第四十五条 兽药生产所用物料应从合法或符合规定条件的单位购进,并按规定入库。

第四十六条 待验、合格、不合格物料应严格管理,有易于识别的明显标志和防止混淆的措施,并建立物料流转账卡。不合格的物料应专区存放,并按有关规定及时处理。

第四十七条 对温度、湿度或其它条件有特殊要求的物料、中间产品和成品,应按规定条件贮存。固体、液体原料应分开贮存;挥发性物料应注意避免污染其它物料;炮制、整理加工后的净药材应使用洁净容器或包装,并与未加工、炮制的药材严格分开;贵细药材、毒性药材等应在专柜内贮存。

第四十八条　兽用麻醉药品、精神药品、毒性药品(包括药材)及易燃易爆和其它危险品的验收、贮存、保管、使用、销毁应严格执行国家有关的规定。菌毒种的验收、贮存、保管、使用、销毁应执行国家有关兽医微生物菌种保管的规定。

第四十九条　物料应按规定的使用期限贮存,未规定使用期限的,其贮存一般不超过三年,期满后应复验。贮存期内如有特殊情况应及时复验。

第五十条　兽药的标签、使用说明书应与畜牧兽医行政管理部门批准的内容、式样、文字相一致。标签内容包括:兽用标记、兽药名称(通用名、商品名)、有效成分及其含量、规格、作用用途、用法用量、批准文号、生产批号、有效期、停药期、生产厂名及地址等。

产品说明书内容应包括兽用标记、兽药名称、主要成分、性状、药理作用、作用用途、用法用量、不良反应、注意事项、停药期、有效期、贮存、生产批号、生产厂名等。

必要时标签与产品说明书内容可同时印制在产品标签、包装盒、袋上。

标签、使用说明书应经企业质量管理部门校对无误后印刷、发放、使用。

第五十一条　兽药的标签、使用说明书应由专人保管、领用,并符合以下要求:

1. 标签、使用说明书均应按品种、规格有专柜或专库存放,由专人验收、保管、发放、领用,并凭批包装指令发放,按实际需要量领取;

2. 标签要计数发放,领用人核对、签名,使用数、残损数及剩余数之和应与领用数相符,印有批号的残损或剩余标签及包装材料应由专人负责计数销毁;

3. 标签发放、使用、销毁应有记录。

第六章　卫　生

第五十二条　兽药生产企业应有防止污染的卫生措施,制定环境、工艺、厂房、人员等各项卫生管理制度,并由专人负责。

第五十三条　兽药生产车间、工序、岗位均应按生产和空气洁净度级别的要求制定厂房、设备、管道、容器等清洁操作规程,内容应包括:清洁方法、程序、间隔时间,使用的清洁剂或消毒剂,清洁工具的清洁方法和存放地点等。

第五十四条　生产区内不得吸烟及存放非生产物品和个人杂物,生产中的废弃物应及时处理。

第五十五条　更衣室、浴室及厕所的设置及卫生环境不得对洁净室(区)产生不良影响。

第五十六条　工作服的选材、式样及穿戴方式应与生产操作和空气洁净度级别要求相适应,不同级别洁净室(区)的工作服应有明显标识,并不得混用。

洁净工作服的质地应光滑、不产生静电、不脱落纤维和颗粒性物质。无菌工作服必须包盖全部头发、胡须及脚部,并能最大限度地阻留人体脱落物。

不同空气洁净度级别使用的工作服应分别清洗、整理,必要时消毒或灭菌。工作服洗涤、灭菌时不应带入附加的颗粒物质。工作服应制定清洗制度,确定清洗周期。进行病原微生物培养或操作区域内使用的工作服应消毒后清洗。

第五十七条　洁净室(区)内人员数量应严格控制,仅限于该区域生产操作人员和经批准的人员进入。

第五十八条 进入洁净室（区）的人员不得化妆和佩戴饰物,不得裸手直接接触兽药。

第五十九条 洁净室（区）内应使用无脱落物、易清洗、易消毒的卫生工具,卫生工具应存放于对产品不造成污染的指定地点,并应限定使用区域。洁净室（区）应定期消毒,使用的消毒剂不得对设备、物料和成品产生污染。消毒剂品种应定期更换,防止产生耐药菌株。

第六十条 生产人员应建立健康档案。直接接触兽药的生产人员每年至少体检一次。传染病、皮肤病患者和体表有伤口者不得从事直接接触兽药的生产。

第七章 验 证

第六十一条 兽药生产验证应包括厂房、设施及设备安装确认、运行确认、性能确认、模拟生产验证和产品验证及仪器仪表的校验。

第六十二条 产品的生产工艺及关键设施、设备应按验证方案进行验证。当影响产品质量的主要因素,如工艺、质量控制方法、主要原辅料、主要生产设备或主要生产介质等发生改变时,以及生产一定周期后,应进行再验证。

第六十三条 应根据验证对象提出验证项目,并制订工作程序和验证方案。验证工作程序包括:提出验证要求、建立验证组织、完成验证方案的审批和组织实施。

第六十四条 验证方案主要内容包括:验证目的、要求、质量标准、实施所需要的条件、测试方法、时间进度表等。验证工作完成后应写出验证报告,由验证工作负责人审核、批准。

第六十五条 验证过程中的数据和分析内容应以文件形式归档保存。验证文件应包括验证方案、验证报告、评价和建议、批准人等。

第八章 文 件

第六十六条 兽药生产企业应有完整的生产管理、质量管理文件和各类管理制度、记录。

第六十七条 各类制度及记录内容应包括:

1. 企业管理、生产管理、质量管理、生产辅助部门的各项管理制度;

2. 厂房、设施和设备的使用、维护、保养、检修等制度和记录;

3. 物料验收、发放管理制度和记录;

4. 生产操作、质量检验、产品销售、用户投诉等制度和记录;

5. 环境、厂房、设备、人员、工艺等卫生管理制度和记录;

6. 不合格品管理、物料退库和报废、紧急情况处理、三废处理等制度和记录;

7. 本规范和专业技术培训等制度和记录。

第六十八条 产品生产管理文件主要包括生产工艺规程、岗位操作法或标准操作规程、批生产记录等。

1. 生产工艺规程内容包括:品名,剂型,处方,生产工艺的操作要求,物料、中间产品、成品的质量标准和技术参数及贮存注意事项,物料平衡的计算方法,成品容器,包装材料的要求等。

2. 岗位操作法内容包括:生产操作方法和要点,重点操作的复核、复查,中间体、半成品质量标准及控制,安全和劳动保护,设备维修、清洗,异常情况处理和报告,工艺卫生和环境卫生等。

3.标准操作规程内容包括:题目、编号、制定人及制定日期、审核人及审核日期、批准人及批准日期、颁发部门、生效日期、分发部门、标题及正文。

4.批生产记录内容包括:产品名称、剂型、规格、本批的配方及投料、所用容器和标签及包装材料的说明、生产批号、生产日期、操作者、复核者签名,有关操作与设备、相关生产阶段的产品数量、物料平衡的计算、生产过程的控制记录、检验结果及特殊情况处理记录,并附产品标签、使用说明书。

第六十九条 产品质量管理文件主要包括:

1.产品的申请和审批文件;

2.物料、中间产品和成品质量标准、企业内控标准及其检验操作规程;

3.产品质量稳定性考察;

4.批检验记录,并附检验原始记录和检验报告单。

第七十条 兽药生产企业应建立文件的起草、修订、审查、批准、撤销、印刷和保管的管理制度。分发、使用的文件应为批准的现行文本,已撤销和过时的文件除留档备查外,不得在工作现场出现。

第七十一条 生产管理文件和质量管理文件应符合以下要求:

1.文件标题应能清楚地说明文件的性质;

2.各类文件应有便于识别其文本、类别的系统编号和日期;

3.文件数据的填写应真实、清晰,不得任意涂改,若确需修改,需签名和标明日期,并应使原数据仍可辨认;

4.文件不得使用手抄件;

5.文件制定、审查和批准的责任应明确,并有责任人签名。

第九章 生产管理

第七十二条 兽药生产企业应制订生产工艺规程、岗位操作法或标准操作规程,并不得任意更改。如需更改时应按原文件制订程序办理有关手续。

第七十三条 生产操作前,操作人员应检查生产环境、设施、设备、容器的清洁卫生状况和主要设备的运行状况,并认真核对物料、半成品数量及检验报告单。

第七十四条 每批产品应按产量和数量的物料平衡进行检查。如有显著差异,必须查明原因,在得出合理解释、确认无潜在质量事故后,方可按正常产品处理。

第七十五条 批生产记录应及时填写,做到字迹清晰、内容真实、数据完整,并由操作人及复核人签名。记录应保持整洁,不得撕毁和任意涂改;更改时应在更改处签名,并使原数据仍可辨认。

批生产记录应按批号归档,保存至兽药有效期后一年。未规定有效期的兽药,批生产记录应保存三年。

第七十六条 在规定期限内具有同一性质和质量,并在同一连续生产周期中生产出来的一定数量的兽药为一批。每批产品均应编制生产批号。

第七十七条 兽药生产操作应采取以下措施:

1.生产前应确认生产环境中无上次生产遗留物;

2.应防止尘埃的产生和扩散;

3. 不同产品品种、规格的生产操作不得在同一生产操作间同时进行;有数条包装线同时进行包装时,应采取隔离或其它有效防止污染或混淆的设施;

4. 生产过程应按工艺、质量控制要点进行中间检查,并填写生产记录;

5. 生产过程中应防止物料及产品所产生的气体、蒸汽、喷雾物或生物体等引起的交叉污染;

6. 每一生产操作间或生产用设备、容器应有所生产的产品或物料名称、批号、数量等状态标志;

7. 不同药性的药材不得在一起洗涤,洗涤后的药材及切制的炮制品不宜露天干燥;

8. 药材及中间产品的灭菌方法以不改变药材的药效、质量为原则。

第七十八条 应根据产品工艺规程选用工艺用水,工艺用水应符合质量标准,并定期检验,检验有记录。应根据验证结果规定检验周期。

第七十九条 产品应有批包装记录,内容包括:

1. 待包装产品的名称、批号、含量规格和包装规格;

2. 印有批号的标签和使用说明书及产品合格证;

3. 待包装产品和包装材料的领取数量及发放人、领用人、核对人签名;

4. 已包装产品的数量;

5. 前次包装操作的清场记录(副本)及本次包装清场记录(正本);

6. 本次包装操作完成后的检验核对结果、核对人签名;

7. 生产操作负责人签名。

第八十条 每批产品的每一生产阶段完成后必须由生产操作人员清场,填写清场记录。清场记录内容应包括:工序、品名、生产批号、清场日期、检查项目及结果、清场负责人及复查人签名。清场记录应纳入批生产记录。

第十章 质量管理

第八十一条 兽药生产企业质量管理部门负责兽药生产全过程的质量管理和检验,受企业负责人直接领导。质量管理部门应配备一定数量的质量管理和检验人员,并有与兽药生产规模、品种、检验要求相适应的场所、仪器、设备。

第八十二条 质量管理部门的主要职责:

1. 制订企业质量责任制和质量管理及检验人员的职责;

2. 负责组织自检工作;

3. 负责验证方案的审核;

4. 制修订物料、中间产品和成品的内控标准和检验操作规程,制定取样和留样观察制度;

5. 制订检验用设施、设备、仪器的使用及管理办法;实验动物管理办法及消毒剂使用管理办法等;

6. 决定物料和中间产品的使用;

7. 审核成品发放前批生产记录,决定成品发放;

8. 审核不合格品处理程序;

9. 对物料、标签、中间产品和成品进行取样、检验、留样,并出具检验报告;

10. 定期监测洁净室(区)的尘粒数和微生物数和对工艺用水的质量监测;

11.评价原料、中间产品及成品的质量稳定性,为确定物料贮存期、兽药有效期提供数据;

12.负责产品质量指标的统计考核及总结报送工作;

13.负责建立产品质量档案工作。产品质量档案内容应包括:产品简介;质量标准沿革;主要原辅料、半成品、成品质量标准;历年质量情况及留样观察情况;与国内外同类产品对照情况;重大质量事故的分析、处理情况;用户访问意见、检验方法变更情况、提高产品质量的试验总结等;

14.负责组织质量管理、检验人员的专业技术及本规范的培训、考核及总结工作;

15.会同企业有关部门对主要物料供应商质量体系进行评估。

第十一章　产品销售与收回

第八十三条　每批成品均应有销售记录。根据销售记录能追查每批兽药的售出情况,必要时应能及时全部追回。销售记录内容应包括:品名、剂型、批号、规格、数量、收货单位和地址、发货日期等。

第八十四条　销售记录应保存至兽药有效期后一年。未规定有效期的兽药,其销售记录应保存三年。

第八十五条　兽药生产企业应建立兽药退货和收回的书面程序,并有记录。兽药退货和收回记录内容应包括:品名、批号、规格、数量、退货和收回单位及地址、退货和收回原因及日期、处理意见。

因质量原因退货和收回的兽药制剂,应在企业质量管理部门监督下销毁,涉及其它批号时,应同时处理。

第十二章　投诉与不良反应报告

第八十六条　企业应建立兽药不良反应监察报告制度,指定专门部门或人员负责管理。

第八十七条　对用户的产品质量投诉和产品不良反应应详细记录和调查处理,并连同原投诉材料存档备查。对兽药不良反应应及时向当地农牧行政管理部门提出书面报告。

第八十八条　兽药生产出现重大质量问题和严重的安全问题时,应立即停止生产,并及时向当地农牧行政管理机关报告。

第十三章　自　检

第八十九条　兽药生产企业应制定自检工作程序和自检周期,设立自检工作组,并定期组织自检。自检工作组应由质量、生产、销售等管理部门中熟悉专业及本规范的人员组成。自检工作每年至少一次。

第九十条　自检工作应按自检工作程序对人员、厂房、设备、文件、生产、质量控制、兽药销售、用户投诉和产品收回的处理等项目和记录定期进行检查,以证实与本规范的一致性。

第九十一条　自检应有记录。自检完成后应形成自检报告,内容包括自检的结果、评价的结论以及改进措施和建议,自检报告和记录应归档。

第十四章　附　则

第九十二条　本规范下列用语的含义是:

兽药制剂:片剂、注射剂、粉剂、预混剂、口服溶液剂、混悬剂、胶囊剂、散剂、颗粒剂、软膏剂、酊剂、灌注剂、流浸膏与浸膏剂、兽用生物制品等。

物料:原料、辅料、包装材料等。

批号:用于识别"批"的一组数字或字母加数字。用以追溯或审查该批兽药的生产历史。

待验:物料在允许投料、使用或出厂前所处的搁置、等待检验结果的状态。

批生产记录:一个批次的待包装品或成品的所有生产记录。批生产记录能提供该批产品的生产历史,以及与质量有关的情况。

物料平衡:产品或物料的理论产量或理论用量与实际产量或用量之间的比较,并适当考虑可允许的正常偏差。

标准操作规程:经批准用以指示操作的通用性文件或管理办法。

生产工艺规程:规定为生产一定数量成品所需起始原料和包装材料的数量,以及工艺、加工说明、注意事项,包括生产过程中控制的一个或一套文件。

工艺用水:兽药生产工艺中使用的水,包括:饮用水、纯化水、注射用水。

纯化水:为蒸馏法、离子交换法、反渗透法或其它适宜的方法制得供药用的水,不含任何附加剂。

注射用水:符合 2000 年版《中国兽药典》注射用水项下规定的水。

洁净室(区):需要对尘粒及微生物含量进行控制的房间(区域)。其建筑结构、装备及其使用均具有减少该区域内污染源的介入、产生和滞留的功能。

验证:证明任何程序、生产过程、设备、物料、活动或系统确实能达到预期结果的有文件证明的一系列活动。

兽药不良反应:包括所有危及动物健康或生命及导致饲料报酬明显下降的不良反应;疑为兽药所致的致畸、致癌、致突变反应;各种类型的过敏反应;疑为兽药间相互作用所致的不良反应;因兽药质量或稳定性问题引起的不良反应;其它一切意外的不良反应。

第九十三条 不同类别兽药的生产质量管理特殊要求列入本规范附录。

第九十四条 本规范由农业部负责解释。

第九十五条 本规范自 2002 年 6 月 19 日起施行。原农业部颁布的《兽药生产质量管理规范(试行)》([1989]农[牧]字第 52 号)和《兽药生产质量管理规范实施细则(试行)》(农牧发[1994]32 号)同时废止。

兽药生产质量管理规范附录

一、总　则

1. 本附录为《兽药生产质量管理规范》对无菌兽药、非无菌兽药、原料药、兽用生物制品、预混剂、中药制剂等生产和质量管理特殊要求的补充规定。

2. 兽药生产洁净室(区)的空气洁净度划分为四个级别:

洁净度级别	尘粒最大允许数/立方米（静态）		微生物最大允许数（静态）		换气次数
	≥0.5 μm	≥5 μm	浮游菌/立方米	沉降菌/φ90 皿 0.5 h	
100 级	3 500	0	5	0.5	附注 2
10000 级	350 000	2 000	50	1.5	≥20 次/时
100000 级	3 500 000	20 000	150	3	≥15 次/时
300000 级	10 500 000	60 000	200	5	≥10 次/时

注:(1)尘埃粒子数/立方米,要求对≥0.5 μm 和≥5 μm 的尘粒均测定,浮游菌/立方米和沉降菌/皿,可任测一种。

(2)100 级洁净室(区)0.8 米高的工作区的截面最低风速:垂直单向流 0.25 米/秒;水平单向流 0.35 米/秒。

(3)洁净室的测定参照 JGJ71—90《洁净室施工及验收规范》执行。

3. 洁净室(区)的管理需符合下列要求:

(1)洁净室(区)内人员数量应严格控制,对进入洁净室(区)的临时外来人员应进行指导和监督。

(2)洁净室(区)与非洁净室(区)之间必须设置缓冲设施,人、物流走向合理。

(3)100 级洁净室(区)内不得设置地漏,操作人员不应裸手操作,手部应及时消毒。

(4)传输设备不应在 10000 级的强毒、活毒生物洁净室(区)以及强致敏性洁净室(区)与低级别的洁净室(区)之间穿越,传输设备的洞口应保证气流从相对正压侧流向相对负压侧。

(5)100000 级及其以上区域的洁净工作服应在洁净室(区)内洗涤、干燥、整理,必要时应按要求灭菌。

(6)洁净室(区)内设备保温层表面应平整、光洁,不得有颗粒性物质脱落。

(7)洁净室(区)鉴定或验收检测,要求两种粒径的尘埃粒子数以及浮游菌数或沉降菌中任一种结果均必须符合静态条件下的规定数值,此外还应定期监测动态条件下的洁净状况。

(8)洁净室(区)的净化空气如可循环使用,应采取有效措施避免污染和交叉污染。

(9)洁净室(区)的噪声不应高于 60 分贝(A),其中局部 100 级的房间宜不高于 63 分贝(A),局部百级区和全室 100 级的房间应不高于 65 分贝(A)。

(10)洁净室的换气次数和工作区截面风速,一般应不超过其级别规定的换气次数和截面风速的 130%,特殊情况下应按设计结果选用。

(11)空气净化系统应按规定清洁、维修、保养并作记录。

4. 兽药生产过程的验证内容必须包括:

(1)空气净化系统。

(2)工艺用水系统。

(3)工艺用气系统。

(4)生产工艺及其变更。

(5)设备清洗。

(6)主要原辅材料变更。

无菌兽药生产过程的验证内容还应增加:

(1)灭菌设备。

(2)药液滤过及灌封(分装)系统。

5.水处理及其配套系统的设计、安装和维护应能确保供水达到设定的质量标准。

6.印有与标签内容相同的兽药包装物,应按标签管理。

7.兽药零头包装只限两个批号为一个合箱,合箱外应标明全部批号,并建立合箱记录。

8.兽药放行前应由质量管理部门对有关记录进行审核,审核内容应包括:配料、称重过程中的复核情况;各生产工序检查记录;清场记录;中间产品质量检验结果;偏差处理;成品检验结果等。符合要求并有审核人员签字后方可放行。

二、无菌兽药

无菌兽药是指法定兽药标准中列有无菌检查项目的制剂。

1.无菌兽药生产环境的空气洁净度级别要求:

(1)最终灭菌兽药。

10000级背景下的局部100级:大容量静脉注射剂(≥50毫升)的灌封;

10000级:注射剂的稀配、滤过;

大容量非静脉注射剂和小容量注射剂的灌封;

直接接触兽药的包装材料最终处理后的暴露环境;

100000级:注射剂浓配或采用密闭系统的稀配;

直接接触兽药的包装材料的最后一次精洗。

(2)非最终灭菌兽药。

10000级背景下局部100级:灌装前不需除菌滤过的药液配制;

注射剂的灌封、分装和压塞;

直接接触兽药的包装材料最终处理后的暴露环境。

10000级:灌装前需除菌滤过的药液配制。

100000级:轧盖,直接接触兽药的包装材料精洗的最低要求。

(3)其它无菌兽药

2.无菌灌装设备应定期用微生物学方法检查,并定期验证,结果纳入记录。

3.灭菌设备宜选用双扉式灭菌柜,并具有自动监测、记录装置功能,其他灭菌器内部工作状态应用仪表检测,其选型、安装、使用应与生产要求相适应,并定期验证。

4.与药液接触的设备、容器具、管路、阀门、输送泵等应采用优质耐腐蚀材质,管路的安装应尽量减少连(焊)接。过滤器材不得吸附药液组分和释放异物。

禁止使用含有石棉的过滤器材。

5.直接接触兽药的包装材料不得回收使用。

6.批次划分原则:

(1)大、小容量注射剂以同一配液罐一次所配制的药液所生产的均质产品为一批。

(2)粉针剂以同一批原料药在同一连续生产周期内生产的均质产品为一批。

(3)冻干粉针剂以同一批药液使用同一台冻干设备在同一生产周期内生产的均质产品为一批。

7.直接接触兽药的包装材料最后一次精洗用水应符合注射用水质量标准。

8. 应采取措施以避免物料、容器和设备最终清洗后的二次污染。

9. 直接接触兽药的包装材料、设备和其它物品的清洗、平燥、灭菌到使用时间间隔应有规定。

10. 药液从配制到灭菌或除菌过滤的时间间隔应有规定。

11. 物料、容器、设备或其它物品需进入无菌作业区时应经过消毒或灭菌处理。

12. 成品的无菌检查必须按灭菌柜次取样检验。

13. 原料、辅料应按品种、规格、批号分别存放,并按批取样检验。

三、非无菌兽药

非无菌兽药是指法定兽药标准中未列无菌检查项目的制剂。

1. 非无菌兽药特定生产环境空气洁净度级别要求:

(1)100000 级:

非最终灭菌口服液体兽药的暴露工序;

深部组织创伤外用兽药、眼用兽药的暴露工序;

除直肠用药外的腔道用药的暴露工序。

(2)300000 级:

最终灭菌口服液体兽药的暴露工序;

片剂、胶囊剂、颗粒剂等口服固体兽药的暴露工序;

表皮外用兽药的暴露工序;

直肠用药的暴露工序。

2. 非无菌兽药一般生产环境基本要求:

厂房内表面建筑需符合非洁净室(区)的标准,门窗应能密闭,并有除尘净化设施或除尘、排湿、排风、降温等设施,人员、物料进出及生产操作和各项卫生管理措施应参照洁净室(区)管理。

该环境适用于以下兽药制剂的生产:

(1)预混剂;

(2)粉剂;

(3)散剂;

(4)浸膏剂与流浸膏。

3. 外用杀虫剂、消毒剂生产环境要求:

厂房建筑、设施需符合《规范》要求,远离其他兽药制剂生产线,并具有良好的通风条件和可避免环境污染的设施。

4. 直接接触兽药的包装材料最终处理的暴露工序洁净度级别应与其兽药生产环境相同。

5. 产尘量大的洁净室(区)经捕尘处理仍不能避免交叉污染时,其空气净化系统不得利用回风。

6. 空气洁净度级别相同的区域,产尘量大的操作室应保持相对负压。

7. 生产激素类兽药制剂当不可避免与其它兽药交替使用同一设备和空气净化系统时,应采用有效的防护、清洁措施和必要的验证。

8. 干燥设备进风口应有过滤装置,进风的洁净度应与兽药生产要求相同,出风口应有防止空气倒流的装置。

9、软膏剂、栓剂等配制和灌装的生产设备、管道应方便清洗和消毒。

10、批次划分原则：

（1）固体、半固体制剂在成型或分装前使用同一台混合设备一次混合量所生产的均质产品为一批。

（2）液体制剂以灌装（封）前经最后混合的药液所生产的均质产品为一批。

11. 生产用模具的采购、验收、保管、维护、发放及报废应制定相应管理制度，设专人专柜保管。

12. 兽药上直接印字所用油墨应符合食用标准要求。

13. 生产过程中应避免使用易碎、易脱屑、易长霉器具；使用筛网时应有防止因筛网断裂而造成污染的措施。

14. 液体制剂的配制、滤过、灌封、灭菌等过程应在规定时间内完成。

15. 软膏剂、眼膏剂、栓剂生产中的中间产品应规定储存期和储存条件。

16. 配料（外用杀虫剂、消毒剂除外）工艺用水及直接接触兽药的设备、器具和包装材料最后一次洗涤用水应符合纯化水质量标准。

17. 外用杀虫剂、消毒剂工艺用水及直接接触兽药的设备、器具和包装材料最后一次洗涤用水应符合饮用水质量标准。

四、原料药

1. 从事原料药生产的人员应接受原料药生产特定操作的有关知识培训。

2. 易燃、易爆、有毒、有害物质的生产和储存的厂房设施应符合国家的有关规定。

3. 原料药精制、干燥、包装生产环境的空气洁净度级别要求：

（1）法定兽药标准中列有无菌检查项目的原料药，其暴露环境应为10000级背景下局部100级；

（2）其它原料药的生产暴露环境不低于300000级。

（3）外用杀虫剂、消毒剂原料药生产需符合其制剂生产条件的要求。

4. 中间产品的质量检验与生产环境有交叉影响时，其检验场所不应设置在该生产区域内。

5. 原料药生产宜使用密闭设备；密闭的设备、管道可以安置于室外。使用敞口设备或打开设备操作时，应有避免污染措施。

6. 难以精确按批号分开的大批量、大容量原料、溶媒等物料入库时应编号；其收、发、存、用应制定相应的管理制度。

7. 企业可根据工艺要求、物料的特性以及对供应商质量体系的审核情况，确定物料的质量控制项目。

8. 物料因特殊原因需处理使用时，应有审批程序，经企业质量管理负责人批准后发放使用。

9. 批次划分原则：

（1）连续生产的原料药，在一定时间间隔内生产的在规定限度内的均质产品为一批。

（2）间歇生产的原料药，可由一定数量的产品经最后混合所得的在规定限度内的均质产品为一批。混合前的产品必须按同一工艺生产并符合质量标准，且有可追踪的记录。

10. 原料药的生产记录应具有可追踪性,其批生产记录至少从粗品的精制工序开始。连续生产的批生产记录,可为该批产品各工序生产操作和质量监控的记录。

11. 不合格的中间产品,应明确标示并不得流入下道工序;因特殊原因需处理使用时,应按规定的书面程序处理并有记录。

12. 更换品种时,必须对设备进行彻底的清洁。在同一设备连续生产同一品种时,如有影响产品质量的残留物,更换批次时,也应对设备进行彻底的清洁。

13. 难以清洁的特定类型的设备可专用于特定的中间产品、原料药的生产和储存。

14. 物料、中间产品和原料药在厂房内或厂房间的流转应有避免混淆和污染的措施。

15. 无菌原料药精制工艺用水及直接接触无菌原料药的包装材料的最后洗涤用水应符合注射用水质量标准,其它原料药精制工艺用水应符合纯化水质量标准。

16. 应建立发酵用菌种保管、使用、储存、复壮、筛选等管理制度,并有记录。

17. 对可以重复使用的包装容器,应根据书面程序清洗干净,并去除原有的标签。

18. 原料药留样包装应与产品包装相同或使用模拟包装,保存在与产品标签说明相符的条件下,并按留样管理规定进行观察。

五、生物制品

1. 从事生物制品制造的全体人员(包括清洁人员、维修人员)均应根据其生产的制品和所从事的生产操作进行卫生学、微生物学等专业和安全防护培训。

2. 生产和质量管理负责人应具有兽医、药学等相关专业知识,并有丰富的实践经验以确保在其生产、质量管理中履行其职责。

3. 生物制品生产环境的空气洁净度级别要求:

(1)10000级背景下的局部100级:细胞的制备、半成品制备中的接种、收获及灌装前不经除菌过滤制品的合并、配制、灌封、冻干、加塞、添加稳定剂、佐剂、灭活剂等;

(2)10000级:半成品制备中的培养过程,包括细胞的培养、接种后鸡胚的孵化、细菌培养及灌装前需经除菌过滤制品、配制、精制、添加稳定剂、佐剂、灭活剂、除菌过滤、超滤等;

体外免疫诊断试剂的阳性血清的分装、抗原—抗体分装;

(3)100000级:鸡胚的孵化、溶液或稳定剂的配制与灭菌、血清等的提取、合并、非低温提取、分装前的巴氏消毒、轧盖及制品最终容器的精洗、消毒等;发酵培养密闭系统与环境(暴露部分需无菌操作);酶联免疫吸附试剂的包装、配液、分装、干燥。

4. 各类制品生产过程中涉及高危致病因子的操作,其空气净化系统等设施还应符合特殊要求。

5. 生产过程中使用某些特定活生物体阶段,要求设备专用,并在隔离或封闭系统内进行。

6. 操作烈性传染病病原、人畜共患病病原、芽孢菌应在专门的厂房内的隔离或密闭系统内进行,其生产设备须专用,并有符合相应规定的防护措施和消毒灭菌、防散毒设施。对生产操作结束后的污染物品应在原位消毒、灭菌后,方可移出生产区。

7. 如设备专用于生产孢子形成体,当加工处理一种制品时应集中生产。在某一设施或一套设施中分期轮换生产芽孢菌制品时,在规定时间内只能生产一种制品。

8. 生物制品的生产应避免厂房与设施对原材料、中间体和成品的潜在污染。

9. 聚合酶链反应试剂(PCR)的生产和检定必须在各自独立的环境进行,防止扩增时形

成的气溶胶造成交叉污染。

10. 生产用菌毒种子批和细胞库,应在规定储存条件下,专库存放,并只允许指定的人员进入。

11. 以动物血、血清或脏器、组织为原料生产的制品必须使用专用设备,并与其它生物制品的生产严格分开。

12. 使用密闭系统生物发酵罐生产的制品可以在同一区域同时生产,如单克隆抗体和重组 DNA 产品等。

13. 各种灭活疫苗(包括重组 DNA 产品)、类毒素及细胞提取物的半成品的生产可以交替使用同一生产区,在其灭活或消毒后可以交替使用同一灌装间和灌装、冻干设施,但必须在一种制品生产、分装或冻干后进行有效的清洁和消毒,清洁消毒效果应定期验证。

14. 用弱毒(菌)种生产各种活疫苗,可以交替使用同一生产区、同一灌装间或灌装、冻干设施,但必须在一种制品生产、分装或冻干完成后进行有效的清洁和消毒,清洁和消毒的效果应定期验证。

15. 操作有致病作用的微生物应在专门的区域内进行,并保持相对负压。

16. 有菌(毒)操作区与无菌(毒)操作区应有各自独立的空气净化系统。来自病原体操作区的空气不得再循环或仅在同一区内再循环,来自危险度为二类以上病原体的空气应通过除菌过滤器排放,对外来病原微生物操作区的空气排放应经高效过滤,滤器的性能应定期检查。

17. 使用二类以上病原体强污染性材料进行制品生产时,对其排出污物应有有效的消毒设施。

18. 用于加工处理活生物体的生产操作区和设备应便于清洁和去除污染,能耐受熏蒸消毒。

19. 用于生物制品生产、检验的动物室应分别设置。检验动物应设置安全检验、免疫接种和强毒攻击动物室。动物饲养管理的要求,应符合实验动物管理规定。

20. 生物制品生产、检验过程中产生的污水、废弃物、动物粪便、垫草、带毒尸体等应具有相应设施,进行无害化处理。

21. 生产用注射用水应在制备后 6 小时内使用;制备后 4 小时内灭菌 72 小时内使用,或者在 80 ℃以上保温、65 ℃以上保温循环或 4 ℃以下存放。

22. 管道系统、阀门和通气过滤器应便于清洁和灭菌,封闭性容器(如发酵罐)应用蒸汽灭菌。

23. 生产过程中污染病原体的物品和设备均要与未用过的灭菌物品和设备分开,并有明显标志。

24. 生物制品生产用的主要原辅料(包括血液制品的原料血浆)必须符合质量标准,并由质量保证部门检验合格签证发放。

25. 生物制品生产用物料须向合法和有质量保证的供方采购,应对供应商进行评估并与之签订较固定供需合同,以确保其物料的质量和稳定性。

26. 动物源性的原材料使用时要详细记录,内容至少包括动物来源、动物繁殖和饲养条件、动物的健康情况。用于疫苗生产、检验的动物应符合《兽用生物制品规程》规定的"生产、检验用动物暂行标准"。

27.需建立生产用菌毒种的原始种子批、基础种子批和生产种子批系统。种子批系统应有菌毒种原始来源、菌毒种特征鉴定、传代谱系、菌毒种是否为单一纯微生物、生产和培育特征、最适保存条件等完整资料。

28.生产用细胞需建立原始细胞库、基础细胞库和生产细胞库系统,细胞库系统应包括:细胞原始来源(核型分析,致瘤性)、群体倍增数、传代谱系、细胞是否为单一纯化细胞系、制备方法、最适保存条件控制代次等。

29.从事人畜共患病生物制品生产、维修、检验和动物饲养的操作人员、管理人员,应接种相应疫苗并定期进行体检。

30.生产生物制品的洁净区和需要消毒的区域,应选择使用一种以上的消毒方式,定期轮换使用,并进行检测,以防止产生耐药菌株。

31.在生产日内,没有经过明确规定的去污染措施,生产人员不得由操作活微生物或动物的区域进入到操作其它制品或微生物的区域。与生产过程无关的人员不应进入生产控制区,必须进入时,要穿着无菌防护服。

32.从事生产操作的人员应与动物饲养人员分开。

33.生物制品应严格按照《兽用生物制品规程》或农业部批准的《试行规程》规定的工艺方法组织生产。

34.对生物制品原辅材料、半成品及成品应严格按照《兽用生物制品规程》或《兽用生物制品质量标准》的规定进行检验。

35.生物制品生产应按照《兽用生物制品规程》中的"制品组批与分装规定"进行分批和编写批号。

36.生物制品的国家标准品应由中国兽医药品监察所统一制备、标定和分发。生产企业可根据国家标准品制备其工作标准品。

37.生物制品生产企业设立的监察室应直属企业负责人领导,负责对物料、设备质量检验、销售及不良反应的监督与管理,并执行《生物制品企业监察室组织办法》的有关规定。

六、中药制剂

1.主管中兽药生产和质量管理的负责人应具有中药专业知识。

2.中药材、中药饮片验收人员应经相关知识的培训,具备鉴别药材真伪、优劣的技能。

3.用于直接入药的净药材和干膏的配料、粉碎、混合、过筛等生产操作的厂房门窗应能密闭,必要时有良好的除湿、排风、除尘、降温等设施,人员、物料进出及生产操作应参照洁净室(区)管理。

其它中药制剂生产环境及空气洁净度级别要求同无菌兽药、非无菌兽药中的相关要求。

4.中药材储存条件应能保证其产品质量要求,原料库与净料库,毒性药材、贵细药材应分别设置专库或专柜。

5.中药材使用前须按规定进行拣选、整理、剪切、炮制、洗涤等加工。

6.净选药材的厂房内应设拣选工作台。工作台表面应平整、不易产生脱落物。

7.中药材炮制中的蒸、炒、炙、煅等厂房应与其生产规模相适应,并有良好的通风、除尘、除烟、降温等设施。

8.中药材、中药饮片的提取、浓缩等厂房应与其生产规模相适应,并有良好的排风及防

止污染和交叉污染等设施。

9.中药材筛选、切制、粉碎等生产操作的厂房应安装捕吸尘等设施。

10.与兽药直接接触的工具、容器应表面整洁,易清洗消毒,不易产生脱落物。

11.购入的中药材、中药饮片应有详细记录,每件包装上应附有明显标记,标明品名、规格、数量、产地、来源、采收(加工)日期。毒性药材、易燃易爆等药材外包装上应有明显的规定标志。

12.批的划分原则:

(1)固体制剂在成型或分装前使用同一台混合设备一次混合量所生产的均质产品为一批。如采用分次混合,经验证,在规定限度内所生产一定数量的均质产品为一批。

(2)液体制剂、浸膏剂与流浸膏以灌装(封)前经同一台混合设备最后一次混合的药液所生产的均质产品为一批。

13.生产中所需贵细、毒性药材、中药饮片,应按规定监控投料,并有记录。

14.中药制剂生产过程中应采取以下防止交叉污染和混淆的措施:

(1)中药材不能直接接触地面。

(2)含有毒性药材的兽药生产操作,应有防止交叉污染的特殊措施。

(3)不同的药材不宜同时洗涤。

(4)洗涤及切制后的药材和炮制品不得露天干燥。

15.中药材、中间产品、成品的灭菌方法应以不改变质量为原则。

16.中药材、中药饮片清洗、浸润、提取工艺用水的质量标准应不低于饮用水标准。

参考文献

[1] 王宪文,王新卫.兽医生物制品制备技术[M].北京:中国农业科学技术出版社,2007.

[2] 唐艳林,裴春生.兽医生物制品[M].北京:科学出版社,2012.

[3] 李舫.动物微生物[M].北京:中国农业出版社,2006.

[4] 杨汉春.动物免疫学[M].2版.北京:中国农业大学出版社,2003.

[5] 朱善元.兽医生物制品生产与检验[M].北京:中国环境科学出版社,2011.

[6] 王明俊.兽医生物制品学[M].北京:中国农业出版社,1997.

[7] 姜平.兽医生物制品学[M].2版.北京:中国农业出版社,2003.

[8] 中国兽药典委员会.中华人民共和国兽药典第三部[M].北京:中国农业出版社,2010.

[9] 朱善元.兽医生物制品生产与检验[M].北京:中国环境出版社,2006.

[10] 羊建平.兽用生物制品技术[M].北京:化学工业出版社,2009.

[11] 王雅华,邢钊.兽用生物制品技术[M].北京:中国农业大学出版社,2009.

[12] 任平,周珍辉.兽用生物制品技术[M].北京:中国农业出版社,2007.

[13] 王永芬,乔宏兴.动物生物制品技术[M].北京:中国农业大学出版社,2011.

[14] 丁宜宝.兽用疫苗学[M].北京:中国农业出版社,2008.

[15] 中国兽医药品监察所,中国兽医微生物菌种保藏管理中心.中国兽医菌种目录[M].北京:中国农业科学技术出版社,2008.

[16] 中国兽医药品检查所,农业部兽药评审中心.兽用生物制品质量标准汇编[M].北京:中国农业出版社,2012.

[17] 中华人民共和国农业部.兽药生产质量管理规范[M].2002.